高等教育质量工程信息技术系列示范教材

新概念
C++程序设计大学教程
（第2版）

张基温 编著

清华大学出版社
北京

内 容 简 介

本书是一本面向初学者的 C++程序设计教材,以面向对象程序设计为主线,突出 C++的基本特点,介绍了 C++1y 的重要新特性。全书共分为 4 篇 13 个单元。

第 1 篇: C++面向对象启步。用 4 个单元帮助初学者建立面向对象的问题分析思维,掌握相关方法和语法知识,树立面向对象程序中"一切皆对象,一切来自类"的意识,初步领略面向对象程序设计之奥妙。

第 2 篇: 基于类的 C++程序框架设计。用 3 个单元帮助读者理解如何在一个程序中组织类以及什么样的类之间结构才是好的程序结构,进一步提升读者"程序设计 = 计算思维 + 语言艺术"的观念。

第 3 篇: C++泛型程序设计。用两个单元介绍多态和 STL。C++的泛型的通用、灵活的特点将给读者的学习带来一定乐趣,也为读者将来从事程序开发工作提供了更多便捷方法。

第 4 篇: C++深入编程。用 4 个单元介绍 C++在名字和实体、常量、函数、I/O 流等几个方面的细节,让读者在程序开发上能够做到锦上添花。

本书理念先进、概念清晰、讲解透彻、便于理解。书中例题经典、习题丰富、覆盖面广,适合作为高等学校各专业的面向对象程序设计教材。本书还可供培训机构使用,也可供相关领域人员自学。

本书封面贴有清华大学出版社防伪标签,无标签者不得销售。
版权所有,侵权必究。侵权举报电话: 010-62782989 13701121933

图书在版编目(CIP)数据

新概念 C++程序设计大学教程/张基温编著. —2 版. —北京:清华大学出版社,2016
高等教育质量工程信息技术系列示范教材
ISBN 978-7-302-40839-0

Ⅰ. ①新⋯ Ⅱ. ①张⋯ Ⅲ. ①C 语言–程序设计–高等学校–教材 Ⅳ. ①TP312

中国版本图书馆 CIP 数据核字(2015)第 164204 号

责任编辑:白立军　王冰飞
封面设计:常雪影
责任校对:白　蕾
责任印制:李红英

出版发行:清华大学出版社
　　网　　　址:http://www.tup.com.cn, http://www.wqbook.com
　　地　　　址:北京清华大学学研大厦 A 座　　　邮　编:100084
　　社　总　机:010-62770175　　　　　　　　　邮　购:010-62786544
　　投稿与读者服务:010-62776969,c-service@tup.tsinghua.edu.cn
　　质　量　反　馈:010-62772015,zhiliang@tup.tsinghua.edu.cn
　　课　件　下　载:http://www.tup.com.cn,010-62795954

印 装 者:北京鑫海金澳胶印有限公司
经　　销:全国新华书店
开　　本:185mm×260mm　　印　张:25.75　　字　数:604 千字
版　　次:2013 年 3 月第 1 版　　2016 年 4 月第 2 版　　印　次:2016 年 4 月第 1 次印刷
印　　数:1~2000
定　　价:45.00 元

产品编号:064180-01

第 2 版前言

（一）

1979 年，Bjarne Stroustrup（C++之父）正在准备他的博士毕业论文，他有机会使用一种叫做 Simula 的语言。顾名思义，Simula 语言主要用于仿真。其 Simula 67 版被公认是首款支持面向对象的语言。Stroustrup 发现面向对象的思想对于软件开发非常有用，但是因 Simula 语言执行效率低，其实用性不强。于是他决定自行开发一种面向对象的语言，这就是今日的 C++。

我一直关心 TOIBE 社区的程序设计语言排行榜，因为它能为开发和教学人员提供一份程序设计语言的行情变化资料。如图 1 所示，在这个排行榜上发生了戏剧性变化的程序设计语言就是 C++。其第一次戏剧性的变化发生在 2004 年，在这一年中它的市场份额急剧下滑。但在之后的十年间基本稳定，一直保持在第三位上。本书的第 1 版就是在这样的情况下编写的。其第二次戏剧性变化是在本书第 1 版出版之后，它先在 2014 年间急剧下跌，又在 2015 年奇迹般地回归。

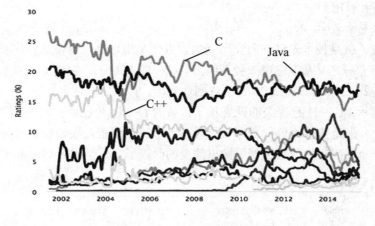

图 1　2015 年 6 月的 TOIBE 程序设计语言排行榜

C++的这些变化似乎有些莫名其妙，但认真地分析一下，这些变化还是非常有理由可以解释的：其一是其他新兴语言（主要是 C#和 Object-C）对于市场份额的分割，其二则是其自身标准变化的影响。下面主要分析一下第二方面的因素。

C++是 Bjarne Stroustrup（后面简称 BS）于 1979 年准备一个项目时着手开发的一种程序设计语言。1985 年被市场化。C++标准委员会于 1998 年 11 月推出了其第一个 ISO 标准（俗称 C++98），2003 年推出其 ISO 标准第 2 版（俗称 C++03），C++11 则是从 2005 年就开始提交，到 2011 年 8 月才发布的 C++标准（俗称 C++11，提交时称为 C++0x）。从图 1 可以看出，每个标准出台到影响其市场份额有一个窗口期，这是该标准投石问路的过程。

C++03 是 C++98 的修正版，其初衷是修正 C++98 的一些不足。但是由于 C++脱胎于 C，遵循着 C 是 C++子集的原则，同时 BS 坚持要保持其"适合教学"和既支持面向过程又支持面向对象的多泛型（过程化程序设计、数据抽象化、面向对象程序设计、泛型程序设计）特色，成就了其概念清晰、设计严密、功能强大、效率较高的优点，但也带来过于复杂（如指针）、标准库苍白的不足，被人称为有精英化倾向的语言。因此它比较受教育界欢迎，程序员觉得难用。不过，在通过 C++03 标准之前，人们还没有认识到这些问题，反而降低了效率，加剧了其缺陷的影响，使 Python 等语言乘虚而入，使其在 2004~2005 年间遭受到第一次强力冲击。

2004—2005 年间的滑铁卢之惨使 C++的设计者和标准制定者开始清醒起来，将指导思想修订为：

- 维持与 C++98，可能的话还有 C 之间的兼容性与稳定性；
- 尽可能通过标准程序库来引进新的特性，而不是扩展核心语言；
- 能够促进编程技术的变更优先；
- 改进 C++ 以帮助系统和程序库的设计，而不是引进只对特定应用有用的新特性；
- 增强类型安全，给现行不安全的技术提供更安全的替代方案；
- 增强直接与硬件协同工作的性能和能力；
- 为现实世界中的问题提供适当的解决方案；
- 实行零负担原则(如果某些功能要求额外支持，那么只有在该功能被用到时这些额外的支持才被用到)；
- 使 C++易于教学。

简单地说，就是技术先进并向安全高效、方便易用迈进。这带给程序员一个全新的面貌，以至于连 C++之父都说它像一种新语言。C++11 成功了，它使 C++摆脱了连续十年的步步下降，造就了 TIOBE 曲线 2015 的戏剧性变化。

如图 2 所示，C++11 已经公布四五年了，新的 C++14 也已经公布，C++17 也在紧锣密鼓地部署之中。但是我国的 C++程序设计教学的主流还停留在原始的 C++98 甚至更旧的版本上。如此严重脱离实际的状况到了做出改变的时候了。这是本人对这本 C++教材进行改编的动因之一。

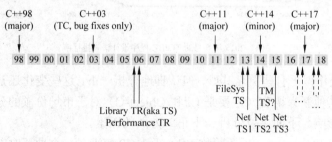

图 2　近期 C++标准修订步伐

不过，世界万物都有惯性。要一下子全部改到 C++11 上，很多人还是难以接受的，并且我自己也还在学习消化之中。在本书中，仅仅给出了 C++11 的部分新特点的接口，先让大家了解一下这些性能。在适当的时候，再做较全面和深入的介绍。

（二）

撇开 C++11 和 C++14 不谈，光从一般性来讲，目前的 C++教学也是不尽如人意的，把 C++当作 C 用的教学模式还广泛存在。在本书的第 1 版中虽然做了不少努力，但还不够。

Bjarne Stroustrup 曾经感慨地说："我不是使用支持工具进行巧妙设计的信徒，但是我强烈支持系统地使用数据抽象、面向对象编程和类属编程。不拥有支持库和模板，不进行事先的总体设计，而是埋头写下一页页的代码，这是在浪费时间，这是在给维护增加困难。"他还认为，"一个人对 C 了解得越深，在写 C++程序时就越难避免 C 的风格，并会因此丢掉 C++的某些潜在优势。"为此，他提出了以下几个相关的要点。在这些情况下做同样的事情时，在 C++里存在比 C 中更好的处理方式。

（1）在 C++里几乎不需要用宏。用 const 或 enum 定义显式常量，用 inline 避免函数调用的额外开销，用 template 去刻画一族函数或者类型，用 namespace 去避免名字冲突。

（2）不用在需要变量之前去声明它，以保证立即对其进行初始化。声明可以出现在能出现语句的所有位置上，可以出现在 for 语句的初始化部分，也可以出现在条件中。

（3）不要用 malloc()，new 运算符能将同样的事情做得更好。对于 realloc()，请试一试 vector()。

（4）试着去避免 void*、指针算术、联合和强制，除了在某些函数或类实现的深层之外。在大部分情况下，强制都是设计错误的指示器。如果必须使用某个显式的类型转换，请设法去用一个"新的强制"，设法写出一个描述你想做的事情的更精确的语句。

（5）尽量少用数组和 C 风格的字符串。与传统的 C 风格相比，使用 C++标准库 string 和 vector 常常可以简化程序设计。如果要符合 C 的连接规则，一个 C++函数就必须被声明为具有 C 连接的。

最重要的是，要将程序考虑为一组由类和对象表示的相互作用的概念，而不是一堆数据结构和一些去拨弄数据结构中二进制位的函数。

探索如何彰显 C++特色，也是本书改编的重要动因。

（三）

本次修改，将全书划分为 4 篇。

第 1 篇：C++面向对象起步。用 4 个单元帮助初学者建立面向对象的问题分析思维，掌握相关方法和相关知识，树立面向对象程序设计中"一切皆对象，一切来自类"的意识。

第 2 篇：基于类的 C++程序框架设计。用 3 个单元帮助读者理解如何在一个程序中组织类以及什么样的类结构才是好的程序结构，进一步提升读者"程序设计 = 计算思维 + 语言艺术"的观念。

第 3 篇：C++泛型程序设计。用 3 个单元介绍重载、多态和 STL。C++的泛型、通用、灵活的特点给读者的学习带来了一定乐趣，也为读者将来从事程序开发工作提供了更多便捷方法。

第4篇：C++深入编程。用4个单元介绍C++在名字和实体、常量、函数、I/O流等几个方面的细节，让读者在程序开发上能够做到锦上添花。

此外，本书每个单元都围绕一个主题展开，部分单元还增添了知识链接部分，其目的是引申基本内容，或为以后的学习作一些铺垫。

这样的结构体系安排，是考虑了以下几个因素和写作思想的结果。

（1）S.D的建议。

（2）重要先学，特色优先。

（3）思维开路，语法补充。

（4）多层次教学需要。

需要说明一点：本书给出的许多示例，虽然有用，但主要用于说明一种语法概念或给出一种编程思路，还不是精益求精的实用程序。

（四）

赵忠孝教授、姚威博士、张展为博士以及张秋菊、史林娟、张有明、戴璐、张展赫、董兆军、吴灼伟（插图）等参加了有关部分的写作。在此谨表谢意。同时，一如既往地希望得到读者广泛的批评和建议，以便将这本书改得更好。

张基温

乙未夏于小海之畔

第1版前言

程序设计是IT类专业工作者的看家本领，也是人们为解决复杂问题所需要的基本思维训练。但是在多年的教学实践和外出讲学调研中，本人却惊奇地发现，这是一门非常失败的课程：学生学习了程序设计，甚至学习了多门这样的课程，遇到问题时却不知道如何下手；即使设计出了一个程序，也不知道如何才能找到更多程序中的错误。而对于C++课程的教学，除了上述问题外，还突出地表现在：几乎大部分学习了C++的人，编写出来的程序却是面向过程的，充其量是输入、输出函数用了提取和插入运算符来代替，然后在C++编译器上运行，实质上是将C++当成了C来用。

一、内容体系与写作思想

本书的写作目的就是企望从上述3个方面实现一些突破，改善C++的教学效果。全书分为3篇。第1篇共6个单元，第1单元介绍面向对象的基本概念；接下来的4个单元各用一个实例帮助学习者快速进入面向对象的世界，并掌握不同程序的基本测试方法；最后用第6单元通过介绍面向对象程序设计的基本原则，使读者知晓如何设计出优美的面向对象的程序。第2篇用5个单元介绍C++支持面向对象程序设计的重要机制，使读者在学习了第1单元后，能在面向对象程序设计上再上一个台阶。第3篇用5个单元帮助读者进一步了解C++的一些细节。

之所以采用这样的结构，是出于如下几点考虑。

1. 逻辑思维训练先行

目前，几乎所有的程序设计类教材都是采用面向语法的体系。这种从语言的语法手册改写而成的教材，尽管有人进行了"浅显易懂"的加工，说到底还是囿于应试，目的是把学习者的注意力引导到语法细节而不是程序设计的思路上。这样，当然就会出现学过程序设计遇到问题不知道如何下手的后果。

反思当前程序设计教材的这种弊病，本书第1篇采用了问题体系的写法，目的是把以教材为中心的教学体系转移到以问题为中心的体系上来，加强基于算法的逻辑思维训练。通过一些经典的例子，介绍如何整理思路、构造解题算法，提高学习者的兴趣和解决实际问题的能力。

以问题为中心，加强基于算法的逻辑思维训练，并不是不介绍语法，而是本着语法够用就行的思想，把语法和程序测试穿插于逻辑思维训练中。"皮之不存，毛将焉附"，不介绍语法，就不可能写出任何程序，进行逻辑思维训练就成了一句空话。但是，语法够用就行，即只要能写出程序就行。

2. 面向对象提前

在经济学中有一个路径依赖（path dependence）理论：一旦人们做了某种选择，就好比走上了一条不归之路，惯性的力量会使这一选择不断自我强化，并使你无法轻易走出去。中国人将之称为"先入为主"。美国经济学家道格拉斯·诺思用这个理论成功地阐释了经济制度的演进规律，从而获得了 1993 年的诺贝尔经济学奖。在教学中，先入为主常常会使理论上认为简单、自然的方法更不易被接受，因为它需要人们付出一定的转移成本。

现在的 C++程序设计教材，尽管许多教材冠以"面向对象"，但几乎都是从面向过程入手，讲词法、讲语法，然后转向面向对象。先入为主的训练，使得学习者无法理解书本中标榜的"面向对象是一种很自然的方法"。针对这种弊病，本书一开始就进入了面向对象的世界，对读者进行"定义类—生成对象—操作对象"面向对象的三步解题训练，并将面向过程作为面向对象的实现环节，将选择、迭代和穷举 3 种基本算法融入其中，避免思维模式转换带来的转移成本。

3. 用设计模式点化面向对象

不知道设计模式，就无法真正了解面向对象程序设计的精髓；不掌握设计模式中透射出的原则，就设计不出优雅的面向对象的程序。本书在通过前 5 个单元进行的基本算法和构建面向对象程序的基本过程训练之后，立即转入设计模式的学习。但是，设计模式对于许多人来讲还是一条鸿沟。为了帮助读者越过这条鸿沟，本书采用了讲故事的方式。先引入从设计模式折射出来的几个面向对象程序设计的基本原则，然后对 GoF 设计模式进行概要介绍。

4. 将程序测试融入程序设计之中

程序测试的目的是找出程序逻辑错误。这应该是程序设计最后的重要环节。但是，这个环节却被人们忽视了。在程序设计课程的进行中，几乎所有学习者都是在编写出一个程序后，碰运气，上机试通，等到学习软件工程课程时（可惜并非所有学习程序设计的人都有再学习软件工程的安排），这种陋习已经难于纠正。而实际上，计算机专业在软件工程课程进行中，并没有很多时间用于程序测试的训练，就连软件工程专业开设的软件测试课程，也缺少充分的实践环节。从根本上讲，程序测试应当是程序设计不可或缺的组成部分。把程序测试的训练纳入到程序设计中，应该说是最高效、最合理的安排。基于如此考虑，从 20 世纪 90 年代初，本人就开始尝试将程序测试融入程序设计的教学中。实践证明，这不仅可行，而且很有好处。

5. 淡化指针，分散安排

指针是 C 和 C++中最富有特色的机制，它把 C/C++灵活、高效的特点表现得淋漓尽致。然而，指针又是程序中最容易出错、难以理解的部分。从 20 世纪 80 年代，就有人把指针与 goto 语句列入应当限制使用的"黑名单"。目前，一些新的 C 族语言，如 Java、C#（读"c sharp"）都向用户隐藏了指针。对于初学者来说，应当养成少用指针，尽量不用指针的编程习惯。为此，本书没有专门介绍指针的部分，而是将指针内容分散在必须使用的部分中。

二、学习环境与使用方法

由 J.Piaget、O.Kernberg、R.J.sternberg、D.Katz、Vogotsgy 等人创建的建构主义 (constructivism)学习理论认为，知识不是通过教师传授得到的，而是学习者在一定的情境即社会文化背景下借助其他人（包括教师和学习伙伴）的帮助，利用必要的学习资料，通过意义建构的方式而获得的。在信息时代，人们获得知识的途径发生了根本性的变化，教师不再是单一的"传道、授业、解惑"者，帮助学习者构建一个良好的学习环境也成为其一项重要职责。当然，这也是现代教材的责任。本书充分考虑了这些问题。

在这本书中，除了正文外，在每个单元后面都安排了概念辨析、代码分析、开发实践和探索验证 4 种自测和训练实践环节，从而建立起一个全面的学习环境。

1. 概念辨析

概念辨析主要提供选择和判断两类自测题目，帮助学习者理解本单元学习过的有关概念，把当前学习内容所反映的事物尽量和自己已经知道的事物相联系，并认真思考这种联系，通过"自我协商"与"相互协商"，形成新知识的同化与顺应。

2. 代码分析

代码阅读是程序设计者所应掌握的基本能力之一。代码分析部分的主要题型是通过阅读程序找出错误或给出程序执行结果。

3. 开发实践

提高程序开发能力是本书的主要目标。本书在绝大多数单元后面都给出了相应的作业题目。但是，完成这些题目并非只是简单地写出其代码，而要将其看作一个"思维 + 语法 + 方法"的工程训练。因此，要求每道题的作业都要以文档的形式提交。文档中应包括以下内容。

（1）问题分析与建模。
（2）源代码设计。
（3）测试用例设计。
（4）程序运行结果分析。
（5）编程心得（包括运行中出现的问题与解决方法、对于测试用例的分析、对于运行结果的分析等）。

文档的排版也要遵照统一的格式。

4. 探索验证

建构主义提倡，学习者要用探索法和发现法去建构知识的意义。学习者要在意义建构的过程中主动地搜集和分析有关的信息资料,对碰到的问题提出各种假设,并努力加以验证。按照这一理论,本书还提供了一个探索思考栏目,以培养学习者获取知识的能力和不断探索的兴趣。

三、感谢与期待

从20世纪80年代末,本人就开始探索程序设计课程从语法体系到问题驱动的改革;到了20世纪90年代中期又在此基础上考虑让学生在学习程序设计的同时掌握程序测试技能;2003年开始考虑如何改变学习了C++而设计出的程序却是面向过程的状况。每个阶段的探索,都反映在自己不同时期的相关作品中。本书则是自我认识又一次深化的表达。

尽管有了近20多年探索的积累,但我却越来越感觉到编写教材的责任和困难。要编写一本好的教材,不仅需要对本课程涉及内容有深刻的了解,还要熟悉相关领域的知识,特别是要不断探讨贯穿其中的教学理念和教育思想。所以,越到后来,就越感到自己知识和能力的不足。可是,作为一项历史性任务的研究,我又不愿意将之半途而废,只能硬着头皮写下去。每一次任务的完成,都得益于一些热心者的支持和帮助。在本书的写作过程中,参加了部分工作的有姚威博士、张展为博士,以及张秋菊、史林娟、张有明等。在此谨向他们致以衷心的感谢。

本书就要出版了。它的出版,是我在这项教学改革工作中跨上的一个新的台阶。本人衷心希望得到有关专家和读者的批评和建议,也希望能多结交一些志同道合者,把这项教学改革推向更新的境界。

张基温
2012年10月10日

目　录

第1篇　C++面向对象启步

第1单元　职员类 3
1.1　从具体对象到职员类 3
1.1.1　具体职员对象的分析与描述 3
1.1.2　Employee 类的声明 4
1.1.3　C++保留字、标识符与名字空间 5
1.1.4　数据类型 7
1.2　表达式 10
1.2.1　字面值 10
1.2.2　数据实体 10
1.2.3　含有操作符的表达式及其基本求值规则 12
1.3　类的成员函数 13
1.3.1　函数的关键环节 13
1.3.2　对象的生成与构造函数 15
1.3.3　标准输出流 out 与 printEmployee() 函数 17
1.3.4　析构函数 18
1.3.5　一个完整的 Employee 类 18
1.4　主函数 19
1.4.1　主函数及其结构 19
1.4.2　测试 Employee 类的主函数 19
1.5　构造函数重载 20
1.5.1　函数重载的概念 20
1.5.2　不同参数数目的构造函数重载 21
1.5.3　复制构造函数 21
1.6　程序编译 24
1.6.1　编译预处理 24
1.6.2　编译与连接 26
1.6.3　多文件程序的编译 26
1.7　知识链接 28
1.7.1　指针=基类型+地址 28
1.7.2　指向对象的指针与 this 30

1.7.3 引用 32
习题 1 33

第 2 单元 简单桌面计算器 38
2.1 简单桌面计算器建模 38
2.1.1 简单桌面计算器分析 38
2.1.2 Calculator 类的声明 38
2.2 calculate( )函数的实现 39
2.2.1 用 if-else 结构实现成员函数 calculate( ) 39
2.2.2 用 switch 结构实现 calculate( ) 41
2.2.3 if-else 判断结构与 switch 判断结构比较 42
2.2.4 Culculator 类测试 43
2.2.5 发现运行异常的程序测试 44
2.3 C++异常处理 45
2.3.1 程序错误 45
2.3.2 C++异常处理机制 47
2.3.3 在同一个函数中抛掷并处理异常 48
2.3.4 异常的抛掷与检测处理分在不同函数中 50
2.3.5 抛掷多个异常 51
2.3.6 用类作为异常类型 52
2.3.7 捕获任何异常 55
2.4 简单桌面计算器的改进 56
2.4.1 使用浮点数计算的 Calculator 类 56
2.4.2 从键盘输入算式 58
2.5 实现多算式计算 60
2.5.1 用一个数据成员存储中间结果 60
2.5.2 用一个静态局部变量存储中间结果 62
2.5.3 用一个静态成员变量存储中间结果 63
2.6 使用重复结构实现任意多算式计算 65
2.6.1 用 while 循环实现任意多算式计算 65
2.6.2 用 do-while 循环实现任意多算式计算 66
2.7 知识链接 67
2.7.1 条件表达式 67
2.7.2 左值表达式与右值表达式 67
2.7.3 标识符的域 69
2.7.4 变量的生命期与存储分配 70
2.7.5 类属变量、实例变量与局部变量的比较 71
习题 2 72

第3单元 素数产生器 76
3.1 问题描述与对象建模 76
3.1.1 对象建模 76
3.1.2 getPrimeSequence( )函数的基本思路 77
3.2 使用isPrime( )的PrimeGenerator类实现 77
3.2.1 用for结构实现的getPrimeSequence( )函数 77
3.2.2 用for结构实现的isPrime( )函数 79
3.2.3 完整的PrimeGenerator类及其测试 79
3.3 不使用isPrime( )的PrimeGenerator类实现 80
3.3.1 采用嵌套重复结构的getPrimeSequence( )函数 80
3.3.2 重复结构中的continue语句和break语句 81
3.4 知识链接 82
3.4.1 C++操作符 82
3.4.2 具有副作用的表达式与序列点 83
3.4.3 算术类型转换 85
3.4.4 类型转换构造函数与explicit关键字 87
3.4.5 表达式类型的推断与获取：auto与decltype 91
3.4.6 C++语句 92
习题3 93

第4单元 Time类 97
4.1 Time类需求分析与操作符重载 97
4.1.1 Time类需求分析 97
4.1.2 关键字operator与操作符重载 98
4.1.3 操作符+的重载 99
4.1.5 增量操作符++的重载 100
4.1.5 用友元函数实现<<重载 103
4.1.6 赋值操作符=的重载 104
4.1.7 操作符重载的基本规则 105
4.1.8 Time类的类型转换构造函数 107
4.2 浅复制与深复制 109
4.2.1 数据复制及其问题 109
4.2.2 复制构造函数再讨论 111
4.2.3 深复制的赋值操作符重载 113
4.3 动态内存分配 114
4.3.1 用new进行动态内存分配 114
4.3.2 用delete释放动态存储空间 115
4.3.3 对象的动态存储分配 116
4.3.4 动态内存分配时的异常处理 118

4.4 知识链接	119
4.4.1 友元	119
4.4.2 智能指针	123
习题 4	124

第 2 篇　基于类的 C++程序架构

第 5 单元　继承

5.1 单基继承	133
5.1.1 公司人员的类层次结构模型	133
5.1.2 C++继承关系的建立	133
5.1.3 在派生类中重定义基类成员函数	137
5.1.4 基于血缘关系的访问控制——protected	139
5.1.5 类层次结构中构造函数和析构函数的执行顺序	140
5.2 类层次中的赋值兼容规则与里氏代换原则	143
5.2.1 公开派生的赋值兼容规则	143
5.2.2 里氏代换原则	144
5.2.3 对象的向上转换和向下转换	144
5.3 多基继承	145
5.3.1 C++多基继承格式	145
5.3.2 计算机系统=软件+硬件问题的类结构	145
5.3.3 多基继承的歧义性问题	148
5.3.4 虚基类	149
习题 5	150

第 6 单元　虚函数与动态绑定

6.1 画圆、三角形和矩形问题的类结构	154
6.1.1 3 个分立的类	154
6.1.2 为 3 个分立的类设计一个公共父类	154
6.2 用虚函数实现动态绑定	155
6.2.1 虚函数与动态绑定	155
6.2.2 虚函数表	156
6.2.3 虚函数规则	157
6.2.4 用 override 和 final 修饰虚函数	159
6.2.5 纯虚函数与抽象类	161
6.3 运行时类型鉴别	163
6.3.1 RTTI 概述	163
6.3.2 dynamic_cast	163
6.3.3 type_info 类与 typeid 操作符	169
习题 6	172

第7单元　面向对象程序结构优化 176
7.1　面向对象程序设计优化规则 176
- 7.1.1　引言 176
- 7.1.2　从可重用说起：合成/聚合优先原则 178
- 7.1.3　从可维护性说起：开闭原则 180
- 7.1.4　面向抽象原则 182
- 7.1.5　单一职责原则 188
- 7.1.6　接口分离原则 189
- 7.1.7　不要和陌生人说话 193

7.2　GoF 设计模式举例：工厂模式 195
- 7.2.1　概述 195
- 7.2.2　简单工厂模式 196
- 7.2.3　工厂方法模式 198

习题 7 200

第3篇　泛型程序设计

第8单元　模板 205
8.1　算法抽象模板——函数模板 205
- 8.1.1　从函数重载到函数模板 205
- 8.1.2　函数模板的实例化与具体化 206

8.2　数据抽象模板——类模板 209
- 8.2.1　类模板的定义 209
- 8.2.2　类模板的实例化与具体化 210
- 8.2.3　类模板的使用 211
- 8.2.4　类模板实例化时的异常处理 213
- 8.2.5　实例：MyVector 模板类的设计 214

8.3　知识链接：数组 218
- 8.3.1　数组的特点 218
- 8.3.2　数组的定义与泛化常量表达式 218
- 8.3.3　数组的初始化规则 220
- 8.3.4　对象数组 221
- 8.3.5　数组存储空间的动态分配 223

习题 8 223

第9单元　STL 编程 230
9.1　STL 概述 230
- 9.1.1　容器 230
- 9.1.2　迭代器 232
- 9.1.3　容器的成员函数 235

    9.1.4 STL 算法 238
    9.1.5 函数对象 241
    9.1.6 基于范围的 for 循环 243
    9.1.7 STL 标准头文件 244
  9.2 扑克游戏——vector 容器应用实例 245
    9.2.1 vector 容器的特点 245
    9.2.2 扑克游戏对象模型 245
    9.2.3 用 vector 容器对象 poker 存储 54 张扑克牌 246
    9.2.4 洗牌函数设计 249
    9.2.5 整牌函数设计 252
    9.2.6 发牌函数设计 253
    9.2.7 vector 操作小结 256
  9.3 list 容器及其应用实例 257
    9.3.1 构建 list 对象及其迭代器 257
    9.3.2 操作 list 对象 258
    9.3.3 基于 list 容器的约瑟夫斯问题求解 262
  9.4 string 265
    9.4.1 字符串对象的创建与特性描述 266
    9.4.2 字符串对象的输入/输出 266
    9.4.3 字符串的迭代器与字符操作 267
    9.4.4 两字符串间的操作 271
  9.5 stack 容器 273
    9.5.1 stack 及其特点 273
    9.5.2 stack 的操作 273
    9.5.3 应用举例：将一个十进制整数转换为 K 进制数 274
  9.6 关联容器 276
    9.6.1 用结构体定义的 pair 类模板 276
    9.6.2 set 和 multiset 容器 278
    9.6.3 map 和 multimap 容器 282
  9.7 知识链接 286
    9.7.1 const_iterator 286
    9.7.2 分配器 287
  习题 9 288

第 4 篇   C++深入编程

第 10 单元 C++实体与名字 293
  10.1 C++的存储属性 293
    10.1.1 外部变量与 extern 关键字 293

	10.1.2 static 关键字	296

10.2 名字空间域 ... 301
    10.2.1 名字冲突与名字空间 ... 301
    10.2.2 名字空间的使用 ... 305
    10.2.3 无名名字空间和全局名字空间 ... 307
习题 10 ... 308

第 11 单元　C++字面值与常量 ... 311

11.1 字面值 ... 311
    11.1.1 整型字面值的表示和辨识 ... 311
    11.1.2 浮点类型字面值的表示和辨识 ... 312
    11.1.3 字符字面值 ... 313
    11.1.4 bool 类型与 bool 常量 ... 314
    11.1.5 枚举类型与枚举常量 ... 315
    11.1.6 强类型枚举 ... 317
11.2 const 关键字 ... 318
    11.2.1 const 符号常量 ... 318
    11.2.2 const 用于指针声明 ... 320
    11.2.3 const 限定类成员与对象 ... 323
11.3 C++11 的右值引用 ... 326
    11.3.1 右值引用的概念 ... 326
    11.3.2 C++11 关于左值和右值概念的深化 ... 327
    11.3.3 C++的引用绑定规则 ... 327
    11.3.4 C++11 的引用折叠规则 ... 329
    11.3.5 C++11 的模板参数类型推导规则 ... 330
习题 11 ... 330

第 12 单元　C++函数探幽 ... 336

12.1 函数调用时的参数匹配与保护 ... 336
    12.1.1 函数调用时的参数匹配规则 ... 336
    12.1.2 形参带有默认值的函数 ... 337
    12.1.3 参数数目可变的函数 ... 339
12.2 参数类型 ... 339
    12.2.1 值传递：变量/对象参数 ... 339
    12.2.2 地址传递：地址/指针参数 ... 341
    12.2.3 数组参数 ... 342
    12.2.4 名字传递：引用参数 ... 344
    12.2.5 const 限定函数参数 ... 347
12.3 移动语义与完美转发 ... 348
    12.3.1 移动语义 ... 348

12.3.2 完美转发 351
12.4 函数返回 354
  12.4.1 函数返回的基本规则 354
  12.4.2 返回指针类型的函数 355
  12.4.3 类型的返回左值引用 356
  12.4.4 const 限定函数返回值 358
12.5 Lambda 表达式 360
  12.5.1 简单的 Lambda 表达式 360
  12.5.2 在方括号中加入函数对象参数 361
习题 12 363

第 13 单元 C++ I/O 流 366

13.1 流与 C++流类 366
  13.1.1 流与缓冲区 366
  13.1.2 C++流类库 367
  13.1.3 ios 类声明 369
13.2 标准流对象与标准 I/O 流操作 370
  13.2.1 C++标准流对象 370
  13.2.2 标准输入/输出流操作 370
13.3 流的格式化 371
  13.3.1 ios 类的格式化成员函数和格式化标志 371
  13.3.2 格式化操作符 371
13.4 文件流 372
  13.4.1 文件流的概念及其分类 372
  13.4.2 文件操作过程 373
13.5 流的错误状态及其处理 377
  13.5.1 流的出错状态 377
  13.5.2 测试与设置出错状态位的 ios 类成员函数 377
习题 13 377

附录 A C++保留字 379

A.1 C++关键字 379
A.2 C++替代标记 379
A.3 C++库保留名称 380
A.4 C++特定字 380

附录 B C++运算符的优先级别和结合方向 381

附录 C C++标准库 383

C.1 C++标准库头文件 383
  C.1.1 标准库中与语言支持功能相关的头文件 383
  C.1.2 支持流输入/输出的头文件 384

- C.1.3 与诊断功能相关的头文件 ... 384
- C.1.4 定义工具函数的头文件 ... 384
- C.1.5 支持字符串处理的头文件 ... 384
- C.1.6 定义容器类的模板的头文件 ... 384
- C.1.7 支持迭代器的头文件 ... 385
- C.1.8 有关算法的头文件 ... 385
- C.1.9 有关数值操作的头文件 ... 385
- C.1.10 有关本地化的头文件 ... 385
- C.2 Boost 库内容 ... 385
  - C.2.1 字符串和文本处理库 ... 386
  - C.2.2 容器库 ... 386
  - C.2.3 迭代器库 ... 387
  - C.2.4 算法库 ... 387
  - C.2.5 函数对象和高阶编程库 ... 387
  - C.2.6 泛型编程库 ... 388
  - C.2.7 模板元编程 ... 388
  - C.2.8 预处理元编程库 ... 388
  - C.2.9 并发编程库 ... 388
  - C.2.10 数学和数字库 ... 388
  - C.2.11 排错和测试库 ... 389
  - C.2.12 数据结构库 ... 389
  - C.2.13 图像处理库 ... 389
  - C.2.14 输入/输出库 ... 390
  - C.2.15 跨语言混合编程库 ... 390
  - C.2.16 内存管理库 ... 390
  - C.2.17 解析库 ... 390
  - C.2.18 编程接口库 ... 390
  - C.2.19 综合类库 ... 390
  - C.2.20 编译器问题的变通方案库 ... 391

参考文献 ... 392

第1篇 C++面向对象启步

计算机程序就是关于求解某种问题、完成某种工作的计算机可执行表述。

面向对象的程序设计提供了一整套计算机程序设计的思维模式和方法。它用"一切皆对象"的思想观察并分析客观问题，认为世界是由各种对象（object）组成的，所有问题都是在对象运动、变化和相互作用中发生的。但是，面向对象的程序设计不是直接简单地描述每一个具体的对象，而是先从个别对象入手，将它们上升到一般层次上，建立类（class）模型；然后再在此基础上，进一步给出实例——对象从初始状态到目的状态的变化，来得到问题的解。这种个别到一般再到个别的思维模式，更容易抓住问题的本质，也更适合组织大型程序。

这个求解问题的过程，可以归结为如下4步。

（1）分析问题域中的对象，进行抽象，建立类（class）模型。

（2）进一步实现类，用程序设计语言描述一类对象的运动特征。

（3）由类生成问题中的具体对象。

（4）用操作模拟对象的活动及状态变化，得到解题结果。

本篇用几个实例来帮助初学者认知这种面向对象的思维模式，同时掌握C++语言的有关知识。

第1单元 职 员 类

本单元通过一个简单的例子——职员（Employee）类的声明、实现和使用，介绍用C++进行面向对象程序设计的基本过程。

1.1 从具体对象到职员类

1.1.1 具体职员对象的分析与描述

俗话说，物以类聚，人以群分。在现实社会中，有形形色色的人。他们都是对象。面向对象程序设计是从对客观问题中的对象进行分析开始的。分析的目的首先是去发现具体对象中具有的一般性的特征。例如，在图1.1中有许多人，要一个一个地处理每个人的问题就把问题复杂化了。为了有效地处理问题，就需要对他们进行分类。分类可以有多种方法，例如按照性别分类、按照年龄段分类、按照学历分类、按照居住地分类等。如何分类取决于要解决的问题性质。如果从他们的社会行为（behavior）看，可以分为4类：学生、工人、运动员和职员。在面向对象的程序设计中，用类（class）表示对象的分类——类型。定义一个类的主要依据是一类对象的行为（包括它们提供的服务和功能，也包括对它们的操作和处理）。例如，学生的主要行为是学习而不取得报酬，工人的主要行为

图1.1　4类人群

是通过劳动获取报酬而不占有生产资料，运动员的主要行为是训练和比赛，职员的主要行为是管理某种事务并获取报酬。所以分类的过程就是确定对这种类型的对象进行什么样的操作以及它们可以有什么样的行为的定义过程。

除了要确定行为之外，分类时还要确定这种类型的对象之间用哪些数据进行区分或描述。因为，在研究了一类对象的共同性质之后，还需要回到问题中去针对性地进行具体对象的处理。这些用于区分一个类型的不同对象的数据也称为类的属性（property）。或者说，属性是用于区分对象的数据。当然，属性的确定也与类有关，它也是类特征的一个方面。

下面讨论职员类的行为（也称操作）和属性。

1. 职员类的属性

表1.1给出了5个职员实例的属性数据——数据成员。这些数据表现出职员与其他人群的不同，也用来区分职员类中的不同个体——对象。

表 1.1 职员对象实例及其属性

姓 名	性 别	年 龄	基本工资
张三	男	52	3388.88
李四	女	29	4477.77
王五	男	26	5599.99
陈六	女	43	6677.88
郭七	男	31	7788.99

此外，还要考虑它们在计算机中是如何表现的。在计算机中表现一个数据，最少需要如下几个方面：

- 名字
- 取值范围——数据类型。

因此，上述 4 项可以用表 1.2 描述。

表 1.2 职员类的 4 个属性及其表示方法

属性项	姓 名	年 龄	性 别	基本工资
属性名	empName	empAge	empSex	empBasePay
取值范围	字符串	整数	一个字符	6 位数字（整数 4 位，小数 2 位）
数据类型	string	int	char	float

2. 职员类的行为

在面向对象的程序设计中，认为一类对象都具有共同的行为特征，或者说是基于共同的行为进行分类。例如，在一个公司里，财务、销售的区别主要是行为的不同。为了简化问题，仅给 Employee 提供两个运动属性，这些运动属性在 C++中用以下函数表示。

- 函数 Employee(std::string name, int age, char sex, float basePay)：用于创建该类的实例——对象。
- 函数 printEmployee()：用来输出一个具体对象的静态属性。

1.1.2 Employee 类的声明

类声明（class declaration），就是向编译器注册一个类的名字和成员组成，它的成员各属于什么类型，有哪些访问约束等。

代码 1-1　一个 Employee 类声明。

```
//文件名：employee01.h
#include <string>              //包含一个头文件
class Employee{                //类头：类声明关键字和类名
//类体开始
private:                       //访问控制关键字，私密成员说明符
    std::string emplName;      //声明职员姓名
    int   emplAge;             //声明职员年龄
    char  emplSex;             //声明职员性别
```

```
    float emplBasePay;              //声明职员基本工资
public:                              //访问控制关键字,公开成员说明符
    Employee(std::string name, int age, char sex, float basePay);  //构造函数
    void printEmployee();           //声明一个成员函数
};                                   //类体结束,后面要一个分号
```

说明:

（1）一个类的声明由两部分组成：类头和类体。

类头由关键字 class 引出，后面为类名。通常，类名首字母大写，如 Employee。类体括在一对花括号中。类声明最后用分号结束。

（2）类体由一些类成员的声明组成。类成员分为两部分：属性和行为。属性也称为成员变量或数据成员，行为被称为成员函数。成员函数是类中所有对象的共有行为，而数据成员主要用于说明该类型的对象用哪些数据进行区分和描述。

（3）private 和 public 是关于成员访问属性的两个关键字。private 表明其后面的成员都是私密的，只能被同类的其他成员访问。public 表明其后面的成员是公开（公有）的，不仅可以被同类的其他成员访问，也可以被外部访问。从代码 1-1 可以看出，在 Employee 类中，成员变量都是私密的，成员函数都是公开的。C++规定，访问属性缺省的成员，默认为 private，以体现信息隐藏原则。

（4）在代码 1-1 中，有 4 条成员变量的声明。每条成员变量的声明由如下 3 部分组成。

- 访问属性关键字。
- 类型名。代码 1-1 的成员变量声明中使用了 4 个类型名：string、int、char 和 double，分别限定后面对应的成员变量存储字符串（姓名用一串文字表示）、整数（年龄用整数表示）、字符（性别用一个字符表示）和浮点数（基本工资用带小数的数字表示）。
- 成员变量名。采用符合 C++标识符规则的名字，通常首字母小写。

（5）成员函数用命名的一组指令表示。这里有两个成员函数 Employee(std::string name, int age, char sex, float basePay)和 printEmployee()。有关说明将在 1.2 节介绍。

（6）符号//后面的文字称为注释。注释是程序开发者向程序阅读者所预留的说明，以便读者阅读、理解。

1.1.3　C++保留字、标识符与名字空间

1. 保留字与标识符

在 C++程序中要使用许多单词，这些单词可以分为两类：保留字和标识符。

保留字（reserved words）是 C++语法定义过的或供 C++库使用的、被赋予专门用途的一些单词，如 class、int、float、double、char、bool、void、wchar_t、private、public 等，详见附录 A。

标识符（identifiers）也称为用户标识符，是由程序员定义的名字。类名、对象名、数据成员名、函数名等都是标识符，例如本例中的 Employee、emplName、emplAge、emplSex、emplBasePay 等。C++的用户标识符应当遵守下面的规则。

（1）用户标识符由字母、数字和下划线 3 种字符组成，并且区分大小写。例如 Age、age、

AGE 将被看作不同的标识符。

（2）用户标识符要以字母或下划线开头。

（3）C++标识符长度（组成字符个数）没有规定，但编译器能识别的标识符长度有一定限制。例如，有的编译器只识别前 31 个字符。

（4）在 C++中，有些单词是语法定义过的、具有特定意义，如 class、private、public、int、char、float、void 等。这些属于 C++标准定义的专用词汇，称为 C++关键字（key words, key）。C++不允许将这些关键字以及其他一些留作专用的保留字作为标识符。

按照上述规则，下列是合法的用户标识符：

abc Abc a2 a_2_ab a_

下面不是合法的用户标识符：

2ab（数字打头） abc$（含非法字符）a-b（含非法字符） int（关键字） class（关键字）

而且具有全局性，即任何地方都可以拿来就用，只要符合语法和语义规则即可，例如本例中的 class、int、char、double 等。

几种流行的命名法

1. 下划线命名法

下划线法是 C 出现后开始流行起来的，在许多旧的程序和 UNIX 的环境中使用非常普遍。它的命名规则是使用下划线作为一个标识符中的逻辑点，分隔所组成标识符的词汇。例如 my_First_Name、my_Last_Name 等。

2. 骆驼（Camel-Case）命令法

骆驼命令法是使名字中的每一个逻辑断点都有一个大写字母来标记，例如 myFirstName、myLastName 等。

3. 帕斯卡（pascal）命名法

帕斯卡（pascal）命名法与骆驼命名法类似。只不过骆驼命名法是首字母小写，而帕斯卡命名法是首字母大写，例如 MyFirstName、MyLastName 等。

4. 匈牙利命名法

匈牙利命名法是 Microsoft 的匈牙利籍著名开发人员、Excel 的主要设计者查尔斯·西蒙尼（Charles Simonyi）在他的博士论文中提出来的一种关于变量、函数、对象、前缀、宏定义等各种类型的符号的命名规范。其基本原则是：变量名＝属性＋类型＋对象描述。其中，每一对象的名称都要求有明确含义，可以取对象名字全称或名字的一部分。命名要基于容易记忆、容易理解的原则。

---

2. 标准名字空间 std

名字空间是一种支持大型程序设计的机制。在编写大型程序时，需要用到大量名字，而一个大型程序又往往是由多个人分头完成的。这样，就会形成一个非常复杂的命名体系。弄得不好常常会发生因名字相同而引起的冲突。为了解决这个问题，人们提出了名字空间的机制，即不同的人，在设计不同的模块时，可以分头定义自己的名字空间。

std 就是一个在定义标准库时使用的名字空间，称为标准名字空间。

在一个地方要使用别的名字空间中定义的某个或某些名字时，就需要导入其定义的空间进行分辨。本例中的 string 就是在标准库 std 中定义了的名字，要使用它就要先导入 std

进行分辨。最基本的导入方法是直接在使用处用名字空间限定符标明某个名字的定义域，如在本例中使用的

```
std::string
```

1.1.4 数据类型

1. 数据类型的概念

数据是程序处理的对象。C++是一种强类型定义语言，简称强类型语言。它要求数据都属于某种数据类型，如果不经过强制转换，那么它就永远是这个数据类型了。

在高级语言中，数据类型具有如下 3 个方面的意义。

（1）存储方式。不同的数据类型占有不同的存储空间并具有不同的存储方式。例如，char 类型占用 1B 空间；int 类型在 16b 机器中占用 16b=2B 空间，在 32b/64b 机器中占用 32b=4B 的空间；float 类型占用 4B 空间；double 类型占用 8B 空间。并且，整型（char、int、long）按照定点方式存储，浮点型（float 和 double）按照浮点方式（一部分存储位表示指数）存储。

（2）值集合，即所表示的值的范围。例如，char 型取值为字符（或-128~127），在 32b/64b 计算机中 int 型取值范围为-2 147 483 648~2 147 483 647。

（3）操作集合，即可对数据施加的运算操作集。例如，string 类不可以进行算术运算。这些规范也成为编译系统在程序中查找语法错误的重要依据。

C++中的数据类型分为基本数据类型、复合数据类型和自定义数据类型。类就是自定义类型。一旦定义了一个类，所生成的对象就属于该类型。关于复合类型，后面再介绍。这里主要介绍基本数据类型。基本类型主要包括 int(整数类型)、float（浮点类型）、double（双精度浮点类型）、char（字符型）和 bool 型。

2. 整型类型

1）整型类型的存储空间要求

在 C++11 中，整型类型数据所占空间从小到大依次为：char、signed char、unsigned char、short、unsigned short、int、unsigned int、long、unsigned long、long long、unsigned long long。此外，还有 wchar_t、char16_t 和 char32_t 类型，它们的排位取决于实现。在 C++中，有如下几点要求：

- short 型数据至少为 16b；
- int 型数据长度不小于 short 型；
- long 型数据至少为 32b，且长度不小于 int 型；
- long long 型数据至少为 64b，且长度不小于 long 型。

表 1.3 所示为 64b 计算机中的 4 种基本整数类型的存储空间大小。对于其他字长的计算机，情况有所不同。例如，在 32b 的计算机系统中 int 型数据也是 32b 的，而 long int 型数据是 64b 的。此外，在某些系统中，short 型数据与 int 型数据存储空间一样；而在另一些系统中，long 型数据与 int 型数据存储空间一样。这是 C++的未确定行为之一。

表 1.3　64 位计算机中 4 种基本整数类型及其存储空间大小

类型名称	short int/short	int	long int/long	long long
存储空间	16b（2B）	32b（4B）	64b（8B）	64b（8B）

2）整型类型的存储格式与取值范围

在计算机内，整型数据用定点格式存储。图 1.2 为用 1B 进行定点格式存储的示意图。

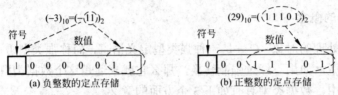

(a) 负整数的定点存储　　　(b) 正整数的定点存储

图 1.2　定点格式

定点格式分两个部分：数值部分和符号位。符号位占 1b，通常用"1"表示负，用"0"表示正。在一定长度的存储空间中，用 1b 来表示符号，就使表示数据的范围缩小了一半。因此，同样大小的存储空间，带 unsigned 所表示的数据的最大值比不带 unsigned 提高了接近一倍。例如，一个 8b 的存储空间，可以存储的最大数为 $(1111111)_2 = (2^7-1)_{10} = (127)_{10}$，最小数为 -127（采用补码为 -128，这也是 C++ 的未确定行为之一）；若不用符号位，则最大数为 255，最小数为 0。表 1.4 为 C++ 中几种存储整数的空间，在存储有符号数和无符号数时的数据取值范围。

表 1.4　不同长度整型数据的取值范围

数据长度 (b)	取值范围	
	signed（有符号）	unsigned（无符号）
8	−127～127	0～255
16	−32 767～32 767	0～65 535
32	−2 147 483 647～2 147 483 647	0～4 294 967 295
64	$-(2^{63}-1) \sim 2^{63}-1$	$0 \sim 2^{64}-1$（18 446 744 073 709 551 615）

3）定长整数类型

上述整数类型是基于计算机字长的。这样定义的整数可移植性比较差。为此，C++11 在头文件 <cstdint> 中定义了 4 套定长整数类型：int8_t/uint8_t、int16_t/uint16_t、int32_t/uint32_t、int64_t/uint64_t。

4）字符类型

顾名思义，字符类型是专门为表示字符而设计的数据类型。

为了能在计算机中表示与存储字符，人们开发了一些字符编码规则。适合用 8b 编码的有 ASCII（American Standard Code for Information Interchange，美国标准信息交换代码）和 EBCDIC（Extended Binary Coded Decimal Interchange Code，广义二进制编码的十进制交换码）；适合用 16b 编码的有 Unicode（统一码，万国码）等扩展字符集。这些编码中，每个字符在计算机中都是以整数形式存储的。例如，在 ASCII 中，字符 B 的编码是 66，字符 b 的编码是 98。将编码显示成字符是用另外的程序转换而成的。所以，字符类型虽然常用来处理字符,但其实质还是整数,属于整型类型。

早先,C++只提供了关键字 char 表示字符类型,具体它是 8b 还是 16b 由编译器自己决定,属于一种未定义行为。后来 C++又提供了一个关键字 wchar_t 专门表示扩展字符集。C++11 还新增了 char16_t 和 char32_t,分别用 16b 和 32b 表示字符以满足更多的字符表示。

3. 浮点类型

浮点类型是带小数的数据类型。它在计算机内部的格式如图 1.3 所示,分为两大部分:尾数部分(又分成符号位和数值两部分)和阶码部分(又分成符号位和数值两部分)。

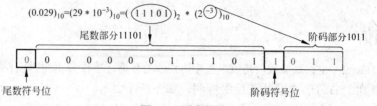

图 1.3 浮点格式

现在大多数计算机都遵循 IEEE754(即 IEC60559)的规定,用 32b 表示单精度类型,用 64b 表示双精度类型,用至少 43b 表示单扩展精度类型,用至少 79b(常见是 80b 和 128b)表示双扩展精度类型。并且,每个浮点数都以科学记数法形式存储,即分为符号位(sign bit)、阶码(即指数 exponent)和尾数(也称有效位数 significand)3 部分存储。表 1.5 所示为不同长度浮点类型数据的取值范围和表数精度(有效位数)。

表 1.5 不同长度浮点类型数据的取值范围和表数精度

宽度(b)	数据类型	机内表示(二进制位数)			取值范围(绝对值)	可提供的十进制有效数字位数和最低精度
		阶码	尾数	符号		
32	float	8	23	1	0 和±(3.4e−38~3.4e+38)	7 位有效数字,精确到小数点后 6 位
64	double	11	52	1	0 和±(1.7e−308~1.7e+308)	15 位有效数字,精确到小数点后 10 位
80	long double	15	63	1	0 和±(1.2e−4932~1.2e+4932)	19 位有效数字,精确到小数点后 10 位

4. string 类型

string 称为字符串类型。与 int、float、double、char 等 C++内置的基本数据类型不同,string 不是基本类型,而是系统定义在文件<string>中的一个关于字符串类型的名字。

除了作为关键字的名字,C++要求程序中使用的其他任何名字都必须先定义,才可以使用。但是,一般说来,程序员并不知道也不需要知道它是如何定义的,为此只要把定义它的头文件(对于 string,头文件是<string>)包含在这个程序中就可以了。包含命令为"#include"。如使用命令"#include <string>"就可以在编译预处理时将定义 string 的文件<string>包含进来,当然,string 的定义也就包含进来了。

此外,字符串的字面量要用双撇号括起来。

5. void 类型

void 类型是一种特殊的数据类型,用于表示函数没有返回值的情况。

1.2 表 达 式

表达式是程序中关于值的表示。它可以是一个数据的字面值,也可以是关于数据实体的标识符,还可以是字面值、数据对象与操作符的合法组合以及表达式与表达式的合法组合。

1.2.1 字面值

字面值(literal)也称直接数,是可以直接辨别值的数据。字面常量也具有类型。其类型也可以由默认规则、书写形式推断或后缀标明,如下所示。

2 147 483 645:由其值可知,在 32b 系统中,默认是一个 int 类型数。

3L:由其后缀 L 可知,它是一个 long int 类型数。

3.1415f:由其后缀 f 可知,它是一个 float 类型数。

3.1415:没有后缀,默认是一个 double 类型数。

'5'和'a':由单撇可知,它们是两个 char 型数据。

"I am a student. ":由双撇可知,它是一个字符串数据。

关于字面值的表示和辨识细节,请参考 11.1 节。

字面值在程序中以直接方式引用,例如:

```
number1 = 30;
number2 = number1 + 20;
```

这里,30 和 20 既可作为这两个数据的值,也可作为它们的名字。这种名字与值的一致性是字面值的一个特征。

1.2.2 数据实体

数据实体(object)也称数据对象,是拥有一块存储区域的数据。在 C++程序中,数据实体可通过如下几种方式访问。

1. 名字访问

用名字访问的数据实体通常称为变量(variable),或者说变量是被命名的数据实体。

一个变量在使用之前需要进行定义。定义是一种声明,用于向编译器注册一个变量的属性和名字。变量有许多属性,最重要的属性就是其数据类型。变量被定义之后,编译器就会按照指出的属性,将其值存放在合适的存储空间中。

定义一个变量的同时可以为其赋一个初始值,称其为变量的初始化。例如:

```
int i = 3;              //定义一个 int 类型变量 i,并为其赋以初值 3
```

```
float f = 1.234;        //定义一个float类型变量f,并为其赋以初值1.234
double d = 1.23456;     //定义一个double类型变量d,并为其赋以初值1.23456
char c = 'a';           //定义一个char类型变量c,并为其赋以初值'a'
```

C++11 还提供了使用花括号的初始化列表形式进行初始化的功能。例如，上述变量的初始化也可以写成：

```
int i {3};              //定义一个int类型变量i,并为其赋以初值3
float f {1.234};        //定义一个float类型变量f,并为其赋以初值1.234
double d {1.23456};     //定义一个double类型变量d,并为其赋以初值1.23456
char c {'a'};           //定义一个char类型变量c,并为其赋以初值'a'
```

还可以写成：

```
int i ={3};             //定义一个int类型变量i,并为其赋以初值3
float f ={1.234};       //定义一个float类型变量f,并为其赋以初值1.234
double d ={1.23456};    //定义一个double类型变量d,并为其赋以初值1.23456
char c ={'a'};          //定义一个char类型变量c,并为其赋以初值'a'
```

变量的基本特点是：可以对其代表的存储空间进行读（取）写（存）操作。在使用时，因使用场合不同，变量具有不同的含义。有时被当作一个存储空间，有时被当作一个值；例如，对变量进行读操作（例如输出）时，其被当作一个值；而对变量进行写操作（要把一个值送到变量）时，又被当作一个存储空间。

向变量送一个值，称为赋值，使用赋值操作符"="进行。赋值是改变变量值的操作。例如：

```
int i {5};              //定义i并将其初始化为5
i = 8;                  //给i赋值为8
```

注意：这里的"="不表示相等，在C++中表示相等关系的操作符是"=="。例如：

```
int i=5, j=8;           //定义一个int类型变量i
i=i+1;                  //将i的值加1后,再写到i中,该表达式的值为6
j=i;                    //将i的值6写到j中
```

这样的一些操作用等号的概念是无法解释的。

用名字访问一个存储空间时有一个特例：若定义变量时用了关键字const修饰，则该变量就成为一个符号常量，也称常变量或常量。常量只可读，不可写，即不可进行赋值操作。例如：

```
const double PI = 3.1415926;
PI = 1.23;              //错误,不可赋值
```

2. 指针（pointer）访问

指针访问就是使用数据实体的内存地址来访问数据对象。用于存放对象地址值的变量称为指针变量，简称指针。使用取地址操作符"&"获取一个变量的内存地址，来对一个指针变量初始化。例如：

```
int i = 3;              //定义一个 int 类型的变量 i
int *pi = &i;           //用变量 i 的地址初始化 int 类型的指针 pi
```

这样，变量 pi 中存储的就是变量 *i* 的内存地址了。

定义了一个指针后，也可以用指针间接访问其所指向变量的值。间接访问用"*"操作符进行。例如用"*pi"就可以访问指针 pi 所指向的存储空间。

指针的类型就是它所指向的数据实体的类型。

即"*pi"与 *i* 等价。例如

```
*pi=5;          //与 i=5 等价
```

3．引用访问

引用（reference）是数据的别名。引用用符号"&"声明，如

```
int i=88;       //定义一个变量
int &ri=i;      //为 i 定义了一个别名（引用）ri
```

这样，对 ri 的操作也就是对 *i* 的操作。这在很多情况下有用。

4．隐式访问

在程序执行过程中，有时为了某种需要，会创建一个临时数据实体。这种数据实体没有名字、即用即逝。关于这种现象，以后会有介绍。

1.2.3　含有操作符的表达式及其基本求值规则

计算机执行程序的过程完成一系列操作（或称运算）的过程。为了方便程序设计，在高级语言中，将常用的操作（运算）用一些符号表示。这些符号就称为操作符（operator）或运算符。

C++是功能强大的语言，其中一个特点就是提供了极为丰富的操作符（见附录 B）。熟练地使用操作符是熟练地编写程序的一个关键，

学习操作符的用法，需要注意如下 3 点：

1．操作符的意义

要理解操作符的意义，特别要注意它们与同样形式的数学符号的不同。例如，前面介绍过的"="，称为赋值操作符，绝不可以将其当作等号。

2．操作数的个数和性质

操作符要作用于数据实体或字面量。这些被操作符进行操作的实体和字面量统称为操作数。不同的操作符对于操作数的个数和性质有不同的要求。

（1）每个操作符都会要求特定性质的操作数。例如，算术操作符可以对任何算术类型数据进行操作，但不能对括在一对双撇号中的字符串进行操作；赋值操作符要求其左端必须是变量名，不可以是字面量等。

(2) 按照要求的操作数的个数,操作符可以分为：
单目操作符：要求一个操作数，例如正负号操作符（+和–）。
双目操作符：要求两个操作数，例如赋值操作符（=）、算术操作符（+、–、*、/）。
还有三目操作符，要求三个操作数。

3. 操作符优先级别和结合性

当一个表达式中有多个操作符时，哪个操作符先对操作数作用决定于这些操作符的优先级别和结合性。

（1）当一个表达式中含有不同优先级别的操作符时，优先级别高的操作符获得对操作数操作的优先权。例如对于定义

```
int a = 1, b = 2, c = 3, d = 4;
```

表达式 a = d + b * c 的执行的顺序是：先执行 b * c，得 6；再执行 d + 6，得 10；最后执行 a = 10，将 10 送到变量 a 中，这个表达式的值为 10，也将 a 的值变为 10。因为在这个表达式中，*的优先级别最高，其次是 +，=最低。

（2）当一个表达式中含有相同优先级别的操作符时，要按照结合性（结合方向）决定哪个操作符先与操作数结合。例如对于上述变量，表达式 c * d / b 的执行顺序是：先执行 c * d，得 12；再执行 12 / b，得 6。因为*和/的优先级别相同，并且它们都是左结合，即按从左到右的的方向与操作数结合。而表达式 a = b = c = d * b 的执行顺序相当于 a = （b = （c = (d * b)））。因为赋值操作符具有右结合性。

使用圆括号可以强制地改变运算操作顺序。

1.3 类的成员函数

1.3.1 函数的关键环节

函数是一个命名的指令序列。在程序中，函数涉及定义、调用、返回和声明 4 个关键环节。

1. 函数定义

函数定义用于指出函数的名字与什么样的指令序列相绑定，以及为调用这个指令序列应传递的参数，包括这个函数最后返回的数据。函数定义分为函数头和函数体两部分，具有如下结构。

```
类名 :: 函数返回类型 函数名（函数参数列表）
{
    函数体
}
```

说明：

（1）作用域分辨符::用于说明这个成员函数所属的类。

（2）每个函数都会完成一组操作，返回一个数据。函数返回的数据类型称为函数的返回类型。函数也可能只执行一些操作（如仅输出）而不需要返回任何数据，这时的返回类型为 void。本例中的 printEmployee() 就是这样一个函数。

（3）函数名应当是符合 C++ 标识符规则的一个名字，一般首字母小写。

（4）函数名后面的一对圆括号称为函数操作符，里面放有函数的形式参数列表——需要从调用者那里接收的数据个数及类型。本例中的构造函数有 4 个参数。当不需要调用者传输任何数据时，参数部分为空，如本例的 printEmployee()。

（5）函数体由一系列 C++ 语句组成，每个语句都以分号结束。

（6）函数定义只以}结束，后面没有分号。

2. 函数调用和返回

函数的调用和返回涉及两类操作：数据传递和流程转移。

如图 1.4 所示，当调用函数 funcA 中的调用语句 funB(x、y)调用被调函数 funB 时，首先要将 x 和 y 的值传递给被调函数 funB 中两个参数 a 和 b。这里 a 和 b 称为函数 funB 的两个形式参数。所以称为形式参数是因为在函数定义时，它们的值是不知道的，它们仅仅作为一种形式角色而已。要注意，在数据传递时，x 的数据类型需与 a 的数据类型 Type1 兼容，y 的数据类型需与 b 的数据类型兼容。若不需要向函数传递数据，则参数部分为空。参数传递之后，程序的执行流程就由调用方转移到被调用方。开始执行函数 funB 中的语句。

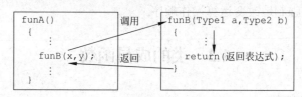

图 1.4　函数的调用与返回

当被调函数中的语句执行遇到一个 return 语句时，将执行返回操作。若 return 语句的返回表达式不空，则可以向被调函数返回一个值，然后将流程转交给调用函数中的调用处；若 return 语句的返回表达式空，则只执行流程返回。如果 return 语句的返回表达式为空，并且位于被调函数的最后，该 return 语句也可以省略，由函数体的后花括号执行返回操作。

3. 函数原型与函数声明

世界上存在着的物体都有其自身特定的形状，这种代表自身特征的形状称为原型（prototype）。对于函数来说，代表其特征的就是函数的接口——函数名称、返回值类型以及参数信息（数目、类型和顺序）。这些信息可以供编译器检查函数调用表达式是否正确并为调用表达式找到合适的函数定义。

一般说来，编译器有能力从函数定义中获取函数的原型信息。但是，这需要编译器先停止编译而去搜索，这显然会降低编译的效率。特别是在很多情况下，函数定义与调用表达式不在一个编译单元——文件中，这样即使想搜索也心有余而力不足了。为此，提出了在函数调用前使用函数原型声明（简称函数原型）的机制。所以，函数原型就是一条表明函数原型信息的语句。

在 C++中，函数原型使用在如下两种情况下。

（1）声明类时，用一个函数原型表明该函数表示类的一个行为元素。

（2）要在函数定义前进行函数调用时，或函数定义与调用表达式不在一个编译单元——文件中时，用函数原型向编译器提供有关函数的特征信息。

使用函数原型需要注意如下几点。

- 函数原型中声明的函数返回类型、函数名、参数信息（数目、类型和顺序）应与函数定义一致。
- 函数原型中可以不包括参数名称，但不可能少类型名。
- 预定义函数（库函数）的函数原型在相应的头文件中，使用库函数必须用#include 命令包含相应的头文件。

1.3.2 对象的生成与构造函数

1. 构造函数的概念

一旦定义好一个类，就可以对其进行实例化——用其创建多个对象。如前所述，一个类定义中主要包含了两种成员：一种是用于表明这种类与其他类不同的成员——成员函数，另一种是用于区分该类中的不同对象的成员——数据成员。

从类定义已经看到，作为区分类的不同对象，这些数据成员仅仅声明了其数据类型和访问控制约束，并没有具体值。这些数据成员的具体值要等到创建该类的实例——对象时才会给定。因此，创建对象就是要进行两个操作：为一个对象分配合适的存储单元，用来存放它的数据成员的值；给定一个对象数据成员的具体值——进行对象的初始化。

构造函数（constructor）的作用就是向编译器表达构建对象的意愿并对有关数据成员进行初始化。它是类的一种特殊成员函数。所以特殊，在于如下几点。

（1）构造函数与类同名，以便在生成对象的同时被执行。

（2）构造函数定义不能写返回类型，写成 void 也不可以。

（3）构造函数在声明一个对象时会被自动调用。

2. Employee 类中声明的构造函数的定义

代码 1-2　Employee 类的构造函数。

```
#include <string>
Employee::Employee (std::string emplName,int emplAge,char emplSex,float emplBasePay)
{
    emplName = emplName;
    emplAge = emplAge;
    emplSex = emplSex;
    emplBasePay = emplBasePay;
}
```

（1）有心的读者可能会发现，这里使用的函数参数的名字与类 Employee 中声明时使用的参数名字不同。这是不是一个错误？答案：不是。原因如下。

- 在函数声明中，主要关心参数的数据类型和顺序位置，而不关心参数的名字是什么或者有没有名字。如果有名字，这个名字也只限于这个语句中，出了这个语句，这个名字就没有意义了。所以，在函数定义中不一定非使用这个名字不可。
- 在函数定义中，名字是需要的，但是这个名字仅仅是一个占位符号，表明这个参数的角色以及它在函数中被如何操作。具体起什么名字不是主要的。不过，一个合适的名字会使人更容易理解。

（2）读者也许会问，这里写的"emplName = emplName;"，不是把自己的值赋值给自己了吗？这不就是一个错误吗？首先需要说明的是，即使将自己的值赋值给自己，在 C++ 中也不是一个错误，况且这里并非将自己的值赋值给自己，而是将一个参数的值送给一个与参数同名的对象成员中。

那么，编译器会搞错吗？不会。因为，实际上在左边的变量前隐含着一个修饰符"this ->"。这个修饰会使左面的变量的含义专指"该对象的"。这样，左右两个名字相同的变量的意义就清楚了：赋值操作符前面的名字指的是"该对象的××数据成员"，赋值操作符后面的名字指的是构造函数中的一个形式参数。参数与对象成员使用同样的名字，也会带来一些好处，如人们不用再在起名上花费太多心思了。

为了避免阅读上的混乱。人们也常常显式地写出"this ->"。

代码 1-3 使用显式"this->"的 Employee 类构造函数。

```
#include <string>
Employee::Employee (std::string emplName,int emplAge,char emplSex,float emplBasePay)
{
  this -> emplName = emplName;
  this -> emplAge = emplAge;
  this -> emplSex = emplSex;
  this -> emplBasePay = emplBasePay;
}
```

操作符->表示取一个对象的分量（成员），其左操作数是指向一个对象的指针，this 表示一个指向本对象的指针（详见第 1.7.2 节）；其右操作数为一个对象的分量。->的优先级别比=高。

3. 初始化段（初始化列表）

有的参构造函数也可以采用初始化段（initialization section，也称初始化列表）的形式进行定义。例如，下面的定义与代码 1-2 和代码 1-3 中的定义等价。

代码 1-4 初始化列表形式的构造函数。

```
#include <string>
Employee::Employee (std::string nm,int ag,char sx,double bp)
        : emplName (nm),emplAge (ag),emplSex (sx),emplBasePay(bp)
{ //初始化段
```

```
    //函数体为空
}
```

1.3.3 标准输出流 out 与 printEmployee() 函数

1. 标准输出流 out

C++把输出看成数据从程序向设备的流动——输出流。为此 C++预定义了一个输出流类 Ostream 负责输出管理。同时，C++还预定义了一个对象 cout，用于代表从程序向标准输出设备（显示器）输出数据流——字符流。当程序要向显示器送出一个数据时，就要向输出流插入该数据。插入用插入操作符<<进行，如图 1.5 所示。

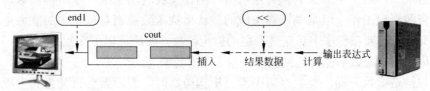

图 1.5 C++输出流的插入操作

2. printEmployee()函数的定义

代码 1-5 printEmployee()函数的定义。

```
#includes <iostream>
void Employee::printEmployee(){
    std::cout << this -> emplName << "," << this -> emplAge << ","
              << this -> emplSex << "," << this -> emplBasePay
              << std::endl
}
```

说明：

（1）操作符<<称为输入操作符，其左操作数要求是一个字符流，若这个字符流是系统预定义的 cout，则表示是一个流向标准输出设备的字符流；其右操作数是一个数据，操作符<<执行时，将把这个数据转换成字符串，送到（输入）其左侧的对象——输出字符流中，得到（返回）一个输出流对象。

（2）操作符<<可以连用，例如代码 1-5 中的语句。为了便于说明，可以将其写成如下形式：

std::cout<<a<<b<<c<<d…

由于<<具有左结合性，所以这个表达式的执行顺序是先把 a 变为字符串，送到流 cout 中，返回新的 cout；再把 b 变为字符串送到新的流 cout 中，返回另一个新的 cout；…。

（3）由于不管什么类型的数据都可以表示成字符串，所以操作符<<对其右操作数的类型没有特别要求。若有一个操作数是表示命令的字符，则会执行一个屏幕上可以执行的命令，例如当数据为 endl 或'\n'时，会执行一个换行操作；当数据为'\A'时会执行一个制表操作；为了输出后能分辨各数据项，在数据间用逗号分隔。

（4）cout 和 endl 定义在头文件 iostream 中。为了使编译器能解释它们，需要用编译预处理命令#include 把头文件<iostream>中的定义包含在当前程序中。

（5）cout 和 endl 都是标准库名字空间中的名字，在本例中用 std::导入。

1.3.4 析构函数

一个对象一经生成，就会有一份系统资源被其占用。当一个对象的生命终结时，应当对其所占用的某些资源进行一些清理工作，例如释放程序运行过程中分配的存储空间等。这项工作由析构函数（destructor, dtor）完成。析构函数的名字是在类名之前加一个波浪号。例如，对于 Employee 类来说，其析构函数名为~Employee。

一般情况下，当一个对象的生命结束时，编译器会自动生成一个析构函数，自动调用它，执行资源释放工作。但是编译器生成的默认析构函数撤销对象资源的能力是有限的，在某些情况下，需要在程序中自定义合适的析构函数。要注意以下 3 点。

（1）声明析构函数不能写返回类型，也不能有参数。

（2）与构造函数一样，当类声明中没有析构函数时，编译器会自动为其生成一个默认的析构函数，并在对象生命结束时自动调用这个析构函数。

（3）析构函数不能重载的，一旦有了自定义析构函数，编译器就不会再为类生成默认析构函数了。

1.3.5 一个完整的 Employee 类

代码 1-6 完整的 Employee 类的实现代码。

```cpp
//文件名：employees01.cpp
#include "employee01.h"
#include <iostream>
#include <string>

void Employee::printEmployee(){
    std::cout << this -> emplName << "," << this -> emplAge << ","
              << this -> emplSex << "," << this -> emplBasePay
              << std::endl;
}

Employee::Employee (std::string name,int age,char sex,float basePay) {
    this -> emplName = name;
    this -> emplAge = age;
    this -> emplSex = sex;
    this -> emplBasePay = basePay;
}
```

说明：

（1）这个文件被命名为 Employee.cpp 文件，表示它是一个 C++完整的 Employee 类的实现代码，可以单独编译。而前面说的 Employee 类声明被定义成 Employee.h 文件，表明它是一个头文件。一般说来，仅有声明，不涉及内存分配的代码才可以定义成头文件。

（2）#include 命令后面的文件名有如下两种括起方式。
- 用尖括号括起，表示这个文件存储在预先约定的地方，应当直接到这个目录（文件夹）中搜寻。一般系统文件都采用这种方式。
- 用双撇号括起，表示这个文件没有存储在预先约定的地方，应当逐一搜寻所有目录（文件夹）。一般程序员自己编写的文件采用这种方式。

1.4 主 函 数

1.4.1 主函数及其结构

类对于面向对象程序是必要的，但对 C++程序不是必要的。对于 C++程序，必要的条件是要一个主函数——名字为 main() 的函数。因为只有它才能被操作系统调用，任何 C++程序只能从主函数开始执行，并由它终止执行。

主函数的基本结构如下：

```cpp
int main() {
    //其他代码
    return 0;
}
```

说明：
（1）main()这个名字是固定不变的，并且 C++程序通常必须包含一个 main()函数。
（2）main()函数可以不接收任何参数，这时其圆括号中是空的。也可以接收参数。
（3）main()函数的最后一个语句一般是"return 0;"语句。这个返回对于程序本身没有什么用处，但如果 main()能执行到这条语句，表明程序是正常结束的。
（4）主函数不需要函数原型、声明。

1.4.2 测试 Employee 类的主函数

在设计好一个类后，往往会用主函数来测试这个类的设计是否达到预期，包括它的成员函数的功能是否可以实现预想的功能。

代码 1-7 测试 Employee 类的 main()函数。

```cpp
//文件名：emplmain.cpp
#include "employee01.h"                    //包含进 Employee 类的声明

int main(){
    Employee empl1("ZhangZhanhua",18,'m',2288.99);  //生成一个对象 empl1
    empl1.printEmployee();                 //调用成员函数 printEmployee()
    return 0;
}
```

测试结果如下。

```
ZhangZhanhua, 18, m, 2288.99
```

从这个结果中没有发现构造函数和 printEmployce()函数有错误。

说明：

（1）用对象名调用对象成员，要使用圆点——分量运算符。

（2）在类的外部只能调用对象的公开成员，不能调用对象的私密成员。

（3）这个主函数非常简单，只包含了一个创建对象的语句和一个调用该对象的成员的语句。如前所述，程序是针对一类问题的。对于本例来说，如果要创建另一个对象，只需写两句

```
Employee empl2("Lisinopril",19,'f',3366.55);
emp2.printEmployee();
```

就可以了。这就体现了面向类的好处。

从这里可以看到，定义了一个类，就可以用它来创建对象，如同用 int、char、float、string 等声明变量一样。所以，定义了一个类，就是定义了一种类型。

（4）对于同一类型的对象来说，它们的成员函数——运动形式都相同，只是数据成员的值不同。

1.5 构造函数重载

1.5.1 函数重载的概念

函数重载是指在同一作用域内，可以有一组具有相同函数名、不同参数表列的函数，这组函数被称为重载函数。重载函数通常用来命名一组功能相似的函数，这样做减少了函数名的数量，避免了名字空间的污染，增强了程序的可读性。

最常见的函数重载形式有 3 种：参数个数不同、参数类型不同或参数个数与类型都不相同。例如，要从 3 个数中，找出其中最大的一个数，但是这 3 个数分别是 char 类型、int 类型，还有 double 类型，需要定义 3 个不同的函数。由于功能相似，可以用同样的名字，分别将其定义成参数个数相同，但参数类型不同的三个重载函数：

```
char getMax(char mun1,char num2,char num3);              //函数1
int getMax(int mun1,int num2,int num3);                  //函数2
double getMax(double mun1, double num2, double num3);    //函数3
```

这样，当写出了一个调用表达式时，编译器会根据函数特征标（也称函数签名，function signature，即函数名与参数个数、顺序、类型的不同）来区别调用者到底调用的是哪个方法。这也称为静态联编、静态约束或静态绑定。若使用调用表达式 getMax('a', 'b', 'c')，则会绑定到函数 1；若使用调用表达式 getMax(2,3,5)则会绑定到函数 2。

1.5.2 不同参数数目的构造函数重载

要生成对象，必须调用构造函数。如果在类中没有显式地定义构造函数，则编译器会自动为类生成一个隐式构造函数——隐含构造函数，或称为缺省构造函数。但是，类中一旦显式定义了任何一个构造函数，编译器就不再提供这个隐式的构造函数。

隐式构造函数是一个没有参数的构造函数。执行这样一个没有参数的构造函数时，编译器只会为其所生成的对象分配存储空间，不进行具体初始化，只用默认值初始化数据成员。这样的构造函数往往也会有一定的用途。此外，有时还需要对部分成员进行初始化。这时，为一个类定义多个重载的构造函数就很有必要。

代码 1-8 有多个重载构造函数的 Employee 类声明。

```
#include <string>
class Employee{
//…其他成员声明
public:
    Employee();                                              //无参构造函数
    Employee(std::string name, int age, char sex);           //部分参数构造函数
    Employee(std::string name, int age, char sex, float basePay); //完全参数构造函数
};
```

说明：

（1）本书区分默认构造函数和无参构造函数，它们虽然都是向编译器表达创建对象的意愿，并用默认值初始化数据成员，但前者是系统在没有发现类中有任何构造函数时隐藏生成的，后者是由程序员显式定义的。

（2）在这个类中，声明了 3 个构造函数。这 3 个构造函数的名字相同，但参数不同。这样，就形成一个函数名字对应 3 个函数实体（定义）的情形。这称为函数重载。在函数重载的情况下，函数之间的区别就只有参数了，编译器将按照参数的数量和类型去匹配合适的函数实体。例如，使用下面的语句将调用无参构造函数，这时对象的数据成员将都被默认初始化。

```
Employee emp1;
```

使用下面的语句将调用部分参数构造函数，这时没有指明的成员将被默认初始化。

```
Employee emp2 ("Sunyun",'f');
```

使用下面的语句将调用完全参数构造函数。

```
Employee emp3 ("Zhouhuang",39,'f',77.88);
```

1.5.3 复制构造函数

前面介绍的构造函数都是使用成员参数的构造函数，即使用一些数据成员的值来初始化一个对象。在实际应用中，还有需要用一个对象初始化另一个对象的情况。例如：

```
Employce emp3 ("Zhouhuang",39,'f',77.88);
Employee emp4 (emp3);
```

为此就需要定义相应的构造函数——复制构造函数。

代码 1-9 Employee 类的复制构造函数。

```
Employee::Employee (const Employee& employee) {        //复制构造函数
   this -> emplName = employee.emplName;
   this -> emplAge = employee.emplAge;
   this -> emplSex = employee.emplSex;
   this -> emplBasePay = employee. emplBasePay;
}
```

说明：

（1）复制构造函数的参数是 Employee&——一个 Employee 类型的引用。这样，传递数据时，只需要传递名字即可，因而可以提高数据传输的效率。

（2）使用 const 修饰参数，不允许在函数中有任何改变参数值的操作，否则就会出错。

（3）复制构造函数不是必须自定义的。如果在类中备有一个显式定义的复制构造函数，则编译器会自动生成一个默认的复制构造函数。但若类中有了一个显式定义的复制构造函数，编译器就不会再为其生成默认的复制构造函数了。

代码 1-10 具有多个重载构造函数的 Employee 类的测试。

```
#include <string>
#include <iostream>
using namespace std;

class Employee{
private:
   std::string emplName;
   int emplAge;
   char emplSex;
   float emplBasePay;
public:
   Employee();                                              //无参构造函数
   Employee(string name, int age, char sex);                //部分参数构造函数
   Employee(string name, int age, char sex, float basePay); //完全参数构造函数
   Employee (const Employee& employee);                     //复制构造函数
void printEmployee();
};

Employee::Employee(){
   cout << "执行无参构造函数。\n";
};

Employee::Employee(string name, int age, char sex) {
   cout << "执行部分参数构造函数。\n";
   this -> emplName = name;
   this -> emplAge = age;
```

```
    this -> emplSex = sex;
}

Employee::Employee(string name, int age, char sex, float basePay){
    cout << "执行全部参数构造函数。\n";
    this -> emplName = name;
    this -> emplAge = age;
    this -> emplSex = sex;
    this -> emplBasePay = basePay;
}

Employee::Employee (const Employee& employee){
    cout << "执行复制构造函数。\n";
    this -> emplName = employee.emplName;
    this -> emplAge = employee.emplAge;
    this -> emplSex = employee.emplSex;
    this -> emplBasePay = employee. emplBasePay;
}

void Employee::printEmployee(){
    std::cout << this -> emplName << "," << this -> emplAge << ","
              << this -> emplSex << "," << this -> emplBasePay
              << std::endl;
}

int main(){
    Employee empl1;
    empl1.printEmployee();

    Employee empl2("zhangsan",28,'f');
    empl2.printEmployee();

    Employee empl3("Lisi",25,'m',2345.67);
    empl3.printEmployee();

    Employee empl4(empl3);
    empl3.printEmployee();

    return 0;
}
```

测试结果如下。

```
执行无参构造函数。
,.4077512, .5.93263e-039
执行部分参数构造函数。
zhangsan,28,f,7.77891e+033
执行全部参数构造函数。
Lisi,25,m,2345.67
执行复制构造函数。
Lisi,25,m,2345.67
```

说明：string 的变量没有显式初始化时，默认为空（如 emplName）；char 类型变量没有显式初始化时，为一个空字符（如 emplSex）；int 和 float 类型的变量没有显式初始化时，其值不可预知（如 emplAge 和 emplBaseSalary）。

1.6 程序编译

1.6.1 编译预处理

C++是一种高级计算机程序设计语言。但计算机本身只能执行由自身的机器语言编写的程序，而不能直接执行用高级程序设计语言书写的源程序。为了让机器能够执行高级语言源程序，必须先将源程序代码翻译成机器能直接理解并执行的机器语言描述的代码。对于C++程序来说，这个过程分为 3 个阶段：编译预处理、编译和链接。

C++的预处理（preprocess），是指在 C++程序源代码被编译之前，由预处理器（preprocessor）对 C++程序源代码进行的处理。最常见的预处理有：文件包含、宏替换、条件编译和布局控制 4 种。

1. 文件包含：#include

#include 是把另外的文件代码引入到当前程序文件中。通常使用#include 来包含头文件。头文件一般含有如下一些信息：
- 函数原型；
- 一些符号定义；
- 类声明；
- 其他声明。

头文件一般不可含有函数定义、变量定义等一些需要内存分配的定义。

头文件也不可以重复被包含。

2. 宏替换：#define

它可以用于定义符号常量、函数功能、重新命名、字符串的拼接等各种功能。如：

```
#define PI  3.1415927
```

这样，在源程序中凡是要用到 3.1415927 的地方都可以写成 PI。在程序预编译时，编译器会把所有 PI 都用 3.1415927 替换。这样便提高了程序的可读性和可靠性。但是，C++更提倡用下面的形式定义 PI。

```
const double PI = 3.1415927;
```

3. 条件编译：#if,#ifndef,#ifdef,#endif,#undef 等

用条件编译指令可以指定某些代码在满足一定条件时才参与编译或不参与编译，从而使一个程序可以用于不同的情况，或者避免出现由于文件包含而形成的定义重复等错误。

条件编译指令有5种形式。

1）第1种形式

```
#if   常量表达式
      程序正文              //当"常量表达式"非零时,本程序段参与编译
#endif
```

2）第两种形式

```
#if   常量表达式
      程序正文1             //当"常量表达式"非零时,本程序段参与编译
#else
      程序正文2             //当"常量表达式"为零时,本程序段参与编译
#endif
```

3）第3种形式

```
#if   常量表达式1
      程序正文1             //当"常量表达式1"非零时,本程序段参与编译
elif  常量表达式2
      程序正文2             //当"常量表达式1"为零、"常量表达式2"非零时,本程序段参与编译
...
elif  常量表达式n
      程序正文n             //当"常量表达式1"……"常量表达式n-1"均为零、"常量表达式n"非零时,本程序段参
与编译
#else
      程序正文n+1           //其他情况下本程序段参与编译
#endif
```

4）第4种形式

```
#ifdef 标识符              //如果"标识符"经#defined定义过且未经undef删除,则编译程序段1
      程序段1
#else                     //否则编译程序段2
      程序段2
#endif
```

5）第5种形式

```
#ifndef 标识符             //如果"标识符"未被定义过,则编译程序段1
      程序段1
#else                     //否则编译程序段2
      程序段2
#endif
```

4. 布局控制:#progma

主要为编译程序提供非常规的控制流信息,有以下几种形式。

- #progma warning(disable:XXX):在程序编译时不显示XXX警告信息。
- #progma comment(…):将一个注释记录放入一个对象文件或可执行文件中。

- #progma once：只要在头文件的最开始处加入这条指令，就能够保证头文件被编译一次。

1.6.2 编译与连接

1. 编译

编译是把一个程序中可以独立提交的模块翻译成计算机可以理解的目标代码（机器代码）。在编译过程中可以对源代码（原始代码）进行语法检查。但是，编译器不能识别那些辞不达意的逻辑错误。

2. 连接

编译后的程序文件称为目标程序文件。目标程序文件往往还不是完整的程序。这是因为，对于大的程序或是为了某种需要，一个程序往往要被分成多个模块进行分别设计、分别编辑、分别编译、分别调试，并且几乎所有的程序都要用到系统提供的某些模块。为了让程序完成预定的任务，必须将目标文件、资源文件以及所用到的系统提供的模块连成一个整体。这一过程称为程序文件的连接。经连接的程序文件，才是可执行程序文件。

程序在连接过程中，也可能发现错误。

1.6.3 多文件程序的编译

C++允许也鼓励程序员将作为程序组件部分，如类声明、函数定义放在独立的源代码文件进行分别编译（separate compilation），然后再把它们连接成可执行文件。一般说来，一个C++程序可以分为3个基本的部分：类的声明文件（*.h文件）、类的实现文件（*.cpp文件）和主函数文件。如果程序更复杂，还会为每个类单独创建一个声明文件和一个实现文件。这样，要修改某个类时只要直接找到它的文件修改即可，不需要其他的文件改动。

在 UNIX（或 Linux）平台上，用 CC 命令（或 g++）对其中一个文件或所有文件进行编译。如：

```
g++ file1.cxx
```

或

```
g++ file1.cxx file2.cxx
```

在 Windows 平台上，需要创建项目（project），并将有关文件加入到项目中进行分别编译。

下面介绍在 DEV C++开发平台上建立项目进行多文件编译的步骤。

① 如图 1.6 所示，在菜单栏中单击"文件"，选择"新建"→"项目"菜单项，弹出图 1.7 所示的"新项目"对话框。

② 在"新项目"对话框中，选中"C++项目"单选按钮并单击 Input Loop 图标、输入项目名称，单击"确定"按钮，弹出"另存为"对话框，如图 1.8 所示。

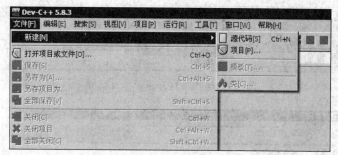

图1.6 寻找"新项目"对话框

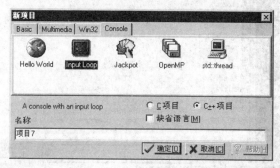

图1.7 "新项目"对话框

图1.8 "另存为"对话框

③ 在"另存为"对话框中,选择项目的保存位置和保存类型,并输入项目的文件名后,单击"保存"按钮。这时,系统自动返回主窗口,并在"项目管理"区显示出该项目,同时在代码区给出一个主函数框架,可以在此为主函数添加代码。

④ 如图1.9所示,可以在菜单栏中选择"项目"→"添加"选项,弹出图1.10所示的"打开单元"对话框,从已有文件中往项目中添加新文件。

⑤ 在"打开单元"对话框中选择合适的文件和类型,并按照需要修改文件名,最后单击"打开"按钮,便将所选择文件加入到了当前项目中。

图 1.9 寻找"打开单元"对话框

图 1.10 "打开单元"对话框

⑥ 如果已有文件中没有合适的文件可以加入，则可以在菜单栏中选择"项目"→"新建单元"，系统将自动切换到主窗口的代码区，由用户输入新单元的代码。

⑦ 新建一个单元后，即可对其进行单独编译、命名。

⑧ 全部建好后，运行主函数，即可得到结果。

1.7 知 识 链 接

1.7.1 指针=基类型+地址

在程序编译时，变量名会被编译系统解释为地址+类型的方式。因此，从方便用户的角度考虑，许多高级语言不向用户开放地址+类型方式。但是，C/C++从提高程序效率的角度考虑，向用户开放了地址+类型方式，并将之称为指针，即有关系

指针 = 基类型 + 地址

这个公式说明，类型对于指针是非常重要的。要使用一个指针，首先要求它必须确定是指向什么类型的数据。指针所指向数据的类型，称为指针的基类型。

1. 用变量名计算地址

一个变量一经定义，便有了地址。C++允许使用操作符"&"取得名字中所隐含的地址，并在程序中使用这些地址。例如，对于定义"int i;"，可以用"&i"得到变量 i 的地址。

2. 指针变量的定义与初始化

如前所述，类型对于指针是非常重要的。一个指针可以不指向某个具体地址，但必须首先确定它指向什么类型。所以指针可以用下面的格式定义。

<u>**基类型** *指针变量名</u>；

说明：

（1）这里，用"*"表明所定义的名字是一个指针变量名。例如语句

```
double *pd;
```

定义了一个指向 double 类型的指针。其中符号"*"，可以靠近基类型，也可以靠近指针变量名。不同的写法表明了程序员对于符号"*"理解上的差异，但它们在语法上都是正确的。例如：

```
double* pd1;           //定义了一个变量pd1，它是一个指向double类型的指针
double *pd2;           //定义了一个指针变量pd2，其基类型是double
```

若把"double*"当作一种类型——指向 double 类型的指针类型，有时会引起理解上的错误。例如：

```
double* pd1,pd2,pd3;
```

它并非定义了 pd1、pd2 和 pd3 共 3 个指针变量，实际上只定义了 pd1 为指向 double 类型的指针，pd2 和 pd3 都是 double 类型的变量，而非指针。要将 3 个变量都声明成指针，应采用下列声明。

```
double *pf1;
double *pf2;
double *pf3;
```

或

```
double *pd1,*pd2,*pd3;
```

也有人折中地将*放在二者中间，谁也不靠近。

（2）在定义指针的同时，可以用一个变量的地址初始化它，即有格式：

<u>**基类型** *指针变量名</u> = &指向的变量名；

例如，下面定义了一个指向 double 变量 d 的指针 pd1。

```
double d;
double *pd1 = &d;   //用&d计算变量d的地址并用来初始化指针pd1
```

3. 指针的递引用

指针的递引用就是通过指针得到变量的值。方法是在指针前面加一个星号。例如：

```
int i = 5;
int *pi = &i;
cout << *pi;
```

其输出的结果为 5，即变量 *i* 的值。

4. 野指针、悬垂指针和空指针

1）野指针（wild pointer）

指向不确定的指针称为野指针。造成野指针的主要原因是定义指针时没有进行初始化。野指针是一种危险指针，由于指向不确定，极有可能指向了别的程序所在处。这时用递引用进行写操作，将会改写所指处的程序代码，造成故障。

C++不进行指针越界检查，并允许对指针进行与整数的加减操作。这样也有可能让指针指向不该操作的区域，也可能会修改别处代码或获取别处的信息。这也是一种黑客手段。

2）悬垂指针（dangling pointer）

一个指针所指向的对象被回收后，这个指针还会指向这个位置。这样，编译器还会认为这个内存空间已经被分配，而不可再利用。这就成为内存泄露。所以悬垂指针也是危险指针。

3）空指针（null pointer）

不指向任何内存位置的指针是空指针。使指针成为空指针的办法是将其赋值或初始化为 nullptr（C++11 前用 NULL 或 0）。空指针可以用 if 进行检测，而野指针和悬垂指针不可用 if 进行检测。所以，在定义一个指针时，若还没有确定指向，应当将其初始化为 nullptr；当一个指针所指向的对象被回收后，应立即将其赋值为 nullptr。这是 C++程序员应当养成的两个良好习惯。

为了避免悬垂指针，C++11 引入了智能指针。有关内容将在 4.3.2 节介绍。

1.7.2 指向对象的指针与 this

1. 指向对象指针的概念

定义了一个类，就是定义了一种类型。生成一种类的对象，就是生成了一种自定义类型的变量。例如，在本例中，可以声明一个指向 Employee 类的指针，并用 Employee 类对象地址去初始化它。

声明了一个指向对象的指针后，就可以用这个指针访问对象的成员了。访问时使用箭头操作符 "->"。

代码 1-11 3 种调用 Employee 类成员的形式测试。

```
// 文件名：emplmain.cpp
#include "employee01.h"                    //包含进 Employee 类的声明
```

```cpp
int main() {
    Employee empl1("ZhangZhanhua",18,'m',2288.99);   //生成一个对象empl1
    empl1.printEmployee();                            //用对象调用成员函数printEmployee()
    Employee * pe = &empl1;                           //定义一个指向empl1的对象
    pe -> printEmployee();                            //用指针调用成员函数printEmployee()
    (*pe).printEmployee();                            //用递引用调用成员函数printEmployee()

    return 0;
}
```

测试结果如下。

```
ZhangZhanhua, 18, m, 2288.99
ZhangZhanhua, 18, m, 2288.99
ZhangZhanhua, 18, m, 2288.99
```

注意：

（1）"*this"两侧的圆括号不可以省略。因为成员操作符的优先级高于递引用操作符。

（2）使用引用调用成员时，要使用直接成员操作算符"."，使用指针时要使用间接成员操作符"->"。

2. this 指针的特点

this 是一种特殊的指针，它有下述两大特点。

（1）this 是每个类的一个隐式私密数据成员。当一个类被定义后，就相当于定义了一个指向本类的指针——this。生成对象后，该对象也就有了一个隐含的、被初始化为指向该对象的 this 指针。所以，this 是一个指针常量。成员函数只可以应用它，而不可对其进行赋值。

（2）this 主要作为每个成员函数（stitac 修饰的静态成员函数除外）的隐式参数，起"本对象"这样的占位符作用。

3. this 指针的应用

this 指针可以显式使用，也可以递引用。例如，本例的构造函数可以写为如下两种形式。

（1）显式使用 this 指针，如：

```cpp
Person (string name,int age,char sex){
    this -> name = name;
    this -> age = age;
    this -> sex = sex;
}
```

这里，赋值号前面与后面的两个变量（对象）名字相同，但前面的用 this 表明是当前对象的成员，后者指初始化构造函数的参数值。

（2）递引用 this 指针，如：

```cpp
Person (string name,int age,char sex){
    (*this).name = name;
```

```
    (*this).age = age;
    (*this).sex = sex;
}
```

"*this"常用于表示返回函数的调用者。

```
const Person::topAge(const Person & p)const{
    if( p,age > this -> age )
        return p;
    else
        return *this;
}
```

1.7.3 引用

在 1.2.2 节中已经粗略地介绍了引用的概念，并分别被称为左值引用（lvalue reference）和右值引用（rvalue reference）。这里暂且先讨论左值引用，并简称引用。定义一个引用的一般格式为：

类型标识符 &引用名 = 已经定义的变量名；

说明：

（1）为一个变量或对象定义一个引用，并不需要再提供一份存储空间，引用所指向的存储空间就是原来变量或对象所占有的存储空间。这样，一个变量或对象就有了两个名字。

代码 1-12 演示引用的基本性质。

```
#include <iostream>
using namespace std;

int main(){
    int i = 5;                                          //定义一个 int 类型变量 i
    int &ri = i;                                        //定义一个 int 类型引用 ri
    cout << "&i = " << &i << ",&ri = " << &ri << endl;  //比较 i 与 ri 的地址
    cout << "i = " << i << ",ri = " << ri << endl;      //比较 i 与 ri 的值
    ri = 8;                                             //修改 ri
    cout << "i = " << i << ",ri = " << ri << endl;      //比较修改 ri 后 i 与 ri 的值

    return 0;
}
```

程序运行结果如下。

```
&i = 0x22fec8,&ri = 0x22fec8
i = 5,ri = 5
i = 8,ri = 8
```

（2）定义引用必须初始化，即一定要指明该引用是哪个变量的引用，否则就是语法错误。例如：

```
int x,y;
int & rx;                        //错误,没有初始化
int & ry = y;                    //正确
Employee emp1("Zhangsan",20,'f',3456.78);
Employee & remp = emp1;          //正确
```

(3) 由于不能定义 void 类型的变量,所以不可对 void 类型进行引用。

(4) 在同一个作用域(即一个块或一个函数等),一个引用名不能绑定多个变量。如:

```
int a;
{
    int x,y;
    int & rx = x;
    int & rx = y;                //错误,一个引用与多个变量相绑定
}
int &rx = a;                     //正确,a 与 x 不在同一作用域内
```

(5) 可以建立引用的引用。例如:

```
int i = 333;
int& ri = i;                     //ri 是 i 的引用
int& rri = ri;                   //rri 是 ri 的引用
int& rrri = rri;                 //rrri 是 rri 的引用
```

最后,ri、rri 和 rrri 都是 i 的别名。

(6) 引用也是一种类型。例如 int & 不能说成是 int 类型。

(7) 引用的重要用途是作为函数的参数。引用作为参数,使得函数调用时以传递名字代替传递数据,这在数据较大(如对象等)时,可以提高传递的效率。

与左值引用对应的是右值引用,右值引用是 C++11 引入的新概念,将在 11.4 节介绍。

习 题 1

概念辨析

1. 从备选答案中选择下列各题的答案。

(1) 变量名_____。

  A. 越长越好   B. 越短越好

  C. 在表达清晰的前提下尽量简单、通俗   D. 应避免模棱两可、容易混淆、晦涩

(2) 在 C++程序中,用分号结束的组件有_____。

  A. 类声明   B. 函数定义   C. 语句   D. 编译预处理命令

(3) 在 C++中,std::cout 是一个_____。

  A. 操作符名   B. 对象名   C. 类名   D. 关键字

(4) 在声明 C++类时,_____。

  A. 所有数据成员都要声明成 private 的,所有成员函数都要声明成 public 的

B. 只有外部要直接访问的成员才能声明成 public 的

C. 声明成 private 的成员是外部无法知道的

D. 凡是不声明访问属性的，都被默认为 public 的

(5) 在 C++中，用对象名引用其成员，应当使用符号_____。
  A. "."   B. "::"   C. "-"   D. ":"

(6) 在一个类中，_____。
  A. 构造函数只有一个，析构函数可以有多个
  B. 析构函数只有一个，构造函数可以有多个
  C. 构造函数和析构函数都可以有多个
  D. 构造函数和析构函数都只能有一个

(7) 析构函数的特征包括_____。
  A. 可以有一个或多个参数   B. 名字与类名不同
  C. 声明只能在类体内   D. 一个类中只能声明一个析构函数

(8) C++注释行_____。
  A. 可以在程序的任何位置   B. 可以在一行内一条语句的任何位置
  C. 最多可以有 5000 个字符   D. 可以嵌套

(9) 指针_____。
  A. = 地址   B. 可以引用没有名称的内存地址
  C. 是存储地址的变量   D. 是存放某种类型数据的地址变量

(10) "指针 = 基类型 + 地址"，表明_____。
  A. 只有地址相等，而基类型不同的指针不是同一个指针
  B. 两个不同基类型的指针，不可以进行算术减运算
  C. 要搞清指针的概念，地址比基类型更重要，所以先要考虑地址
  D. 要搞清指针的概念，基类型比地址更重要，因为后面才是重点

(11) 假定变量 m 定义为"int m=7;"，则定义变量 p 的正确语句为_____。
  A. int * p = &m;   B. int p = &m;   C. int & p = *m;   D. int *p = m;。

(12) 表达式 *ptr 的意思是_____。
  A. 指向 ptr 的指针   B. 递引用 ptr
  C. ptr 的引用   D. 一个数乘以 ptr 的值

(13) 已知 p 是一个指向类 Sample 数据成员 m 的指针，s 是类 Sample 的一个对象，则将 8 赋值给 m 的正确表达式为_____。
  A. s.p = 8   B. s -> p = 8   C. s.*p = 8   D. *s.p = 8

(14) 下列对引用的陈述中不正确的是_____。
  A. 每一个引用都是其所引用对象的别名，因此必须初始化
  B. 形式上针对引用的操作，实际上作用于它所引用的对象
  C. 一旦定义了引用，一切针对其所引用对象的操作只能通过该引用间接进行
  D. 不需要单独为引用分配存储空间

(15) 构造函数和析构函数_____。
  A. 前者可以重载，后者不可重载   B. 二者都不可重载

C. 前者不可重载，后者可以重载　　　　D. 二者都可以重载

2. 判断。

（1）只有私密成员函数才能访问私密数据成员，只有公开成员函数才能访问公开数据成员。（　）
（2）在每个类中必须显式声明一个构造函数。（　）
（3）构造函数和析构函数都没有返回类型，但可以含有参数。（　）
（4）若类声明了一个有参构造函数，如果需要，系统还将自动生成一个默认构造函数。（　）
（5）C++标识符中对于字母不区分大小写。（　）
（6）在变量定义 int sum,SUM;中 sum 和 SUM 是同一个变量。（　）
（7）一个 C++语句必须用句号结束。（　）
（8）程序测试的目的是为了证明程序是正确的。（　）
（9）一个 std::cout 语句只能输出一种类型的数据。（　）
（10）声明了一个类，就为所有的成员分配了相应的存储空间。（　）
（11）构造函数和析构函数的返回类型是所在的类。（　）
（12）构造函数初始化列表中的内容与对象中成员数据的初始化顺序无关。（　）
（13）类的私密有成员只能被类中的成员函数访问，类外的任何函数对它们的访问都是非法的。（　）
（14）箭头操作符是一元操作符。（　）
（15）用指向对象的指针可以用来访问该对象的成员函数和数据成员。（　）
（16）类指针可以做数据成员。（　）
（17）可以将任何对象地址赋值给 this 指针，使其指向任一对象。（　）
（18）this 是系统定义的一个指针，可以用它所指向任何类的对象。（　）

💥 代码分析

1. 找出下面各程序段中的错误并说明原因。

（1）
```
class A {
private:
  int    x;
  double y;
public:
  A (int a, double b);
  void    dispA ();
};
int main(){
  A a1,a2;
  a1.A (1,2.3);
  a.dispA ();
  return 0;
}
```

（2）
```
class class1 {
```

```
public
  x;
  y;
private
  class1 (a,b);
  double dispA ();
}
class::disp () {
  std::cout << x << std::endl
            << y << std::endl;
};
```

（3）
```
class Class1 {
  int data = 5;
public:
  Class::class1 ();
  Double func ();
}
```

2. 指出下面各程序的运行结果。

（1）

```cpp
#include <iostream.h>
class Sample {
public:
    int x;
    int y;
    void disp(){
        cout << "x =" << x << ",y = " << y << endl;
    }
};
int main() {
    int Sample::*pc;
    Sample s;
    Pc = &Sample::x;
    s.*pc = 10;
    Pc = &Sample::y;
    s.*pc = 20;
    s.disp();
}
```

（2）

```cpp
#include <iostream>
using namespace std;

class Sample {
public:
    int v;
    Sample () {
        cout << "调用无参构造函数。"<< endl;
    }

    Sample (int n) : v ( n ) {
        cout << "调用有参构造函数." << endl;
    }

    Sample(Sample & x) {
        v = x.v ;
        cout << "调用复制参构造函数." << endl;
    }
};

int main( ){
    Sample a(5);
    Sample b = a;
    Sample c;
    c = a;
    cout << c.v;
```

```
    return 0;
}
```

3. 下面所列语句中，能输出两个空行的是_____。

A. std::cout << std::endl,std::endl ;   B. std::cout << "/n/n";

C. std::cout << "\n\n";   D. std::cout << std::endl << std::endl ;

E. std::cout << "\n" << std::endl ;   F. std::cout << "\n" << "\n";

开发实践

用C++描述下面的类，自己决定类的成员并设计相应的测试程序。

1. 一个学生类。
2. 一个运动员类。
3. 一个公司类。

探索验证

1. 试用表格说明C++的几种基本数据类型所占用的存储空间和取值范围。
2. 评价下列C++标识符，并说明理由。

employee_name   employeeName   nameOfEmployee   nameEmployee

a1   a2   a3   PERSON   NTSD   myname

3. 初始化与赋值有什么区别？
4. 一个C++语言程序可由若干个源程序文件构成，但每个源程序文件都必须包含一个main()函数吗？
5. 构造函数能不能都定义成私密的？
6. 能不能不用构造函数直接在类定义中将其成员变量初始化？为什么？
7. 引用必须初始化，那代码1-10中复制构造函数的参数employee是如何初始化的？

第 2 单元　简单桌面计算器

这里需要设计的简单桌面计算器，是具有小学一、二年级水平的计算器，只能计算两个数间的四则运算。

2.1　简单桌面计算器建模

2.1.1　简单桌面计算器分析

如图 2.1 所示，在现实世界中，把简单的算术计算作为对象可以举出有 58×3、20−12、36＋5、82÷38 等这样一些实例。对这些算式对象进行分析、抽象，可以得到每个算式对象必须具有的行为，那就是计算（calculate）。这是计算器区别于其他物体的最重要的行为，是定义计算器类 Calculator 的基本依据。

除此之外，在 Calculator 类中用于区分具体算式的属性还有如下一些。

- 被操作数（operand1）。
- 操作符（operator）。
- 操作数（operand2）。

图 2.1　简单算式对象

2.1.2　Calculator 类的声明

根据上述分析，将两个操作数暂定为整数，即 int 类型；将操作符暂定为一个字符，即 char 类型，可以得到如下 Calculator 类声明。

代码 2-1　Calculator 类的声明。

```
//文件名：calculator01.h

class Calculator {
private:
    int  operand1;                              //被运算数
    char operat;                                //操作符
    int  operand2;                              //运算数

public:
        Calculator (int num1,char op,int num2); //构造函数
    int calculate();                            //选择操作类型
};
```

构造函数的实现比较简单，下面先来对其进行讨论。calculate()的实现比较复杂，后面进行专门的讨论。

代码 2-2　Calculator 类构造函数的实现。

```
Calculator::Calculator(int num1,char op,int num2) {    //构造函数的实现
   operand1 = num1;
   operat = op;
   operand2 = num2;
};
```

2.2　calculate( )函数的实现

calculate( )的功能是根据用户选择的操作符 operator 的值，完成对应的计算。也就是说，它所实现的行为不是固定不变的，而是可以根据算式中的运算符来选择相应的操作。这样的程序结构称为选择结构。程序的选择结构可以使程序具有最基本的智能，其具体实现方法有两种：if-else 结构和 switch 结构。

2.2.1　用 if-else 结构实现成员函数 calculate( )

if-else 的句型非常简单。首先看看它如何实现 calculate( )。

代码 2-3　用 if-else 结构实现的 calculate( )。

```
#include <iostream>
#include <cstdlib>

void Calculator::calculate() {
   if (operat == '+')
       return operand1 + operand2;
   else if (operat == '-')
       return operand1 - operand2;
   else if (operat == '*')
       return operand1 * operand2;
   else if (operat == '/')
       return operand1 / operand2;
   else {
       std::cout << "\n操作符输入错误!";
       exit (1);
   }
}
```

说明：

（1）在 C++中定义了表 2.1 所示的 5 种算术操作符。

表 2.1　C++的算术操作符

操作符	+	-	*	/	%
含义	加	减	乘	除	模

其中,模操作是返回整数相除的余数,例如,7％5将返回2。

(2) if-else 的基本结构如图 2.2(a)所示。图中的菱形框表示选择,其中的条件表达式是 bool 类型的表达式。C++用 bool 类型表示命题的逻辑值 true("真")和 fals("假")。与 char 相似,true 和 false 在计算机内部实际上是用整数表示的,即任何非零值都被解释为 true,而零都被解释为 false。

在 if-else 结构中,当条件表达式成立时,即其值为 true 时,执行语句 1;否则(不成立),即其值为 false 时执行语句 2。图 2.2(b)为对应的 C++语句格式。

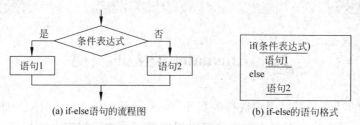

(a) if-else语句的流程图　　　(b) if-else的语句格式

图 2.2　if-else 语句的基本结构

C++将 if-else 作为语句,即它在语法上相当于一个语句。而其中的语句 1 和语句 2 称为 if-else 的两个子语句或两个分支,它们也是语法上的语句。

(3) C++语句有简单语句和复合语句(语句块)之分。简单语句是用分号结尾的语句,而复合语句是用一对花括号括起来的两个及以上语句。复合语句在语法功能上相当于一个语句,只是不需要在花括号后再使用一个分号作为结束标志。

(4) 在本例中,用关系表达式作为条件表达式。在 C++中,关系(比较)操作符包括表 2.2 所示的 6 种。

表 2.2　C++关系(比较)操作符

操作符	>	>=	<=	<	==	!=
含义	大于	大于等于	小于等于	小于	等于	不等于

(5) 当需要多次选择时,可以使用嵌套的 if-else 结构。图 2.3(a) 为嵌套的 if-else 结构的流程图,图 2.3(b) 为嵌套的 if-else 结构的 C++语句格式。

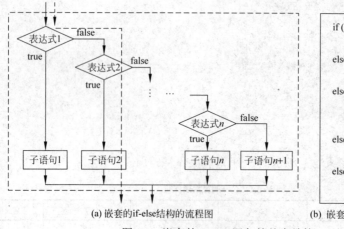

(a) 嵌套的if-else结构的流程图　　　(b) 嵌套的if-else的语句格式

图 2.3　嵌套的 if-else 语句的基本结构

在这个结构中，各子语句成并列的分支结构。当这个结构执行时，从上向下依次对 if 后面的逻辑表达式进行判断，找到真（true）的分支，就执行其后面的语句，然后退出这个条件结构。也就是说，它从多条分支中只选择一条分支。对于有 n 个分支的结构，最多要判断 $n-1$ 次。

最后一个 else 是指"其他情况"。

（6）exit( )函数的功能是将程序流程返回到操作系统。通常，参数为–1，表示正常返回；参数为 0，表示异常返回。使用这个库函数需要包含头文件 cstdlib。

（7）图 2.4 描述了各个可执行模块之间的关系。一个程序的执行过程是从主函数的执行开始，到主函数的结束而结束的。这里，主函数只能调用构造函数 Calculator( )和计算选择函数 calculate( )。计算选择函数 calculate( )按照操作符的值选择（调用）对应的计算函数。

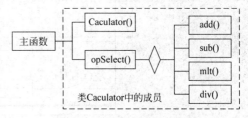

图 2.4　计算器程序调用结构

2.2.2　用 switch 结构实现 calculate( )

代码 2-4　用 switch 结构实现 calculate( )的代码。

```cpp
#include <iostream>
#include <cstdlib>

int Calculator::calculate(){
    switch(operat){
        case '+':
            return operand1 + operand2;break;
        case '-':
            return operand1 - operand2;break;
        case '*':
            return operand1 * operand2;break;
        case '/':
            return operand1 / operand2;break;
        default:
            std::cout << "\n操作符输入错误!";
            exit (1);
    }
}
```

switch 结构的语法格式和流程如图 2.5 所示。它与 if-else 结构非常类似，但用法有一些不同。

说明：

（1）switch 结构由 switch 头和 switch 体两部分组成。

（2）switch 头由关键字 switch 和一个整型控制表达式组成。

（3）switch 体由括在一对花括号中的多个 case 标记引导的子结构和一个 default 子结构

组成。default 子结构是可选的，它没有标记，通常作为最后一个语句序列。

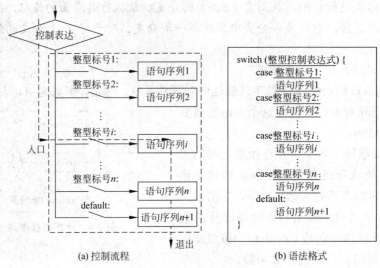

图 2.5 switch 控制结构

（4）每个 case 后面的标记是一个整型常量表达式。当流程到达 switch 结构后，就计算其后面的整型控制表达式，看其值与哪个 case 后面的整型标记（整型表达式）匹配（相等）。若有匹配的 case 整型标记，便找到了进入 switch 体的入口，则开始执行从这个标记引导的语句序列以及后面的各个序列；若没有匹配的 case 标记，就认为是各个 case 标记以外的其他情形，便以 default 作为进入 switch 体的入口。这个过程如图 2.5（a）中的虚线指向所示。

（5）一个 switch 结构中的 case 子结构与 defualt 子结构成串联结构。为了改变这种串联结构，可以在必要的 case 子结构和 defualt 子结构的最后使用一个 break 语句。

2.2.3 if-else 判断结构与 switch 判断结构比较

if-else 与 switch 是 C++的两种判断结构。表 2.3 对这两种判断结构进行了比较。

表 2.3 *n* 条子句的 if-else 结构与 switch 结构比较

比较内容	switch 结构	if-else 结构
子结构组成	多条语法上的语句	一条语法上的语句
子句间关系	串联	并列
控制表达式类型	整数类型（int、字符等类型）	任何基本类型
选择原则	switch 的整型控制表达式与 case 标记匹配，多中选一	根据关系/逻辑表达式的逻辑值，二中选一
选择内容	一个入口	一个分支
在 *n* 条子句中的选择次数	1	*n*−1
break 对结构影响	增加出口	无
结构结束条件	从入口开始直到整个结构结束或遇到 break 语句	末端分支执行结束，整个结构即执行结束

2.2.4 Culculator 类测试

通过上面的讨论，可以得到完整的 Calculator 类定义了。

代码 2-5 用 if-else 结构实现成员函数 calculate() 的类 Calculator 定义。

```cpp
#include "calculator01.h"
#include <iostream>
using namespace std;

Calculator::Calculator(int num1,char op,int num2) { //构造函数的实现
    operand1 = num1;
    operat = op;
    operand2 = num2;
}

int Calculator::calculate (){
    if (operat == '+')
        operand1 + operand2;
    else
        if (operat == '-')
            operand1 - operand2;
        else
            if (operat == '*')
                operand1 * operand2;
            else
                if (operat == '/')
                    operand1 / operand2;
                else {
                    cout << "\n 操作符输入错误!";
                    exit (1);
                }
}
```

下面对这个代码进行测试。

测试的目的是发现程序中的逻辑错误。对于简单逻辑的函数，测试非常简单。对于有分支的程序，基本的测试原则是尽可能地使测试用例覆盖更多的语句、更多的分支、更多的条件。根据这个原则，同时分析代码 2-5 中的逻辑，可以看出，要对新的 Calculator 类进行较好的测试，最少需要如下 5 组测试数据。

（1）操作符为 'A'，操作数为 2，3。
（2）操作符为 '+'，操作数为 2，3。
（3）操作符为 '-'，操作数为 2，3。
（4）操作符为 '*'，操作数为 2，3。
（5）操作符为 '/'，操作数为 2，3。

代码 2-6 用第（1）组数据进行测试的代码。

```cpp
#include "calculator01.h"
```

```cpp
int main(){
    Calculator cacl1 (2,'A',3);        //生成一个计算器对象
    cout << "计算结果为:"<< cacl1.calculate() << endl;
    return 0;
}
```

测试结果如下：

```
操作符输入错误
```

代码 2-7 用第（2）、（3）、（4）、（5）组测试数据进行测试的代码。

```cpp
#include "calculator01.h"

int main(){
    Calculator cacl1 (2,'+',3);        //生成一个计算器对象
    cout << "计算结果为: " << cacl1.calculate() << endl;
    Calculator cacl2 (2,'-',3);        //生成一个计算器对象
    cout << "计算结果为: " << cacl2.calculate() << endl;
    Calculator cacl3 (2,'*',3);        //生成一个计算器对象
    cout << "计算结果为: " << cacl3.calculate() << endl;
    Calculator cacl4 (2,'/',3);        //生成一个计算器对象
    cout << "计算结果为: " << cacl4.calculate() << endl;
    return 0;
}
```

测试结果如下：

```
计算结果为: 5
计算结果为: -1
计算结果为: 6
计算结果为: 0
```

说明：整数 2 被整数 3 除，得到的结果为 0，是因为在 C++中，整数除不是按照传统的四舍五入给出结果，而是丢弃小数部分。

用 switch 结构实现成员函数 calculate()的类 Calculator，也可以进行类似的测试。

2.2.5 发现运行异常的程序测试

前面使用了 5 组测试数据，将类 Calculator 的所有成员函数都运行了一次，做到了全覆盖。这似乎就是完全测试了。实际上不然。例如，用户用 0 作为除数这种情况就没有考虑到。

代码 2-8 用 0 作为除数的测试程序。

```cpp
#include "calculator10.h"

int main(){
    Calculator cacl1 (2,'\',0);        //生成一个计算器对象
    cout << "计算结果为: " << cacl1.calculate() << endl;
    return 0;
```

测试结果如图 2.6 所示。

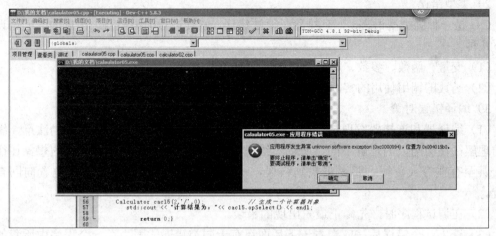

图 2.6　整数被 0 除出现的异常

这表示，整数被 0 除是 C++不能进行的计算。这是一种运行异常情况，程序没有正常结束。诸如此类的问题还有很多。但是，在前面设计的 5 组测试数据中并没有包括此类问题。这是程序测试数据设计的缺陷，它们只包含了能使程序正常运行的数据，而不包含使程序无法正常运行的数据。所以，测试用例的设计，不仅要包括能使程序正常运行的有效数据，还应包含对于程序运行无效的数据。

在许多新的 C++编译器中，浮点数被 0 除将生成一个表示无穷大（infinity）的特殊浮点值，输出时将显示为 inf、Inf、INF 等。而有些编译器在遇到浮点数被 0 除时将会失控。

2.3　C++异常处理

2.3.1　程序错误

程序设计是程序员的智力与问题复杂性之间的角力。因此，程序中难免存在错误。根据错误发生的原因、错误出现的位置、错误造成的损害等，可以将错误分为许多类型。按照发现错误的时间，通常将错误分为如下几种类型。

1. 编译时错误

编译时错误指在编译预处理或编译时由编译器发现的错误，通常可以分为如下两种。
1）语法错误
语法错误是不符合语法规范的代码。对于初学者，常见的语法错误有如下几种。
- 应当成对使用的标点符号没配对。例如，前面写了"{"，后面使用了"}"等。
- 丢失标点符号。例如，语句没有以分号结束，常见的是类声明没有以分号结束等。
- 关键字拼错，常见的是把关键字的首字母写成大写，例如写成 Int、Main、Class 等。

- 标识符中出现非法字符。
- 因疏忽导致标识符前后不一致,如丢失、增加或写错其中的字符。

2) 类型错误

C++是一种强类型语言,一旦排除了语法错误,就会进行类型检查。常见的类型错误有如下几种。

(1) 变量、函数、参数、对象的声明中没有类型信息。

(2) 函数的调用使用的实际参数与函数原型参数不匹配。

3) 编译错误对策

(1) 编译器和连接器发现错误后,一般会给出错误信息或警告。但是应当注意,编译器的理解往往会与人的理解不同,所以其给出的出错信息以及出错位置与人的想象往往不同,甚至有些令人费解。要真正找到错误,一般应当从编译器指出的出错位置向回查找分析。

(2) 在调试程序时,先修正最先出现的错误。

(3) 查出一个错误后,应当看一下后面还有无同类错误,因为在一个程序中所犯的错误往往会重复。若有,一并作出修改;若无,立即再次调试运行,因为有些错误会导致后面的错误,例如,一个标识符没有正确地声明,而后面多处引用了它。

2. 连接时错误

一个程序,特别是大型程序,往往要分成多个模块分别编译,此外,还可能包括要使用的系统的其他一些模块。当这些模块中的相关信息(如一个类或函数的声明与使用)不一致时,就会导致连接错误。

3. 逻辑错误

逻辑错误是编译和连接时检查不出来的错误,是由于对问题的理解错误或由于使用的语言机制不当,造成的程序不能得到正确结果的错误。要发现这样的错误,要靠程序员仔细阅读程序——称为静态测试,并设计一些数据(称为测试数据)去实际运行程序——称为动态测试。

4. 运行时错误

运行时错误也称为运行时异常,是可以通过编译和连接,也可以得到正确的结果,但有时使程序无法正常运行的错误常见现象有:

- 除数为0的除操作。
- 需要一个文件时,该文件打不开。
- 内存无法满足程序的运行而死机等。

对于这类错误,要求程序设计者预先周密分析程序将来会遇到什么问题,并在程序中采取必要的应对措施。在C++中称之为异常处理。

5. 未定义行为与未指定行为

未定义行为（undefined behavior）指为简化标准并给予实现一定的灵活性而产生的行为不可预测的计算机代码。例如，C++语言对于下面的情况没有给出定义。

- 不确定的值参加运算，如使用未初始化的自动变量参加计算。
- 越界进行的操作。如一个整数被 0 除等。

未指定行为（unspecified behavior）指标准提供了两种或更多种可能，但未强制要求选择其中一种行为。例如，函数的实际参数是两个相关表达式，这样其求值顺序会使参数的值变得不确定。例如表达式

```
f3( f1(),f2());
```

中，若 f1()与 f2()是 f3()的两个实际参数，并且它们之间由于存在着相互制约关系，所以哪个先计算对输出结果都会有影响。此外，C++标准也没有指定 char 类型的取值范围是-128~127、-127~127 还是 0~255，数值在计算机内是以原码形式还是补码形式表示及存储等，它们也会因编译器而异。

C 语言标准从来没有要求编译器判断未定义行为和未指定行为，它只是告诫人们："什么事情都可能发生"，也许什么都没有发生。C++也继承了这些原则，目的是给编译器更多灵活性。因此，如果程序调用未定义行为，可能会成功编译，甚至一开始运行时没有错误，只会在另一个系统上，甚至是在另一个日期运行失败。所以，未定义行为是非常难于发现的异常。处理的基本方法是：改写代码，用已定义操作书写程序。

2.3.2 C++异常处理机制

许多运行时异常在程序编写时就能预料到，问题的关键在于如何在程序中处理这些可以预料到的问题。在编写程序的时候，不仅要保证程序在逻辑上的正确性，还必须保证程序具有容错的能力。也就是说，在一定的环境条件下，如果程序出现意外，应该有适当的处理方法，使程序不会导致错误蔓延或出现灾难性后果。

1. C++异常处理概况

为了便于理解 C++的异常处理机制，先来看一个社会问题。社会上每天都会有一些突然事件发生，例如突发急病、盗窃、群体事件等。为了处理这些事件，设立了不同的部门，如急救中心、公安机关、信访部门等。但是，不可能每个部门都派出人员来专门进行查看，于是成立了一个突发事件处理中心（110），并重点监控突发事件高发地段，如车站、码头等。那些从来不会发生突发事件的区域则不在监控范围内。这样，若监控区内发生了突发事件，只需向应急处理中心报告事件的类型，应急处理中心就会通知相应部门进行处理。图 2.7 为用 C++异常处理机制来描述这一社会机制的示意图。

与此相似，C++的异常处理机制由以下 3 种成分组成。

（1）try 部分：圈定一个监控段（可能是一条语句，也可能是一个语句块）。

（2）throw 部分：抛出异常对象。

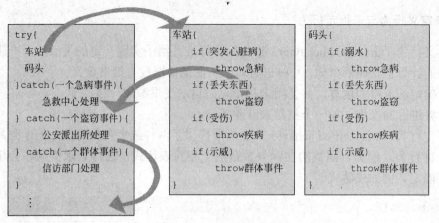

图 2.7 用 C++异常处理机制来描述这一社会机制的示意图

（3）catch 块：根据异常类型进行异常处理。

2. C++异常处理的特点

C++异常处理机制的特点可以归结为如下几点。

（1）明确地将错误处理代码从"正常"代码中分离出来。这样，提高了程序的可读性。阅读程序时，哪一部分负担什么职责，非常清晰。

（2）由于异常处理部分被分离，很容易使用工具处理。

（3）异常处理提出了一种规范的错误处理风格，不仅改善了程序风格，而且明确地要求程序员，在分析问题时，把充分考虑程序运行环境也作为一种需求处理。

2.3.3 在同一个函数中抛掷并处理异常

代码 2-9 在函数 calculate( )中抛掷并处理被 0 除异常。

```cpp
#include "calculator10.h"
#include <iostream>
#include <cstdlib>
Using namespace std;

//其他代码

int Calculator::calculate(){
    switch (operat){
        case '+':
            return operand1 + operand2;break;
        case '-':
            return operand1 - operand2;break;
        case '*':
            return operand1 * operand2;break;
        case '/':
            try{
                if(operand2 == 0)
```

```
                throw -1;                    //抛掷被0除异常，用一个整数表示
            else{
                return operand1 / operand2;break;
            }
        }
        catch (int){                         //捕获整数类型异常
            cerr << "除数为0" << endl;
            exit (1);
        }
    default:
        cout << "\n操作符输入错误!";
        exit (1);
    }
}
```

根据类型捕获

代码 2-10 测试代码如下。

```
#include "calculator10.h"

int main(){
    Calculator cacl1 (2,'+',3);
    cout << "计算结果为: " << cacl1.calculate() << endl;
    Calculator cacl2 (2,'-',3);
    cout << "计算结果为: " << cacl2.calculate() << endl;
    Calculator cacl3 (2,'*',3);
    cout << "计算结果为: " << cacl3.calculate() << endl;
    Calculator cacl4 (2,'/',0);
    cout << "计算结果为: " << cacl4.calculate() << endl;
    return 0;
}
```

测试结果如下。

说明：

（1）本例中，抛掷异常与处理异常都放在函数 calculate()中。

（2）catch 只能捕获 try 块内及 try 块内调用的函数抛出的异常，不能捕获 try 块外抛出的异常。如果在 try 块执行期间没有捕获到异常，则会跳过所有 catch 块，接着执行后面的语句。

（3）throw 表达式抛出一个异常对象，其类型用于寻找匹配的 catch，其值可以被 catch 中的语句使用。例如，本例中抛出的字符串就被 catch 输出语句使用。所以异常值很像函数的参数。

（4）一个 catch 块执行后，其后的 catch 块就都会被跳过，接着执行后面的语句。

2.3.4 异常的抛掷与检测处理分在不同函数中

代码 2-11 在函数 div()中抛掷被 0 除异常，在 calculate()中检测并处理。

```cpp
#include "calculator10.h"
#include <iostream>
#include <cstdlib>
using namespace std;

//其他代码
int Calculator::calculate() {
    try{                                              //检测异常
        switch (operat) {
            case '+':
                return operand1 + operand2;break;
            case '-':
                return operand1 - operand2;break;
            case '*':
                return operand1 * operand2; break;
            case '/':
                if(operand2 == 0)
                    throw -1;                         //抛掷异常
                return operand1 / operand2;
                break;
            default:
                cout << "\n 操作符输入错误!";
                exit (1);
        }
    }
}
```

代码 2-12 测试代码。

```cpp
#include "calculator10.h"

int main(){
    try{                                              //检测
        Calculator cacl1 (2,'+',3);                   //测试加操作
        cout << "计算结果为: "<< cacl1.calculate() << endl;
        Calculator cacl2 (2,'-',3);                   //测试减操作
        cout << "计算结果为: "<< cacl2.calculate() << endl;
        Calculator cacl3 (2,'*',3);                   //测试乘操作
        cout << "计算结果为: "<< cacl3.calculate() << endl;
        Calculator cacl4 (2,'/',0);                   //测试被 0 除操作
        cout << "计算结果为: "<< cacl4.calculate() << endl;
    }
    catch (int){                                      //捕获并处理 int 类型异常
        cerr << "除数为 0" << endl;
    }
    return 0;
```

测试结果与代码 2-10 相同。

2.3.5 抛掷多个异常

代码 2-13　在函数 calculate()中把操作符错误作为异常，与被 0 除异常一起抛掷。

```cpp
#include "calculator10.h"
#include <iostream>
using namespace std;
//#include <cstdlib>

//其他代码

int Calculator::calculate(){
    switch (operat){
        case '+':
            return operand1 + operand2;break;
        case '-':
            return operand1 - operand2;break;
        case '*':
            return operand1 * operand2;break;
        case '/':
            if(operand2== 0)
                throw -1;                    //用一个整数抛掷被 0 除异常
            else{
                return operand1 / operand2;break;
            }
        default:
            throw 'e';
    }
}

int main(){
    try{
        Calculator cacl3 (2,'A',3);          //测试不存在操作
        std::cout << "计算结果为: "<< cacl3.calculate() << std::endl;
        Calculator cacl4 (2,'/',0);          //测试被 0 除
        std::cout << "计算结果为: "<< cacl4.calculate() << std::endl;
    }
    catch (int){                             //捕获并处理 int 类型异常
        cerr << "除数为 0" << endl;
    }
    catch(char){                             //捕获并处理 char 类型异常
        cerr << "操作符输入错误!" << endl;
    }
    return 0;
}
```

测试结果如下。

操作符输入错误!

说明：不同类型的异常，要用不同类型表示。如在本例中，一个使用整型，一个使用字符型。

2.3.6 用类作为异常类型

1. 自定义异常类

在代码 2-13 中，为了捕获两个异常，使用了两个基本类型。但是，基本类型的数目有限，而且不能由其看出异常的具体类型。为此，可以定义异常类作为 throw-catch 之间的匹配。这样不仅可以无限地增加异常类型，而且可以让对象携带语义信息，提高程序的可读性。

代码 2-14 自定义异常类。

```cpp
//文件名：calculator11.h
#include "calculator10.h"
#include <iostream>
#include <string>                                        //嵌入字符串类声明

class DivideByZeroException{                             //定义异常类
    std::string message;                                 //异常信息
public:
    DivideByZeroException(): message ("除数为零!"){};    //构造函数
    Std::string what() {return message;}
};
```

代码 2-15 使用自定义异常类的异常处理。

```cpp
#include "calculator11.h"

//其他代码

int Calculator::calculate() {
    switch (operat) {
        case '+':
            return operand1 + operand2;break;
        case '-':
            return operand1 - operand2;break;
        case '*':
            return operand1 * operand2;break;
        case '/':
            if(operand2== 0)
                    throw DivideByZeroException();    //抛出匿名异常对象
            else{
                    return operand1 / operand2;break;
            }
```

```
        default:
            throw 'e';
    }
}

//其他代码
```

代码 2-16 测试代码。

```
#include "calculator11.h"

int main(){
    try{
        Calculator cacl3 (2,'A',3);     //生成一个计算器对象
        std::cout << "计算结果为:"<< cacl3.calculate() << std::endl;
        Calculator cacl4 (2,'/',0);     //生成一个计算器对象
        std::cout << "计算结果为:"<< cacl4.calculate() << std::endl;
    }
    catch (DivideByZeroException ex){   //捕获并处理 int 类型异常
        cerr << "除数为 0" << endl;
    }
    catch(char){                        //捕获并处理 char 类型异常
        cerr << "操作符输入错误!" << endl;
    }
    return 0;
}
```

2. 用空类作为异常类

在异常处理过程中，常会借助异常类进行异常抛出与捕获之间的匹配。在这个过程中，异常类的实例仅作类型匹配使用，与异常类的成员并无什么关系。因此，为了简化程序代码，可以用空类作为异常类，并由 throw 抛出其匿名对象。这个对象在流程交给对应的 catch 处理块时被析构。

代码 2-17 空的异常类的定义。

```
//文件名: calculator12.h
#include "calculator10.h"
using namespace std;

class DivideByZero {};                  //定义一个空类，被 0 除错误
class OperationTypeNoExist {};          //定义一个空类，操作类型不存在
```

代码 2-18 采用空类作为 throw-catch 匹配类型的 Calculator 类实现。

```
//其他代码

int::div(){
    return operand1 / operand2;
}
```

```cpp
int Calculator::calculate() {
    try{
        switch(operat){
            case '+':
                return operand1 + operand2;break;
            case '-':
                return operand1 - operand2;break;
            case '*':
                return operand1 * operand2;break;
            case '/':
                if(operand2 == 0)
                    throw DivideByZero();        //抛掷被0除异常的匿名对象
                return operand1 / operand2;break;
            }
            default:
                throw OperationTypeNoExist();    //抛掷无操作类型异常的匿名对象
        }
    }
    catch(DivideByZero){
        throw;                                   //再次抛掷
    }
    catch(OperationTypeNoExist) {
        throw;                                   //再次抛掷
    }
}
```

代码 2-19 测试被 0 除的主函数。

```cpp
#include "calculator12.h"
#include <iostream>

int main(){
    try{
        Calculator cacl1 (2,'/',0);              //生成一个计算器对象
        std::cout << "计算结果为："<< cacl4.calculate() << std::endl;
    }
    catch(DivideByZero){                         //捕获被0除异常并处理
        std::cout << "除数为0！" << std::endl;
    }
    catch(OperationTypeNoExist) {                //捕获无操作类型异常并处理
        std::cout << "没有这种操作类型！" << std::endl;
    }
    return 0;
}
```

测试结果：

除数为0！

代码 2-20 测试操作类型不存在的测试。

```cpp
#include "calculator12.h"
#include <iostream>

int main(){
    try{
        Calculator cacl1 (2,'A',3);         //生成一个计算器对象
        std::cout << "计算结果为: "<< cacl4.calculate() << std::endl;
    }
    catch(DivideByZero){
        std::cout << "除数为0！" << std::endl;
    }
    catch(OperationTypeNoExist) {
        std::cout << "没有这种操作类型！" << std::endl;
    }
    return 0;
}
```

测试结果：

没有这种操作类型！

2.3.7 捕获任何异常

在一般情况下，catch 处理块后面的圆括号内是类型说明符或类型说明符+对象名，以捕获对应的 throw 语句抛出的异常信息。但是，如果 catch 处理块后面的圆括号内是省略号，即采用 catch(…)形式时，表明其可以捕获任何类型的异常。

代码 2-21 基于代码 2-19 的修改。

```cpp
#include "calaulator12.h"
#include <iostream>

int main(){
    int number1,number2;
    char op;

    std::cout << "请输入一个算式: ";
    std::cin >> number1 >> op >> number2;

    try{
        Calculator cacl(number1,op,number2);
        std::cout << "计算结果为: "<< cacl.calculate() << std::endl;
    }
    catch(DivideByZero){
        std::cout<<"除数为0！"<< std::endl;
    }
    catch(OperationTypeNoExist)  {
        std::cout<<"没有这种操作类型！"<< std::endl;
```

```
    }
    catch(...){
        std::cout<<"出现其他异常！"<< std::endl;
    }
    return 0;
}
```

说明：catch（...）块用于捕获前面没有罗列出的异常。当有一系列 catch 处理块时，它一定要放在末尾，否则其他 catch 处理块都会无用。

2.4 简单桌面计算器的改进

2.4.1 使用浮点数计算的 Calculator 类

在 2.2.4 节中进行测试时得到的另一个印象是，若一个小的整数被一个大的整数除时，得到的结果是 0。这并没有任何错误，但是有时却会形成极大计算误差。例如，表达式 2 / 3 * 100000 的计算结果仍然是 0。所以，当有涉及除的操作时，尽量不进行整数相除，而采用浮点数相除。

需要说明的是，现在多数 C++系统可以允许浮点数被 0 除的操作，因此下面的代码中不再检测与捕获被 0 除所引发的异常。

代码 2-22 用浮点数进行计算的类 Calculator 定义。

```
//文件名：calculator20.h
using namespace std;

//class DivideByZero{};                               //注释掉该行
class OperationTypeNoExist{};                         //定义一个空类,操作类型不存在
class Calculator {
private:
    double  operand1;                                 //被运算数
    char    operat;                                   //操作符
    double  operand2;                                 //运算数
public:
        Calculator (double num1,char op,double num2); //构造函数
    double calculate();                               //选择操作类型
};
```

代码 2-23 用浮点数进行计算的类 Calculator 实现。

```
#include "calculator20.h"

Calculator::Calculator(double num1,char op,double num2)  { //构造函数的实现
    operand1 = num1;
    operat = op;
    operand2 = num2;
}
```

```cpp
double Calculator::calculate() {
    try{
        switch(operat){
            case '+':
                return operand1 + operand2;break;
            case '-':
                return operand1 - operand2;break;
            case '*':
                return operand1 * operand2;break;
            case '/':
                return operand1 / operand2;break;
            default:
                throw OperationTypeNoExist();     //抛掷无操作类型异常（空对象）
        }
    }
    catch(OperationTypeNoExist) {
        throw;                                     //再次抛掷
    }
}
```

代码 2-24　测试的主函数。

```cpp
#include "calculator20.h"
#include <iostream>

int main(){
    try{
        Calculator cacl1 (2.0,'/',3.1);           //测试小数被大数除
        std::cout << "2.0 /3.1的计算结果为:"<< cacl1.calculate() << std::endl;
        Calculator cacl2 (2.0,'/',0);             //测试被0除
        std::cout << "2.0 / 0 的计算结果为:"<< cacl2.calculate() << std::endl;
        Calculator cacl3 (2.0,'A./',0);           //测试不存在的操作符
        std::cout << "2.0 A 0 的计算结果为:"<< cacl3.calculate() << std::endl;
    }
    catch(OperationTypeNoExist) {                 //捕获无操作类型异常并处理
        std::cout << "没有这种操作类型！" << std::endl;
    }
    return 0;
}
```

测试结果如下。

```
2.0 / 3.1的计算结果为: 0.645161
2.0 / 0的计算结果为: inf
没有这种操作类型！
```

显然，浮点数除比整数除的计算精度高。

2.4.2 从键盘输入算式

1. 从键盘输入算式的示例

前面设计的客户端代码并不能向客户提供直接的服务，客户要进行一个计算，需要告诉程序员，让程序员给他设计一个客户端代码。这当然不是客户希望的。客户希望的是自己可以从键盘上输入一个算式，让计算机给出答案。

代码 2-25 可以接收用户从键盘输入算式的客户端代码。

```cpp
#include "calaulator20.h"
#include <iostream>

int main () {
    double number1,number2;
    char op;

    std::cout << "请输入一个算式: ";
    std::cin >> number1 >> op >> number2;         //用户从键盘输入算式

    try{
        Calculator cacl(number1,op,number2);
        std::cout << "计算结果为: "<< cacl.calculate() << std::endl;
    }
    catch(OperationTypeNoExist) {
        std::cout<<"没有这种操作类型! "<< std::endl;
    }
    return 0;
}
```

一次测试结果：

```
请输入一个算式: 2+3↵
计算结果: 5
```

这样的用户界面好了许多。

2. cin 对象与>>操作符

cin 是在头文件 iostream 中定义的一个对象，这个对象表示一个从标准输入设备——键盘流向输入缓冲区的字符流。

操作符>>是一个双目操作符，其左操作数是一个输入字符流对象，其右操作数是一个变量。这个操作符被执行时，将从输入字符流中提取一个字符串，然后按照右操作数的类型进行转换，把转换成的数据存入右操作数所指定的变量中。当左操作数是 cin 时，表示从键盘键入的输入字符流中提取一个字符串送到其右操作数所表示的变量中。图 2.8 描述了这个过程。

如果输入字符流中所遇到的字符是空白字符（空格、制表符、回车符等），则会跳过它们，直到遇到一个有效字符为止。如果所遇到有效字符串无法转换成与右操作数所兼容的类型，则停止执行。

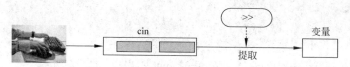

图 2.8 C++输入流中的提取操作

下面进一步说明操作符向变量提取数据的操作环节。
（1）向变量提取数据时，输入以回车操作结束。

代码 2-26 向一个变量提取数据。

```
#include <iostream>
int main(){
    int a;
    std::cin >> a;
    std::cout << a << std::endl;
    return 0;
}
```

一次执行情况如下。其中符号"↵"表示回车操作，带下划线的部分表示键盘键入的内容。

```
3↵
3
```

（2）">>"能跳过空白（空格、换行和制表符）。
代码 2-26 的另一次执行情况如下。

```
↵
↵
     3↵
3
```

">>"跳过了换行和空白提取数据 3 到 a 中。
（3）">>" 不提取类型不匹配的数据。
代码 2-26 的另一次执行情况如下。

```
abcd↵
0
```

不理睬类型不匹配的数据，用 0 充当输入。
（4）">>"具有类型分辨能力。

代码 2-27 向不同类型的变量提取数据。

```
#include <iostream>

int main(){
```

```
    int a,b;
    char c;
    std::cin >> a >> c >> b;
    std::cout << a << c << b << std::endl;
    return 0;
}
```

代码 2-27 的一次执行情况如下。注意跳过的空白。

```
2+3↵
2+3
```

字符前也可以跳过空白。代码 2-27 的另一次执行情况如下。注意跳过的空白。

```
2    +    3↵
2+3
```

（5）两个相邻的数值之间应用空格分隔，空格数量不限。

代码 **2-28** 向不同类型的变量提取数据。

```
#include <iostream>
int main(){
    int a,b;
    std::cin >> a >> b;
    std::cout << a << << "," << b << std::endl;
    return 0;
}
```

一次执行情况如下。

```
2    3↵
2,3
```

2.5 实现多算式计算

实际的计算器可以进行多算式计算。如，输入 3+5 得 8，-6 得 2，*5 得 10。为了实现这样的计算，需要中间结果的存储问题。

2.5.1 用一个数据成员存储中间结果

代码 **2-29** 用 number1 存储中间结果的主函数。

```
#include "calaulator13.h"
#include <iostream>

int main(){
    double number1,number2;
    char op;
```

```
    try{
         std::cout << "请输入一个算式：";
         std::cin >> number1 >> op >> number2;
         Calculator cal1(number1,op,number2);
         std::cout << "计算结果为："<< (number1 = cal1.calculate())<< std::endl;
         std::cin >> op >> number2;
         Calculator cal2(op,number2);
         std::cout << "计算结果为："<< (number1 = cal2.calculate()) << std::endl;
         std::cin >> op >> number2;
         Calculator cal3(op,number2);
         std::cout << "计算结果为："<< cal3.calculate() << std::endl;
    }
    catch(OperationTypeNoExist) {
         std::cout<<"没有这种操作类型！"<< std::endl;
    }
    return 0;
}
```

第 1 次测试结果：

```
请输入一个算式：3+5↵
计算结果为：8
-6↵
计算结果为：2
*5↵
计算结果为：10
```

第 2 次测试结果：

```
请输入一个算式：3+5-6*5↵
计算结果为：8
计算结果为：2
计算结果为：10
```

说明：

（1）在代码 2-29 中，变量 number1 在生成第 1 个表达式对象时，用于接收从键盘输入的被操作数；之后就用于存储中间结果，然后将中间结果作为被操作数，用于生成下一个对象。

（2）第 1 次测试是每输入一个算式，按一个换行操作，得出一个结果，然后进行下一个操作。也就是说，在 cin 流中，每次最多保留一个算式。第 2 次测试则是一次输入 3 个算式到 cin 流中，分 3 次，由有关变量接收。

（3）在语句

```
std::cout << "计算结果为："<< (number1 = cal1.calculate())<< std::endl;
```

中，表达式"number1 = cal1.calculate()"中的操作符=的优先级比<<低，所以必须用圆括号强制结组。

2.5.2 用一个静态局部变量存储中间结果

变量是有生命期的。前面用到的变量都称为自动变量。自动变量分为以下两种情况。

（1）实例变量，即对象的成员变量，其生命期在对象被创建时开始，到对象被撤销时结束。

（2）局部变量，即在一个语句块中定义的变量，即一对花括号或一条语句中定义的变量。其生命期在流程进入该语句或语句块时开始并在流程走出该语句或语句块时结束。

但是，用 static 修饰的变量定义的生命期是永久的，即程序开始运行即存在，程序运行结束才被撤销。所以在函数的每次调用时，它都保存着上一次被调用后的值。下面在成员函数 calculate()中定义一个静态变量 result，用来存储计算的中间结果。这样，从第两个算式起就可以只用操作符和一个操作数来初始化下一个计算器对象了。当然，为此在类声明中还必须增添一个构造函数。

代码 2-30 增添了构造函数的 Calculator 类声明。

```
//文件名: calculator20.h
using namespace std;

class OperationTypeNoExist {};          //定义一个空类，操作类型不存在
class Calculator {
private:
    double   operand1;                   //被运算数
    char     operat;                     //操作符
    double   operand2;                   //运算数
public:
    Calculator (double num1,char op,double num2);  //构造函数1,用两个运算数计算
    Calculator (char op,double num2);    //构造函数2,只用一个运算数计算
    double    calculate();               //选择操作类型
};
```

代码 2-31 增添了构造函数的 Calculator 类实现。

```
#include "calculator20.h"

//其他代码

Calculator::Calculator(char op,double num2) {          //构造函数重载
    operat = op;
    operand2 = num2;
}

double Calculator::calculate() {
    static double result = operand1;;                  //定义并初始化静态变量
    operand1 = result;                                 //用 result 值做被操作数
    try{
        switch (operat) {
            case '+':
```

```cpp
                result = operand1 + operand2;break;        //存储中间结果
            case '-':
                result = operand1 - operand2;break;        //存储中间结果
            case '*':
                result = operand1 * operand2;break;        //存储中间结果
            case '/':
                result = operand1 / operand2;break;        //存储中间结果
            default:
                throw OperationTypeNoExist();              //抛掷无操作类型异常
        }
    }
    catch(OperationTypeNoExist) {
        throw;                                             //再次抛掷
    }
    return result;
}
```

代码 2-32 对增添了构造函数的 Calculator 类测试。

```cpp
#include "calculator20.h"
#include <iostream>
using namespace std;

int main(){
    double number1,number2;
    char op;

    try{
        cout << "请输入一个算式：";
        cin >> number1 >> op >> number2;
        Calculator cal1(number1,op,number2);
        cout << "计算结果为："<< (cal1.calculate() )<< endl;
        std::cin >> op >> number2;
        Calculator cal2(op,number2);
        cout << "计算结果为："<< (cal2.calculate() )<< endl;
        cin >> op >> number2;
        Calculator cal3(op,number2);
        cout << "计算结果为："<< cal3.calculate() << endl;
    }
    catch(OperationTypeNoExist) {
        cout<<"没有这种操作类型！"<< endl;
    }
    return 0;
}
```

测试结果与前同。

2.5.3 用一个静态成员变量存储中间结果

类的静态成员为一个类的所有实例共享。所以可以在不同的对象之间保存共同需要的数据。

代码 2-33 有静态成员变量的 Calculator 类声明。

```
//文件名: calculator30.h

class Calculator{
private:
    double operand1;                                        //被运算数
    char   operat;                                          //操作符
    double operand2;                                        //运算数
    static double result;                                   //声明一个静态成员变量
public:
            Calculator (double num1,char op,double num2);   //构造函数
            Calculator (char op,double num2);
    double  calculate();                                    //选择操作类型
};
class DivideByZero {};                                      //定义一个空类，被0除错误
class OperationTypeNoExist {};                              //定义一个空类，操作类型不存在
```

代码 2-34 有静态成员变量的 Calculator 类的实现。

```
#include "calculator30.h"

Calculator::Calculator(double num1,char op,double num2){    //构造函数的实现
    operand1 = num1;
    operat = op;
    operand2 = num2;
    result = operand1;                                      //初始化 result
}
Calculator::Calculator(char op,double num2){                //构造函数重载
    operat = op;
    operand2 = num2;
}
double Calculator::result = 0;                              //静态成员变量必须在类体外初始化

//其他代码

double Calculator::calculate(){
    operand1 = result;                                      //用 result 值做被操作数
    try{
        switch (operat) {
            case '+':
                result = operand1 + operand2;break;         //存储中间结果
            case '-':
                result = operand1 - operand2;break;         //存储中间结果
            case '*':
                result = operand1 * operand2;break;         //存储中间结果
            case '/':
                result = operand1 / operand2;break;         //存储中间结果
            default:
```

```
                    throw OperationTypeNoExist();      //抛掷无操作类型异常
        }
    }
    catch(OperationTypeNoExist) {
        throw;                                          //再次抛掷
    }
    return result;
}
```

测试情况如下。

```
请输入一个算式：3+5-6*5↵
计算结果为：8
计算结果为：2
计算结果为：10
```

注意：静态成员变量必须在类体之外进行定义和初始化。

2.6 使用重复结构实现任意多算式计算

在看代码 2-31 时，读者可能已经有了一个疑虑。那里进行了 3 个算式的计算，每个算式需要 3 行代码。那么要进行 100 个算式的计算，就要 300 行代码，而且这样的长度是一定要的。可是谁能限制用户要进行多少个算式的计算呢？能不能反复使用 3 个算式完成任意多个算式的计算呢?采用循环结构就能解决这个问题。

2.6.1 用 while 循环实现任意多算式计算

代码 2-35 采用 while 循环结构的 Calculator 类客户端代码。

```cpp
#include "calculator30.h"
#include <iostream>
using namespace std;

int main(){
    double number1,number2,result;
    char op;

    try{
        cout << "请输入一个算式：";
        cin >> number1 >> op >> number2;                //输入两个运算数和一个算符
        Calculator cal(number1,op,number2);             //创建一个对象
        result = cal.calculate();                       //初始化
        while(cout<<"请输入下一个算符";cin >> op,op != '='){  //算符不是等号才进入循环
            cout<<"再输入一个运算数";
            cin >> number2;                             //输入
            Calculator cal(op,number2);                 //创建一个对象
            result = cal.calculate();                   //循环体结束
        }
```

```
    }
    catch(OperationTypeNoExist) {
        cout<<"没有这种操作类型! "<< endl;
    }
    cout << "计算结果: " << result << endl;
    return 0;
}
```

一次测试结果:

```
请输入一个算式: 2+3*7-5/3=↵
计算结果为: 10
```

说明: while 引出的代码称为循环结构,或称为重复结构。其基本流程如图 2.9 所示。在本例中,result=cal.calculate( );语句的作用是先调用一次 culculate( )计算第 1 个算式,并且结果初始化 result。在关键字 while 后面的圆括号内是循环条件,其一对花括号内的语句是循环体。当程序流程执行到 while 时,就要对循环条件进行测试,若为 true(非零)就开始执行循环体;否则将跳过 while 结构。如(cin>>op,op!='=')就是先输入一个操作符,若它不是等号(等号表示不再计算),就进入循环体;若 op 不是等号,在循环体内先输入一个操作数接着进行计算。接着进行下一输入的判断、计算。

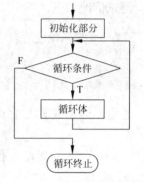

图 2.9 while 结构的程序流程图

2.6.2 用 do-while 循环实现任意多算式计算

与 while 循环结构相似,但功能略有差异的是 do-while 循环结构。它们的不同在于,while 循环结构是先检测循环条件,而 do-while 循环结构是先执行一次循环体再检测循环条件。图 2.10 为 do-while 循环的基本流程结构。

代码 2-36 采用 do-while 循环结构的 Calculator 类客户端代码。

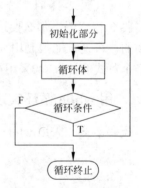

图 2.10 do-while 结构的程序流程图

```
#include "calculator30.h"
#include <iostream>
using name space std;

int main(){
    double number2,result;
    char op;
    try{
        cout << "请输入一个算式: ";
        cin >> result >> op;              //输入一个被运算数和算符
        do{                               //进入循环体
            cin >> number2;               //输入运算数
            Calculator cal(result,op,number2);  //创建计算对象
```

```
            result = cal.calculate();      //计算，结束在result，作为下一次的被运算数
        }while(cin >> op,op != '=');      //再输入一个算符，决定是否还循环。分号结尾
    }catch(OperationTypeNoExist){
        cout<<"没有这种操作类型！"<< endl;
    }
    cout << "计算结果: " << result << endl;
    return 0;
}
```

注意：do-while 结构以分号（;）结尾。

2.7　知　识　链　接

2.7.1　条件表达式

对于从 a、b 两个数中取大者，用 if-else 结构可以描述为：

```
if(a >= b)
    x = a;
else
    x = b;
```

C++对此提供了一种更紧凑的描述形式：

```
x = (a >= b) ? a : b;
```

这是一个表达式语句。其中赋值号后面的部分也是一个表达式，称为条件表达式。条件表达式的一般形式为：

<u>表达式 1</u> ? <u>表达式 2</u> : <u>表达式 3</u>

这里，"?"和":"合起来称为条件操作符。它是一个三目操作符，用三个表达式作为操作数。其意义是：先求解表达式 1，若结果为非 0（真），则求解表达式 2，将表达式 2 的值赋给 x；若结果为 0(假)，则求解表达式 3，将表达式 3 的值赋给 x。 口诀：前真后假。

若有多个条件表达式嵌套一起：x=<表达式 1>?<表达式 2>:<表达式 3>?<表达式 4>:<表达式 5>…执行顺序是从右到左依次判断，再求出最后的 x，即所谓的右结合性。例如： 对于 $a=1$，$b=2$，$c=3$，$d=4$，则条件表达式"a<b?a:c<d?c:d"的计算顺序为：先计算 c<d?c:d，结果为 3，再计算 a<b?a:3，结果为 1。

2.7.2　左值表达式与右值表达式

左值（L-value）和右值（R-value）是两个关于表达式属性的基本概念。在程序设计的早期，它们只是一个基于内置赋值运算符需求的概念。作为赋值操作符左操作数的表达式称为左值，作为赋值操作符右操作数的表达式称为右值。例如对于含有 a、b、c 三个变量的表达式 $a=b+c$，以赋值操作符为界，左侧是一个变量 a，右侧是两个变量相加的表达式

b + c。显然，只有变量才能放在赋值操作符的左侧，不能把一个常量和运算式放到赋值操作符的左侧。所以 L 和 R 被解释为：left 和 right。

随着程序设计的广泛应用，对于表达式的理解也随之得到了深化，人们逐渐赋予了左值性和右值性越来越多的意义。于是，对其解释就从基于内置赋值运算符需求升华到了表达式求值过程中数据实体的性质上。有些表达式执行结束后得到的是依然存在的持久对象；而有些表达式在执行中虽然会形成一些临时实体，但在表达式执行结束后，这些临时实体也就随之被撤销了。例如下面的函数。

```
int returnRvalue(int a,int b){
   return a + b;
}
```

当用表达式 "c = returnRvalue(2,3)" 调用时，该函数会先生成一个临时实体，并在该值返回后再撤销。这种现象的影响和意义远大于基于内置赋值运算符需求的意义。于是，人们又把实体分为两类：永久实体和临时实体。只有永久对象可以作为左值，临时对象只能作为右值。遂之将 "L" 和 "R" 重新解释为：location（位置）和 read（读）。因为只有永久实体才可以进行取地址操作，临时实体则不可。基于这一点，人们给出了一个简洁的左值判别方法：看能不能对表达式取地址。如果能，则为左值；否则为右值。例如，"a > b ? a : b" 就是一个左值表达式，因为它执行后，存在的不是 a 就是 b，因此可以进行取地址操作，所以它是左值表达式。而表达式 a + b 就只能作为右值表达式，不能进行取地址操作。下面给出一些例子来进行说明。

```
int a = 10;
int b = 20;
int *pFlag = &a;
string str1 = "hello ";
string str2 = "world";
```

基于上述定义，下面给出哪些是左值、哪些是右值的实例。

a 和 b 都是持久对象（可以对其取地址），是左值。

a + b 是临时对象（不可以对其取地址），是右值。

a++ 是先为持久对象 a 创建一个副本，再使持久对象 a 的值加 1，最后返回那份拷贝，而那份副本是临时对象（不可以对其取地址），是右值。

++a 相当于 a = a + 1,返回的是持久对象 a 增 1 后的值（可以对其取地址），是左值。

pFlag 和*pFlag 都是持久对象（可以对其取地址），是左值。

10、20 和"hello"都是字面量——纯常量（不可以对其取地址），是右值；

string("hello")是临时对象（不可以对其取地址），是右值；

str1 是持久对象（可以对其取地址），是左值；

str1 + str2 是调用了+操作符，而+操作符返回的是一个 string（不可以对其取地址），故其为右值；

然而，随之又出现了一些问题。例如，一个变量用 const 修饰，值就不可被改变。为此，又把左值分为可修改的左值和不可修改的左值。只有可修改的左值才可以用于赋值表达式的左边。

左值和右值是两个重要概念。关于它们的内涵将在今后的学习中不断加深。

2.7.3 标识符的域

在编写程序时要使用很多标识符,例如文件、类、函数、对象、变量、常量和参数等。简单地说,它们都是名字。为了能在程序中正确地使用这些名字,需要正确理解它们所具有的两个域(scope)——定义域和作用域,一个空间——命名空间。

1. 标识符的定义域和作用域

在程序中,任何标识符都必须定义后才可以使用。标识符的定义域是指定义标识符的代码区域。这个区域有以下几种。
- 语句:如一个函数原型声明、一个 for 语句的循环变量等。
- 语句块:一对花括号内。
- 类:类成员的名字。
- 文件:在类域以及函数域之外定义的标识符,任何名字都不可能不属于一个文件。

标识符的作用域是在其定义域中从定义处到其所在的区域结束一段代码区域。所以,一个标识符的作用域会被其定义域略小。因为有些标识符不会从一个域一开始就定义。人们也常常用标识符的定义域来称呼其作用域,并且简单地把它们分为 3 类:
- 全局作用域:文件作用域。
- 类标识符。
- 局部作用域。语句块和语句作用域。

区分标识符作用域的意义是:
- 每个标识符只有在其作用域中才有效。
- 在同一定义域中不可以定义相同的标识符。
- 在不同的定义域中定义的标识符各自独立、互不影响,即使名字相同,也会当成不同的标识符。

代码 2-37 两种语句域块示例。

```
1:  #include <iostream>
2:
3:  int main(){
4:      int a = 888;
5:      {                        //块1
6:          // std::cout << ", b = " << b << std::endl; 不加注释会出错
7:          int b = 999;
8:          std::cout << "在块1中: " << "a = " << a << ", b = " << b << std::endl;
9:          {                    //块2
10:             int b = 666;
11:             std::cout << "\n在块2中: " << "a = " << a << ", b = " << b << std::endl;
12:         }
13:         {                    //块3
14:             int b = 333;
```

```
15:            std::cout << "\n在块3中: " << "a = " << a << ", b = " << b << std::endl;
16:        }
17:        std::cout << "\n在块1中: " << "a = " << a << ", b = " << b << std::endl;
18:    }
19:    return 0;
20: }
```

运行结果如下。

```
在块1中: a = 888, b = 999
在块2中: a = 888, b = 666
在块3中: a = 888, b = 333
在块1中: a = 888, b = 999
```

由这个例子可以看出：语句块域可以嵌套，并且内块中的标识符可以屏蔽外块中的同名标识符，使其不可见。此外，当第 6 行不加注释时，因为标识符 b 还没有定义，会出现错误：

```
D:\My program Files\exx008001.cpp(6) : error C2065: 'b' : undeclared identifier
```

标识符的作用域给一个标识符打上了隐含的域修饰符，使程序员不用在起名上为防止名字冲突而绞尽脑汁，只要在一个域中名字不冲突就可以。

2. 标识符的名字空间

标识符的作用域解决了局部作用域之间的名字不冲突问题，不管是否使用了相同的名字，然而没有解决全局作用域之间的名字冲突问题。因为一个大型程序中，往往会由众多的文件组成，而且这些文件往往会分别由不同的人开发。这时，一个程序员开发的全局变量名、类名、外部函数名与其他程序员开发的文件中的名字相同，也可能会与某些类库中的名字、某些函数库中的名字重名。而这些文件又要通过包含等形式在一起使用。名字空间就是基于此而提出来的，并且其成为 C++使用全局标识符的一种规则。例如，要使用 cout 和 cin 这样的在类库中定义的对象时，必须用 std::表明其命名空间，否则即使使用了"#include <iostream>"，程序也会给出错误信息。

关于名字空间的详细内容，将在第 10.3 节中进一步介绍。

2.7.4 变量的生命期与存储分配

如前所述，变量是被命名的用于存放数据的内存空间。其从创建到被撤销的时间区间，就称为变量的生命期。所谓变量的创建，就是给这个名字分配存储空间。所以变量的生命期与创建的方式密切相关。C++创建变量的方式主要有 3 种：自动存储分配、静态存储分配和动态存储分配。

1. 自动（automatic）存储分配

自动存储分配是在程序执行过程中由编译器进行存储分配。当程序流程执行到一个自动变量的定义时，就为其分配一个需要的存储空间；到所在块结束时，就回收这个存储空间。所以说，自动变量的生命期是与块共存亡的，并且其名字具有局部作用域，即只能在其定义的块中被应用。

由于大小块会成嵌套结构，使得先创建的变量后撤销，后创建的变量要先撤销。所以，自动变量以栈的形式存放。栈就是一种称作为"先进先出"的存储结构。

前面在函数中定义的变量基本上都是自动变量。

2. 静态（static）存储分配

静态存储分配指变量在编译时就被分配了存储空间。因此，只要程序一运行，这个变量就会被创建，到程序运行结束才被撤销。相应的生存期被称为静态生命期或永久生命期。所以，其特点是与程序共存亡。

静态变量可以定义在块内，也可以定义在所有块外。前者称为局部静态变量，其特点是生命永久，块中可用，但要用 static 定义。后者称为全局静态变量，其特点是生命永久，文件可用，不必用 static 定义。

3. 动态（allocated）存储分配

这种存储分配的权力在程序员手中，即程序员可以根据需要为一个变量分配一定大小的存储空间，也可以在不使用这些变量时及时地收回它们所占用的存储空间，也称自由分配或自主分配。有关内容将在 4.3.2 节中进一步介绍。

2.7.5 类属变量、实例变量与局部变量的比较

表 2.4 为类属变量、实例变量和局部变量之间的比较。

表 2.4 类属变量、实例变量与局部变量的比较

比较内容	类属变量	实例变量	局部变量
其他名称	类变量、静态成员变量、静态域（属性、字段、变量）	对象变量、实例域（属性、字段、状态）、成员变量	自动、变量
作用	用于所有类对象共享	用于区分类的不同对象	在一个函数中被操作
存在特征	用 static 修饰的类属性	不用 static 修饰的类属性	在一个代码块内部声明与使用
与函数的关系	独立于任何函数	独立于任何函数	从属于某个函数以及其内的语句块
生命周期	从类加载到类销毁	从对象创建到对象被销毁	从定义到所在代码段执行结束
定义位置	类体之内	类体之内	在一个函数中的语句块中
初始化方式	类体之外	构造函数	在一个函数中的语句块中
默认初始值	有	无	无
存储位置	静态存储区（全局数据区）	动态存储区（堆区）	动态存储区（栈区）
存储分配时间	虚拟机加载类时	创建一个类的实例时	定义时
存储数量	每个类只有一份存储	每个实例都有一份存储	在定义域内只有一份存储
调用与引用	可用类名、对象名调用；可在类的任何方法中引用	可由对象调用，不可用类名调用；不可在静态方法中引用	仅可在所定义的函数内被引用；不可用类名、对象名调用

习 题 2

概念辨析

1. 从备选答案中选择下列各题的答案。

（1）语句

```
std::cout << x = 5 >= 7 <= 9;
```

执行后的结果是：输出_____。

A. 0　　　　　　B. 1　　　　　　C. d = 1　　　　　　D. 语法错误

（2）对于声明"int a = 2, b = 3, c = 5;"，下列表达式中值为2的是_____。

A. (a == b) + (b < c)　　　　　　B. (a + b == c) || !(a > b)

C. (a + b == c) + !(a > b)　　　　D. (a + b == c) && !(a > b)

（3）在下列关于switch结构的阐述中，正确的是_____。

A. 若每个case子结构的最后都不增加break语句，则执行结果与每个case子结构的排列顺序无关

B. 若每个case子结构的最后都增加break语句，则执行结果与每个case子结构的排列顺序无关

C. 若每个case子结构的最后都增加break语句，则执行结果与每个case子结构的排列顺序有关

D. 以上都有道理

（4）用"int a = 5, b = 3;"定义两个变量a和b，并分别给定它们的初值为5和3，则表达式

"b = (a = (b = b + 3) + (a = a * 2) + 5)"

执行后，a和b的值分别为_____。

A. 10, 6　　　　B. 16, 21　　　　C. 21, 21　　　　D. 10, 21

（5）下列关于静态数据成员的叙述中，错误的是_____。

A. 说明静态数据成员时前边要加修饰符static

B. 静态数据成员要在类体外进行初始化

C. 静态数据成员不是能被所有对象所共用的

D. 引用静态数据成员时，要在其名称前加<类名>和作用域操作符

（6）下面关于操作符优先级别的描述中，正确的是_____。

A. 关系操作符 < 算术操作符 < 赋值操作符

B. 关系操作符 < 算术操作符 < 赋值操作符

C. 赋值操作符 < 关系操作符 < 算术操作符

D. 算术操作符 < 关系操作符 < 赋值操作符

（7）下列说法中，正确的是_____。

A. 实例变量是类的成员变量　　　　B. 实例变量是用static修饰的变量

C. 局部变量在函数执行时创建　　　D. 局部变量在使用前必须初始化

2. 判断。

（1）执行语句"cin << a << b;"，将把从键盘上输入的第一个数赋值给 a，把输入的第二个数赋值

给 b。 ( )
（2）在 switch 结构中，所有的 case 必须按其标记值的大小从小到大顺序排列。 ( )
（3）C++表达式 3/5 和 3/5.0 的值是相等的，且都为 double 类型。 ( )
（4）在 switch 语句中，不一定要使用 break 语句。 ( )

代码分析

1. 找出下面各程序段中的错误并说明原因。

（1）
```
if (t > 100)    std::cout << "Hot\n";
else            std::cout << "Warm\n";
else            std::cout << "Cool\n";
```

（2）
```
int a = 2, b = 3;
switch (choiceProgTV)
    case 1;    std::cout << "中央一台\n";
    case 1.5;  std::cout << "山西一台\n";
    case a;    std::cout << "江苏一台\n";
    case b;    std::cout << "无锡一台\n";
```

2. 指出下面各程序的运行结果。

（1）
```
#include <iostream>
void SB (char ch) {
    switch (ch) {
    case 'A': case 'a': std::cout <<"well!"; break;
    case 'B': case 'b': std::cout <<"good!"; break;
    case 'C': case 'c': std::cout <<"pass!"; break;
    default: std::cout <<"nad!"; break;
    }
}
int main () {
    char a1 = 'b',a2 = 'C',a3 = 'f';
    SB (a1);SB (a2);SB (a3);SB ('A');
    std::cout << std::endl;
    return 0;
}
```

（2）
```
#include<iostream>
class Sample{
public:
    int x,y;
    Sample () {x = y = 0;}
```

· 73 ·

```
    Sample (int a,int b) {x = a;y = b;}
    void disp () {
       std::cout << "x=" << x << ",y=" << y << std::endl;
    }
    ~Sample () {
       if (x == y) std::cout << "x=y" << std::endl;
       else std::cout << "x!=y" << std::endl;
    }
};
int main(){
    Sample s1 (2,3);
    s1.disp ();
    if (s1.x == 2)
        return (0);
}
```

3. 下列声明中，哪些是正确的？哪些是错误的？对于错误的，说明错误的原因；对于正确的，说明所声明的变量的类型。

（1）

```
auto i = 0, *p = &i;
auto sz = 0, pi = 3.14;
```

（2）

```
int i = 0, &r = i;
auto a = r;
```

（3）

```
auto &g = ci;
auto &h = 42;
const auto &j = 42;
```

（4）

```
auto k = ci, &l = i;
auto &m = ci, *p = &ci;
auto &n = i, *p2 = &ci;
```

开发实践

采用面向对象的方法设计、求解下列各题的C++程序，要求带有合适的异常处理机制。

1. 简单呼叫器。

呼叫器上有3个按钮：呼叫保安、呼叫保健站、呼叫餐厅。初次使用呼叫器时，要输入数据：呼叫器号码、用户姓名、用户地址。呼叫时，呼叫器会自动发布呼叫者的呼叫器号码、姓名和地址，同时还有用户的呼叫内容。

请编写模拟该呼叫器功能的C++程序，并编写相应的测试主函数。

2. 学习成绩转换器。某学校规定，平时成绩采用百分制，期末学习成绩采用评语制。百分制按照下面的规则向评语制转换。

- 百分成绩90分以上为"优秀";
- 百分成绩80～89分为"良好";
- 百分成绩70～79分为"中等";
- 百分成绩60～69分为"及格";
- 百分成绩59分及以下为"不及格"。

请用switch结构实现这个学习成绩转换器。

3. 一元二次方程求解。

探索验证

1. C++表达式4/7和4.0/7的值是否相等？它们的操作结果都是什么类型？
2. 查找资料，了解C++中有哪些操作符，并与已经学习过的操作符进行优先级别和结合性比较。
3. 在函数声明或定义的前面使用关键字void，表明什么？
4. 在多重嵌套的if-else结构中，若有某些是缺少else分支的，还有一些是不缺少else分支的。请问如何进行else与if的正确配对？
5. 下面是一个判断参数是否为奇数的函数，请分析这个函数是否可行。

```
int isodd (int i) {
    return i % 2 == 1;
}
```

6. 下面是试图对char *p与"零值"进行比较的6种if语句，试分析它们的优劣。

（1）if (p == 0)　　　　　　　　（2）if (p != 0)

（3）if (p == NULL)　　　　　　（4）if (p != NULL)

（5）if (p)　　　　　　　　　　（6）if (!p)

第 3 单元 素数产生器

素数（prime number，prime）又称质数，是在大于 1 的整数中，除了 1 和它本身外，不再有别的约数的数。素数产生器的功能是输出一个自然数区间中的所有素数。

3.1 问题描述与对象建模

3.1.1 对象建模

本题的意图是建立一个自然数区间，如图 3.1 所示的[11, 101]、[350, 5500]、[3, 1001]等区间内的素数序列（prime series）。把每一个正整数区间的素数序列作为一个对象，则对这个问题建模，就是考虑定义一个具有一般性的素数产生器——PrimeGenerator 类。这个类的行为是产生一个素数序列的函数 getPrimeSequence( )。这个类中不同对象的区别是每个对象的区间下限（lowerNaturalNumber）和区间上限（upperNaturalNumber）不同。于是，可以得到图 3.2 所示的 PrimeGenerator 类初步模型及其声明代码。

图 3.1 不同的求素数对象

代码 3-1 PrimeGenerator 类初步模型声明。

```
class PrimeGenerator {
  int lowerNaturalNumber;
  int upperNaturalNumber;
public:
  void getPrimeSequence ();
}
```

PrimeGenerator
– lowerNaturalNumbe:int
– upperNaturalNumber:int
+ PrimeGenerator()
+ getPrimeSequence ():void

图 3.2 PrimeGenerator 类初步模

3.1.2 getPrimeSequence( )函数的基本思路

getPrimeSequence( )函数的功能是给出 [lowerNaturalNumber,upperNaturalNumber] 区间内的素数序列。基本思路是，从 lowerNaturalNumber 到 upperNaturalNumber，逐一对每一个数进行测试，看其是否为素数。如果是，则输出该数（用不带回车的输出，以便显示出一个序列）；否则，继续对下一个数进行测试。

每次测试使用的代码相同，只是被测试的数据不同。也就是说，这样一个函数中的代码要不断重复执行，直到达到目的为止。这种程序结构称为重复结构，也称循环结构。

在实现 getPrimeSequence( )函数时有如下两种考虑。

（1）用 isPrime( )判定一个数是否为素数。

为了将 getPrimeSequence( )函数设计得比较简单，把测试一个数是否为素数的工作也用一个函数 isPrime( )进行。所以 getPrimeSequence( )函数就是重复地对区间内每个数用函数 isPrime( )进行测试。

isPrime( )函数用来对于某个自然数进行测试，看其是否为素数。其原型应当为："bool isPrime(int number);"。

测试一个自然数是否为素数的基本方法是：把这个数 number 依次用 2~number/2 去除，只要有一个能整除，该数就不是素数。

所以，这两个函数都要采用重复结构。

（2）在 getPrimeSequence( )函数中直接判定一个数是否为素数。

下面分别来讨论。

3.2 使用 isPrime( )的 PrimeGenerator 类实现

C++有 3 种重复控制结构：while、do-while 和 for。不管哪种重复结构，都要包含如下用于控制重复过程的三部分内容：初始化部分、循环条件和修正部分。

在 2.6 节中，已经讨论过 while 结构和 do-while 结构的用法。下面讨论用 for 结构实现 getPrimeSequence( )和 isPrime( )函数的方法。

3.2.1 用 for 结构实现的 getPrimeSequence( )函数

如前所述，循环结构是通过初始化部分、循环条件和修正部分来控制循环过程的。while 结构和 do-while 结构将这 3 部分分别放在不同位置，而 for 结构则把这 3 个部分放在一起，形成如下形式：

```
for (初始化部分；循环条件；修正部分) {
    循环体
}
```

这样，可以对循环过程的控制一目了然，特别适合用于循环次数可以预先确定的情况。所以也把 for 循环称为计数循环。

代码 3-2 采用 for 结构的 getPrimeSequence( )代码。

```
void PrimeGenerator::getPrimeSequence () {
  std::cout << lowerNaturalNumber << "到"
        << upperNaturalNumber << "之间的素数序列为：";
  for(int m = lwerNaturalNumber; m <= upperNaturalNumber; m ++)    //循环控制
      if (isPrime (m))
          std::cout << m << ",";
}
```

说明：

（1）for 结构也称计数型重复结构。当重复具有明显的计数特征时，采用 for 结构意义更为明确。

（2）在 C++中，表达式 m = m + 1，可以简化为 m += 1。"+ ="称为"赋值加"，是加和赋值的组合操作符。如 i += 5，相当于 i = i + 5。除赋值加外，复合赋值操作符还有："- ="、"*="、"/="等。复合赋值操作符的优先级别与赋值操作符相同。注意，任何由两个字符组成的操作符（如"= ="、">="、"<="、"!="以及复合赋值操作符等）作为一个整体，字符之间不能加空格。

（3）m = m + 1 还有一种更简洁的表示形式：++m 或 m ++，"++"称为增量操作符或自增操作符。与增量操作符"++"对应的是减量操作符"- -"，或称自减操作符。

（4）这个重复（循环）结构的基本作用是对一个自然数区间中的每一个数都进行是否为素数的测试。这种思路称为穷举。在这个穷举过程中，每测试完一个自然数后，就通过 i++这样的操作来找到下一个自然数。这种在一个值的基础上通过某种操作找后一个值的过程成为迭代。穷举和迭代是重复结构的两个基本用途，也是一切计算机算法的基础。

代码 3-2 中设计的 getPrimeSequence( )代码疏忽了一个问题：没有考虑用户给出的区间下限小于 2 的情况，也没有考虑给出的区间上下限反置的情况。下面的代码弥补了这一缺陷。

代码 3-3 考虑下限小于 2 时进一步完善的 getPrimeSequence ()代码。

```
void PrimeGenerator::getPrimeSequence(){
  std::cout << lowerNaturalNumber << "到" << upperNaturalNumber << "之间的素数序列为：");
  if ( lowerNaturalNumber > upperNaturalNumber){      //区间界限输入颠倒时交换
      int temp = lowerNaturalNumber;
      lowerNaturalNumbe = upperNaturalNumber;
      upperNaturalNumber = temp;
  }
  for(int m = lwerNaturalNumber; m <= upperNaturalNumber; m ++)
    if (lowerNaturalNumber < 2)
        continue;                                      //短路一次，循环中后面的部分
    if (isPrime (m))
        std::cout << m << ",";
}
```

3.2.2 用 for 结构实现的 isPrime( ) 函数

isPrime( )函数是用从 2 到 number/2 之间的数，依次去除被检测的数 number。若有一个数能整除 number 就可以判定 number 不是素数。这个重复过程具有明显的计数特征，所以应采用 for 结构。

代码 3-4 采用 for 结构的 isPrime( )方法。

```
bool PrimeGenerator::isPrime (int number) {
    for (int m = 2;  m < number; m ++) {
        if (number % m == 0) {
            return false;           //发现 number 能被一个数整除，就断定它不是素数
        }
    }
    return true;                    //测试结束还没有被任何数整除，断定其为素数
}
```

3.2.3 完整的 PrimeGenerator 类及其测试

代码 3-5 PrimeGenerator 类界面声明。

```
//文件名：prime01.h
class PrimeGenerator {
    int lowerNaturalNumber;
    int upperNaturalNumber;
public:
    PrimeGenerator(int,int);
    void getPrimeSequence ();
    static bool isPrime(int);
};
```

代码 3-6 PrimeGenerator 类的实现。

```
#include "prime01.h"
#include <iostream>

PrimeGenerator::PrimeGenerator(int lNum,int uNum){
        lowerNaturalNumber = lNum;
        upperNaturalNumber= uNum;
}

void PrimeGenerator::getPrimeSequence () {
    std::cout << lowerNaturalNumber << "到" << upperNaturalNumber << "之间的素数序列为：";
    for(int m = lowerNaturalNumber;m <= upperNaturalNumber; m ++)    //循环控制
        if (isPrime(m))
            std::cout << m << ",";
}

bool PrimeGenerator::isPrime (int number) {
```

```
    for (int m = 2; m < number; m ++) {
        if (number % m == 0) {
            return false;        //发现number能被一个数整除,就断定它不是素数
        }
    }
    return true;                 //测试结束还没有被任何数整除,断定其为素数
}
```

代码 3-7　PrimeGenerator 类测试代码。

```
#include "prime01.h"
#include <iostream>

int main() {
    PrimeGenerator psg(3,1000);
    psg.getPrimeSequence () ;

    return 0;
}
```

测试结果如下:

```
3到1000之间的素数序列为: 3,5,7,11,13,17,19,23,29,31,37,41,43,47,53,59,61,67,71,7
3,79,83,89,97,101,103,107,109,113,127,131,137,139,149,151,157,163,167,173,179,18
1,191,193,197,199,211,223,227,229,233,239,241,251,257,263,269,271,277,281,283,29
3,307,311,313,317,331,337,347,349,353,359,367,373,379,383,389,397,401,409,419,42
1,431,433,439,443,449,457,461,463,467,479,487,491,499,503,509,521,523,541,547,55
7,563,569,571,577,587,593,599,601,607,613,617,619,631,641,643,647,653,659,661,67
3,677,683,691,701,709,719,727,733,739,743,751,757,761,769,773,787,797,809,811,82
1,823,827,829,839,853,857,859,863,877,881,883,887,907,911,919,929,937,941,947,95
3,967,971,977,983,991,997,
```

3.3　不使用 isPrime( ) 的 PrimeGenerator 类实现

3.3.1　采用嵌套重复结构的 getPrimeSequence( ) 函数

若不使用 isPrime( ) 函数,则 getPrimeSequence( ) 函数将成一个嵌套的重复结构。

代码 3-8　采用嵌套重复结构的 getPrimeSequence( ) 函数。

```
#include "prime02.h"
#include <iostream>

PrimeGenerator::PrimeGenerator(int lNum,int uNum){
        lowerNaturalNumber = lNum;
        upperNaturalNumber= uNum;
}

void PrimeGenerator::getPrimeSequence(){
    std::cout << lowerNaturalNumber << "到" << upperNaturalNumber << "之间的素数序列为: ";
    for(int m = lowerNaturalNumber;m <= upperNaturalNumber; m ++){
        bool flag = true;
```

```cpp
        for (int n = 2; n < m; n ++) {
            if (m % n == 0) {
                flag = false;           //能被一个数整除，就断定它不是素数
                break;
            }
        }
        if(flag == true)
            std::cout<< m<<",";
    }
}
```

代码 3-9 修改的 PrimeGenerator 类声明。

```cpp
//文件名：prime02.h
class PrimeGenerator{
    int lowerNaturalNumber;
    int upperNaturalNumber;
public:
    PrimeGenerator(int,int);
    void getPrimeSequence ();
    //bool isPrime(int);              //注释掉该行
};
```

测试代码和结果与代码 3-7 同。

说明：

（1）在代码 3-8 中，为了测试一个数是否为素数，采用了一个标记变量 flag。流程一旦进入外 for 循环中，就会定义一个 flag，并将其初始化为 true。在内 for 循环中，一旦发现被测试数不是素数，便将 flag 置 false，并用 break 跳出内循环；否则会一直到对被测试数进行完全测试后才退出内循环。在内循环外，首先检测 flag 有无改变。若无改变，则打印被测试数，然后跳到外循环的增量处取下一个数测试；若有变化，则直接跳到外循环的增量处取下一个数测试。

（2）在这个函数中，变量 *m* 定义在 for 循环体之前（属初始化部分），其作用域为函数作用域。*n* 和 flag 都定义在内 for 循环体前、外循环之内，具有语句作用域。

3.3.2 重复结构中的 continue 语句和 break 语句

在代码 3-3 中使用了 continue 语句，在代码 3-8 中使用了 break 语句。这两个语句的功能如图 3.3 所示。

continue 语句的作用是短路循环体中后面的语句，转入下一轮的判断、循环。break 语句的作用是结束当前的循环。

这两种操作都是在一定条件下才需要执行，所以在循环体中这两个语句常与 if-else 结构相配合。

注意：

（1）break 只对循环和 switch-case 结构有效。

（2）当结构嵌套时，break 语句只对当前一层循环或 switch-

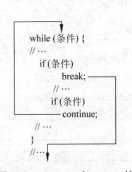

图 3.3 continue 与 break 的

case 结构有效。

3.4 知识链接

3.4.1 C++操作符

1. C++操作符分类

C++从C语言中继承了丰富的操作符（详见附录B）。这些操作符可以从不同的角度进行分类。

（1）按照操作功能，可以分为如下类型。
- 算术操作符，如"+(正)"、"–（负）"、"+"、"–"、"*"、"/"、"%"等。
- 关系与判等操作符，如">"、">="、"=="、"<="、"<"、"!="。
- 逻辑操作符，如"&&（与）"、"||（或）"、"!（非）"。
- 赋值操作符，如"="等。
- 成员操作符，如".(直接成员操作符)"等。
- 函数调用操作符："()"。
- 插入、提取操作符："<<"、">>"。
- 其他，如"*"、"&"等。

（2）按照操作对象的数量，可以分为如下类型。
- 一元操作符，如"+(正)"、"–（负）"、"!"、"*"、"&"等。
- 二元操作符，如"+"、"–"、"*"、"/"、"%"、">"、">="、"=="、"<="、"<"、"!="、"&&"、"||"、"="等。
- 三元操作符，只有条件操作符"?:"。

2. C++操作符与数据类型

前面在介绍数据类型的意义时曾经介绍，数据类型决定了数据可以施加的操作的类型，即每一种操作符都有其适合的数据类型。因此，编译器进行数据类型检测时，就包括了判断哪种操作符可以应用到哪一种数据。

表3.1给出了一些常用操作符与常用数据类型之间的搭配关系。

表3.1 常用操作符与常用数据类型之间的搭配关系

操作符 \ 数据类型	bool	char	int	double	string
=	√	√	√	√	√
>、>=、==、<、<=、!=	√	√	√	√	√
>>、<<	√	√	√	√	√
+、+=					√（连接）
–、*、/、++、--、+=、–=、*=、/=		√	√	√	
%		√	√		

说明：这些搭配关系是 C++预定义的。由于类也是类型，是程序员自己定义的类型，为了将这些预定义的操作符应用到程序员自己定义的类型上，C++提供了一种操作符重载的机制。有关内容会在后面介绍。

3. "++"的前缀形式与后缀形式

增量操作符有两种形式：前缀形式和后缀形式。

前缀增量操作符是先增量后使用。如++i 执行的过程是 i = i + 1，即最后返回的是 i。所以，++i 是一个左值表达式。

后缀增量操作符是先使用后增量。如 i++执行的过程是：先产生一个临时变量记录 i 的值，再执行+1，最后返回的是临时变量的值，而最后相当于一个表达式 i + 1。所以 i ++，不能再被赋值，是右值表达式。

代码 3-10　i ++与++ i 的比较。

```
#include <iostream>

int main(){
    int i1 = 1, i2 = 1;
    std::cout << "++ i1 = " << ++ i1 << std::endl;
    std::cout << "i2 ++ = " << i2 ++ << std::endl;
    //std::cout << "i2 ++ = 5" << i2 ++ = 5 << std::endl;
    return 0; return 0;
}
```

测试结果如下。

```
++ i1 = 2
i2 ++ = 1
```

但若去掉注释，将出现如下错误。

```
[Error] invalid operands of types 'int' and '<unresolved overloaded function type>' to binary 'operator<<'
```

3.4.2　具有副作用的表达式与序列点

1. 表达式的副作用

表达式是 C++程序中关于数据的一种存在与表示形式。即表达式的本质是求值。但是，如果表达式在求值的过程中对环境进行了修改，这就产生了副作用（side effect）。最常见的副作用就是表达式在求值的过程中对变量的值进行了修改。例如：

```
int a = 3;
a = 5;                  //修改了 a 的值
b = a = 6
```

这里，表达式 a = 5 的本质作用是求值，即这个表达式的值为 5。表达式 b = a = 6 被解释为 b = (a = 6)，即表达式 a = 6 的求值结果为 6。但是，在这个求值过程中，它将变量 a 的值由

5 修改为了 6。这就是这个赋值表达式的副作用。

赋值表达式的副作用在某些情况下会给计算带来莫名其妙的结果。

2. 未定义的子表达式求值顺序

前面介绍的优先级、结合性和强制结组，是影响表达式求值顺序的最普遍规则。但是，对于一个表达式中的子表达式的求值顺序，C++是没有定义的。例如在表达式 int a = f(x) + g(y) 中，C++没有定义是先进行 f(x) 的求值，还是先进行 g(y) 的求值。

再如，在表达式 (a = a + b) / (a = a – b) 中，C++也没有定义是先进行 a = a + b 求值，还是先进行 a = a – b 的求值。于是，会有下述两种情况出现。

（1）若先对于 a = a + b 求值，并且变量 a 与 b 的值均 5，则可以得到 10 / 5，即 2。

（2）若先对于 a = a – b 求值，并且变量 a 与 b 的值均 5，则可以得到 5 / 0，将出现异常。

3. 副作用的完成时间与序列点

要想规避未定义行为 + 副作用引起的麻烦，不能领先编译器检查，因为它是实现定义行为；也不能依靠测试发现，因为它不是逻辑错误。唯一能做的是规范操作符本身的行为。为了做到这一点，就要明确一个操作符所有的副作用在何时完成：有些操作符的副作用是在主操作的同时完成的，例如=、前缀++、前缀−−；而有些操作符的副作用是在该操作符的主作用完成之后完成的，例如后缀的++和−−。但是，这些之后完成的副作用要之后到什么时刻呢？标准没有具体说明。不过程序语言通常都规定了副作用完成的最晚实现时刻——称为序列点（sequence point）、序点、时间点、顺序点以及执行点。C++要求在序列点上，该点之前所有运算的副作用都应该结束，并且后继运算的副作用还没有发生。

C++的主要序列点有：

（1）函数调用时，实际参数求值完毕，函数被实际函数调用前。

（2）操作符&&、||、?：中的?和逗号操作符的第一个运算对象计算之后。

（3）完整表达式（full expression）操作结束的时间点是序列点。完整表达式即它不是子表达式，而子表达式就是表达式中的表达式。下面的表达式是完整表达式。

- 初始化表达式；
- 表达式语句中的表达式；
- 选择语句（if 或 switch 如或切换）的控制表达式；
- while 或 do 语句中的控制表达式；
- for 语句头部的三个表达式；
- return 语句中的表达式；

（4）完整的声明结束时。

（5）库函数即将返回之时。

4. 序列点对于求值顺序的影响

有了序列点概念，编译器在决定一个可能含有序列点的表达式求值的计算顺序时，要先考虑序列点，再根据优先级别和结合性决定。规则如下：

（1）对于一个序列点，要先对其左侧的表达式求值。

（2）当一个表达式中有多个序列点时，先对哪个序列点进行考虑，，还是未定义行为。

3.4.3 算术类型转换

1. 类型转换

数据类型转换（cast）就是将某种类型的数据转换为另外的一种类型。C++的数据类型转换有两种形式：隐式类型转换（implicit conversion）和显式（explicit conversion）类型转换。隐式类型转换也称为自动类型转换，即这种转换在程序代码中是看不出来的，完全由编译器根据具体情况自动进行。

2. 算术类型的隐式转换的基本规则

C++丰富的数据类型（15种整型和3种浮点类型）给用户带来很大灵活与方便，但使计算机处理变得十分复杂和混乱。为应对这种情形，C++在执行数据传送和二元计算时，编译器将自动进行类型转换。C++编译器根据不同的情况，会分别应用如下转换规则。

（1）类型规范化转换。主要是整型提升（integral promotion）规则，即将 bool、char、unsigned char、signedshort 和 short 类型的数据被自动转换成 int 类型。这种类型转换主要用于表达式计算以及函数参数传递时。除了整型提升，传统 C 语言中还有浮点类型提升，即在表达式计算或参数传递时，总是将 float 类型转换为 double 类型。

（2）目标类型一致转换，即数据传递时，要把被传递数据转换为目的数据类型。这种转换主要用于下列情况。

- 赋值操作：赋值号右边的数据转换为左边变量所属类型。
- 初始化：初始化数据的类型转变为被初始化变量的类型。
- 参数传递：实际参数根据原型进行类型转换。
- 函数返回：先对 return 表达式进行计算，然后再把数据类型转换为函数定义的返回类型。

（3）向高看齐原则，即在不同数据类型进行二元计算时，编译器会在规范化转换的基础上，将低类型的数据转换为高类型的数据。由于不同系统在处理数据类型的存储空间大小的策略的区别，都根据具体情况制订了自己的转换规则——校验表。C++11 校验表如下。

```
if（一个操作数为 long double 类型）
    另一个操作数转换为 long double 类型；
else if（一个操作数为 double 类型）
    另一个操作数转换为 double 类型；
else if（一个操作数为 float 类型）
    另一个操作数转换为 float 类型；
else if（一个操作数为 float 类型）
    另一个操作数转换为 float 类型；
else    //执行整型提升
{
    if（两个数都是有符号或都是无符号）
        将级别低的转换为级别高的类型；
```

```
if （一个数有符号低级别，另一个是无符号高级别）
    将级别低的有符号操作数转换为无符号操作数所属类型；
else if （有符号类型可表示无符号类型所有可能取值）
    将无符号操作数转换为有符号操作数所属类型；
else
    将两个操作数都转换为有符号类型的无符号版本；
}
```

C++编译器按照自己的校验表处理表达式中的数据类型转换。

代码 3-11　演示算术类型转换规则。

```cpp
#include <iostream>
using namespace std;

int fun(double a,int b){        //参数传递时进行目标一致转换
    return (a + b);             //先执行向高看齐转换，再按目标一致原则转换为int类型
}
int main(){
    float x = 2,y('a'),z;       //初始化时进行目标一致转换
    cout << (z = fun (x,y))     //接收返回数据时进行目标一致转换
        << endl;
    return 0;
}
```

演示结果如下。

```
99
```

3. 目标类型一致转换的危险

目标类型一致转换可能会导致所传送数据的类型升级，也可能导致其类型降级（demotion）。所谓"降级"，是指等级较高的类型被转换成等级较低的类型。类型升级通常不会有什么问题，但是类型降级却会带来精度损失问题。例如：

```cpp
char ch = 98765;
```

将 98765 降级为 char，但 char 无法表示。遇到这种情况，有的编译系统（如 Visual C++）会发出如下警告信息（有的编译器发出错误信息，有的则根本不报错）：

```
warning C4305: 'initializing' : truncation from 'const int' to 'char'
warning C4309: 'initializing' : truncation of constant value
```

类似的情况还有，例如人们经常将 int 类型的数据（如 67）保存在 char 类型变量中，将 char 数据保存在 int 类型变量中，将 bool 类型的值赋给整型（short、int 或 long）变量，将整型数据赋值给 bool 变量等。过去人们认为这些情况有特殊用途。但是，从可移植性角度和程序的安全性考虑，在一个表达式中混用不同类型都是应当尽量避免的。

4. static_cast

static_cast 是 C++推荐的强制数据类型转换操作符。其格式如下：

```
static_cast <目标数据类型>（源数据类型表达式）
```

例如：

```
static_cast<double> (5) / 3;
```

3.4.4 类型转换构造函数与 explicit 关键字

1. 类型转换构造函数举例

类型转换构造函数（conversion constructor fuction）是能够实现其他类型向本类类型的构造函数。

代码 3-12 定义人民币类 RMB，其成员有元（yuan）、角（jiao）、分（fen），并可以进行人民币的加、减运算。

```
#include <iostream>
using namespace std;

class RMB {
    int    yuan,jiao,fen;
public:
    RMB (int y = 0,int j = 0,int f = 0);    //初始化构造函数
    RMB (const RMB& qian);                   //复制构造函数
    RMB (double d);                          //转换构造函数
    double toDouble ();                      //向 double 类型转换函数
    void disp ();                            //输出成员函数
};

RMB :: RMB (int y = 0,int j = 0,int f = 0):yuan (y),jiao (j),fen (f) {
    cout << "调用初始化构造函数。\n";
}

RMB :: RMB(double d){
    cout << "调用转换构造函数实现 double==>RMB 转换。\n";
    yuan = static_cast <int> (d);
    jiao = static_cast <int> ( (d - yuan) * 10);
    fen = ( (d - yuan) * 10 - jiao) * 10;
}

double RMB :: toDouble(){
    cout << "转换 RMB==>double。\n";
    return yuan + jiao / 10.0 + fen / 100.0;
}

void RMB :: disp(){
    cout << yuan << "元" << jiao << "角" << fen << "分\n";
}
};
```

代码 3-13　测试主函数。

```
int main(){
    RMB rmb1 (123,4,5);rmb1.disp();
    RMB rmb2 (543,2,1);rmb2.disp();
    RMB rmb3;rmb3.disp();
    rmb3 = rmb1.toDouble () + rmb2.toDouble ();    //转换成double再相加,之后转化成RMB类型
    rmb3.disp();
    return0;
}
```

运行结果：

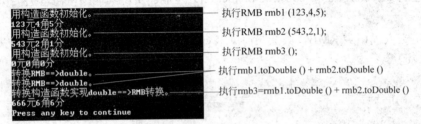

说明：

（1）顾名思义，类型转换构造函数这个名字决定为它应当具有如下性质：

- 它是一个构造函数，所以只能在创建对象时被调用。
- 它用于类型转换，所以是在有类型转换发生时才被调用，创建对象。
- 当数据类型是隐式转换时，它也被隐式调用。

例如在本例中，表达式 rmb3=4mb1.toDouble( )+rmb2.toDouble( )的执行过程如下：

① 分别将 rmb1 和 rmb2 转换为 double 类型进行相加，得 666.66。

② 666.66 遇到赋值号，要进行传递转换——目的一致转换，目的是 RMB 类型，故要隐式调用类型转换构造函数，创建一个临时对象。

③ 调用赋值构造函数（编译器自动提供的），将临时对象赋值给 rmb3。

（2）在本例中，toDouble( )是类型转换函数，而不是类型转换构造函数。类型转换函数是一个普通成员函数（非构造函数），其作用是将一个类对象转换为其他类型，通常要显式调用。

2. explicit 关键字

为了保证程序的安全性，现代程序设计不赞成类型的隐式转换。为此，可以用两种方法来克服类型转换构造函数被隐式调用：

（1）改类型转换构造函数为普通成员函数。

（2）将类型转换构造函数声明为 explicit（显式），要求该类型转换构造函数必须显式调用，以抑制隐式转换。

代码 3-14　explicit 应用实例。

```
class C1 {
```

```
public:
    C1(int n){
        num = n;
    }//普通构造函数
private:
    int num;
};

class C2 {
public:
    explicit C2(int n) {
        num = n;
    }//explicit(显式)构造函数
private:
    int num;
};
```

代码 3-15 测试代码。

```
int main(){
    C1 c1 = 555;           //隐式调用其构造函数,成功
    C2 c2(555);            //显式调用,成功
    return 0;
}
```

测试代码可通过编译。但若改用下面的测试代码

```
int main(){
//  C1 c1 = 555;           //隐式调用其构造函数,成功
    C2 c2 = 555;           //编译错误,不能隐式调用其构造函数
//  C2 c2(555);            //显式调用,成功
    return 0;
}
```

则出现如下编译错误。

```
[Error] conversion from 'int' to non-scalar type 'C2' requested
```

普通构造函数能够被隐式调用。而 explicit 构造函数只能被显式调用。

3. 初始化构造函数、复制构造函数和转换构造函数之间的区别

到此为止,构造函数的种类已经扩充到了三大类:初始化构造函数、复制构造函数和类型转换构造函数。这些形形色色的具有不同意义的构造函数,形成了构造函数重载的多种形式。表 3.2 列出了初始化构造函数、复制构造函数和类型转换构造函数之间的区别。

表 3.2 初始化构造函数、复制构造函数和类型转换构造函数之间的区别

	初始化构造函数	复制构造函数	类型转换构造函数
形式	类名(参数列表)	类名(const 类名& 对象名)	类名(const 其他类名& 对象名)
形参	形参是各数据成员的类型	形参为同类的 const 对象引用	形参为其他类的 const 对象引用

	初始化构造函数	复制构造函数	类型转换构造函数
实参	分别为各数据成员类型值	同类的对象	其他类的对象
调用时间	创建新对象时	• 用已有对象初始化新对象时 • 向函数传递对象参数时 • 函数返回对象时	在表达式中需要进行对象类型转换时

代码 3-16 在 RMB 类中增加复制构造函数。

```cpp
#include <iostream>
using namespace std;

class RMB{
    int yuan,jiao,fen;
public:
    //…其他代码
    RMB (const RMB& qian);        //复制构造函数
};

//…其他代码

RMB :: RMB (const RMB& qian){
    cout << "调用复制构造函数。\n";
    yuan = qian.yuan;
    jiao = qian.jiao;
    fen = qian.fen;
}
```

代码 3-17 测试主函数。

```cpp
int main(){
    RMB qian1 (123,4,5);
    qian1.disp ();
    RMB qian2 (qian1);
    qian2.disp ();
    double qian3 = 543.21;
    RMB qian4 (qian3);
    qian7.disp ();
    return 0;
}
```

运行结果：

```
调用初始化构造函数。
123元4角5分
调用复制构造函数。
123元4角5分
调用转换构造函数实现double==>RMB转换。
543元2角1分
```

注意：

（1）默认构造函数、复制构造函数、赋值操作符重载函数以及析构函数这 4 种成员函数被称作特殊的成员函数。如果用户程序没有显式地声明这些特殊的成员函数,那么编译器将隐式地声明它们。由于派生类中的成员函数可以覆盖基类中的同名成员函数。所以,这些函数都不能被继承。

(2)在一个表达式中,初始化操作优先于赋值操作。

(3)用对象作参数时,应改用对象的引用,可以提高函数的效率,避免生成临时对象的开销。

3.4.5 表达式类型的推断与获取:auto 与 decltype

C++是一种强类型语言,它要求每个表达式都有特定的类型,并且要求声明变量或对象时,必须指定其类型。但是有时并不需要一定要明确是什么类型,有时需要用一个已有表达式的类型去定义一个变量。为此,C++11 提供了两个关键字 auto 和 decltype,来要求编译器自动推断表达式和获取一个表达式的类型。

1. auto

在 C++11 之前,auto 关键字用来指定变量的存储期属性。在 C++11 中,它成了一个类型的占位符,其基本功能是通知编译器去根据初始化代码推断所声明变量的真实类型。例如:

```
auto i = 42;                    //i 是 int 类型
auto l = 42LL;                  //l 是 long long 类型
auto emp = new Employee();      //emp 是 Employee 类型
auto s("hello");                //s 的类型为 string
```

需要说明,在 C++14 中,auto 的作用进一步扩大,其中一个重要的作用是函数返回类型推导。这意味着,程序员写函数时,不一定非要写一个具体的返回类型,只要写一个 auto 就可以了。这种机制实际上是将类型安全机制交由编译器承担。

2. decltype

decltype 是一个操作符,它可以获取一个表达式的类型,格式为:

```
decltype (表达式);
```

decltype 的用途是用获取的类型,来声明一个变量或对象。例如在下面的语句中

```
decltype(f()) sum = x;          //sum 的类型就是函数 f 的返回类型
```

编译器并不实际调用函数 $f()$,仅使用当调用发生时 $f()$的返回值类型作为 sum 的类型。即编译器为 sum 指定的类型就是假如 $f()$被调用将会返回的那个类型。所以,decltype 关键字的作用是推导表达式的类型。

说明:decltype 的推导结果会与给定的表达式的特征有关。因此,decltype 在返回类型前,先要对所操作的表达式进行分类推导。粗略地说,主要规则有如下几条:

（1）如果所操作的表达式是标识符表达式（id-expression，即指向一个局部变量、命名空间作用域变量、静态成员变量以及函数参数）或类成员访问表达式，则返回的就是这些标识符被声明的类型，记作 T。

（2）如果所操作的表达式是一个左值表达式（不包括标识符表达式和类成员访问表达式），则返回的就是这些表达式类型的引用，记做 T&。

（3）如果所操作的表达式是一个右值表达式（字面量或临时对象），则返回所操作表达式的实际类型，记做 T。

（4）还有些情况下返回 T&&（右值引用）。将在 11.3 节介绍。

例如，对于下面的声明

```
const int& foo();
const int bar();
int i;
struct A {double x ;};
const A* a = new A();
```

有如下一些推导结果：

```
decltype(foo()) x1;      //类型为 const int&，规则（1）
decltype(foo()) x2;      //类型为 int，规则（1）
decltype(a -> x) x4;     //类型为 double，规则（1）
decltype(a -> x) x5;     //类型为 const double&，规则（2）
decltype(i) x3;          //类型为 int，规则（1）
decltype((i)) x6;        //错误：推导出(i)的类型为 int &，欲将 b 定义为 int &，但无初始化
```

可以看出，一个标识符表达式或类成员访问表达式加上括号后，就不再是标识符表达式或类成员访问表达式。

3.4.6 C++语句

语句是程序中可以执行的最小单元。C++语言将语句分为如下几类。

（1）声明语句。在 C++程序中，要使用一个标识符之前，必须先让编译器知道这个标识符的含义，即告诉编译器名字的类型，即先声明（定义）后使用。

（2）表达式语句。在程序中，由常量、变量、函数和操作符组成的式子称为表达式。在表达式后面加上一个分号，就成为一个表达式语句，例如"a = b + 5;"。

（3）空语句。只有一个分号，没有其他内容，也可以成为一个语句，称为空语句。空语句有一些特殊的用途，如只表示一个语句的位置（如向 goto 语句提供跳转的目的位置——本书不介绍这种语句）等。

（4）复合语句。也称块语句，是用花括号声明和语句序列，在语法上相当于一个简单语句。例如，将其作为循环体或条件语句中的一个分支等。复合语句虽然是语句的一种，但最后是以后花括号结尾，而不是以分号结尾。通常，一个块语句为一个作用域，即在这个区间定义的变量只能在这个区间使用。

（5）程序流程控制语句。程序流程控制语句的作用是改变程序执行的顺序。在程序中，

一般语句都是按照书写的顺序执行的。但是为了某种需要，可以使程序流程产生改变。前面已经用过的 if 语句、switch 语句、while 语句、do-while 语句、for 语句、break 语句、continue 语句以及函数的调用和返回等就是流程控制语句。

习 题 3

概念辨析

1. 从备选答案中选择下列各题的答案。

（1）循环体至少被执行了一次的语句为_____。

    A. for循环   B. while循环   C. do循环   D. 任一种循环

（2）下列关于for循环和while循环的说法中，正确的是_____。

    A. while循环能实现的操作，for循环也都能实现

    B. while循环判断条件一般是程序结果，for循环判断条件一般是非程序结果

    C. 两种循环任何时候都可替换

    D. 两种循环结构中都必须有循环体，循环体不能为空

（3）设 float x = 1, y = 2, z = 3，则表达式 y += z-- / ++ x 的值为_____。

    A. 3   B. 3.5   C. 4   D. 5

（4）i++ 与 ++i，_____。

    A. i++ 是先增量，后引用；++i是先引用，后增量

    B. i++ 是先引用，后增量；++i也是先引用，后增量

    C. i++ 是先引用，后增量；++i是先增量，后引用

    D. i++ 是先增量，后引用；++i也是先增量，后引用量

（5）执行break语句，_____。

    A. 从最内层的循环退出   B. 从最内层的switch退出

    C. 可以退出所有循环或switch   D. 从当前层的循环或switch退出

（6）在C++中，可以跳出当前多重嵌套循环的是_____。

    A. continue   B. break   C. return   D. 方法调用

（7）类成员函数的存储分配和类数据成员的存储分配，_____。

    A. 两者都是编译时按照对象声明语句进行的

    B. 两者都是编译时按照类声明进行的

    C. 前者在运行时按照类声明进行存储分配，后者在编译时根据对象声明进行存储分配

    D. 前者在编译时按照类声明进行存储分配，后者在程序运行中根据对象声明进行存储分配

（8）有以下定义

```
char a; int b; flcat c; double d;
```

则表达式 a*b+d-c*b 的类型为_____。

    A. float   B. int   C. char   D. double

2. 判断。

（1）自增运算符"++"，即可以用于变量的自增又可以用于常量的自增。　　　　（　）
（2）continue 语句用在循环结构中表示继续执行下一次循环。　　　　　　　　（　）
（3）break 语句可以用在循环和 switch 语句中。　　　　　　　　　　　　　　（　）
（4）C++类中不能存在同名的两个成员函数。　　　　　　　　　　　　　　　（　）
（5）若有"int i = 10, j = 0;"则执行完语句"if (j = 0) i ++; else i − −;"后，i 的值为 11。（　）
（6）若有"int i = 10, j = 2;"则执行完语句"i *= j + 8;"后，i 的值为 28。　　（　）
（7）在变量声明前加关键字 static，表明该变量的值不可改变。　　　　　　　（　）
（8）函数体内声明的静态变量，至多只会被初始化一次。　　　　　　　　　　（　）
（9）成员函数内的静态变量与该函数的寿命是一致的。　　　　　　　　　　　（　）

※ 代码分析

1. 找出下面各程序段中的错误并说明原因。

对于声明"int a = 1;"，找出下面各程序行中的错误。

（1）while (a < 5): (std::cout << "a=" <<a); a ++}
（2）while (a < 5)　　{std::cout << "a=" <<a}; a − −}
（3）while (a > 5)　　{std::cout << "a="<<a ;a − −}
（4）for (a, a <= 10, a ++) std::cout << "a=" <<a
（5）for (a, a <=10, a − −) std::cout << "a=" <<a
（6）for (a; a > 3; a − −)std::cout << "a=" <<a;
（7）do { std::cout << "a=" << a; a ++}while (a > 3)
（8）do std::cout << "a=" << a; a ++; while (a < 3);

2. 指出下面各程序段的运行结果。

（1）
```
int a = 3;
while (a -- > 0)
    std::cout << a << " ";
```

（2）
```
int a = 1;
while (a > 0) {
    std::cout << a << std::endl;
    a -= 3;
}
```

（3）
```
for (int i = 1;i < 5; i ++)
    std::cout << (2 * i) << " ";
```

（4）
```
int n = 1024;
```

（5）
```
int log = 0;
for (int i = 1;i < n; i *= 2)
    log ++;
std::cout << n << " "
         << log << std::endl;
```

（6）
```
int a = 1;
do
    std::cout << a << " ";
while (a ++ > 0);
```

（7）
```
int a = 10;
do {
    std::cout << a << std::endl;
    a -= 3;
}while (a > 0);
```

3. 下列声明中，哪些是正确的？哪些是错误的？对于错误的，说明错误的原因；对于正确的，说明所声明的变量的类型。

（1）
```
auto i = 0, *p = &i;
auto sz = 0, pi = 3.14;
```

（2）
```
int i = 0, &r = i;
auto a = r;
```

（3）
```
auto &g = ci;
auto &h = 42;
const auto &j = 42;
```

（4）
```
auto k = ci, &l = i;
auto &m = ci, *p = &ci;
auto &n = i, *p2 = &ci;
```

4. 指出下面的代码中每一个变量的类型以及程序结束时它们各自的值。

```
int a = 3, b = 4;
decltype(a) c = a;
decltype((b)) d = a;
++c;
++d;
```

开发实践

1. 某电子门锁在出厂时设置了密码，不过以后还可以再由用户重新设置密码。开启电子门锁时，只要输入正确的密码，门就可以自动打开。请用C++程序模拟该电子门锁。

2. 给定两个整数，找出这两个整数区间内能被3、5、7同时整除的数。

3. 百马百担问题：有100匹马，驮100担货，大马驮3担，中马驮2担，2匹小马驮1担，问有大、中、小马各多少？请设计求解该题的C++程序。

4. 报站器。某路公共汽车，途经n个车站，车上配备一个报站器。报站器有如下功能。

（1）车子发动，报站器会致欢迎词："这是第×路公交线路上的第×号车，我们很高兴为各位乘客服务。"

（2）每到一个站时，司机按动一个代表站点的数字按钮，报站器会提示乘客："××站到了。要下车的乘客，请从后门下车。"

现设有5个站：长白山站、燕山站、五台山站、泰山站、衡山站。

请用一个面向对象的程序仿真这个报站器，并编写相应的测试用例。

5. 二进制数与十进制数相互转换。

探索验证

1. 请简述以下两个for循环的优缺点。

第一个
```
for (i=0; i++;) {
    if (condition)
        doSomething ();
    else
        doOtherthing ();
}
```

第二个
```
if (condition) {
```

```
for (i=0; i++;)
doSomething ();
}
else {
```

```
for (i=0; i++;)
doOtherthing ();
}
```

2. 若num1 = 5，num2 = 5000，则下面两个循环哪个效率高？说明原因。
   A.   B.

```
int i,j;
for (i = 1; i < num1; i ++)
   for (j = 1; j < num2; j ++)
fun ();
```

```
int i,j;
for (i = 1; i < num2; i ++)
   for (j = 1; j < num1; j ++)
fun ();
```

3. 下面的函数用于确定参数是否为奇数，其中有需要改进之处吗？

```
boolean isOdd (int i) {
   return i % 2 == 1;
}
```

应当如何为这个方法设计测试用例？

4. x = x + 1、x += 1以及x ++，三者中，哪个效率最高？哪个效率最低？为什么？

5. 若后面的标识符都是整数变量，则a、b、a + b、a ++、++ a、100分别是左值还是右值？

第 4 单元　Time 类

4.1　Time 类需求分析与操作符重载

4.1.1　Time 类需求分析

对于 Time 类的行为特征，比较复杂，也是这一单元要介绍的重点，稍后再讨论。这里先对为区分 Time 类对象所需要的数据成员进行分析。

对于 Time 类对象，要它们的时间值区分，即用时（hours）、分（minutes）和秒（seconds）的值区分。对于一个 Time 类对象，可以用构造函数创建。所以 Time 类可以有如下部分声明。

代码 4-1　Time 类的部分声明。

```
class Time {
private:
    int hours;
    int minutes;
    int seconds;
public:
    Time( int hours, int minutes, int seconds);
    // …
};

Time::Time ( int hours, int minutes, int seconds){
    this -> hours = hours;
    this -> minutes = minutes;
    this -> seconds = seconds;
}
```

下面考虑 Time 类的行为，大致可以有以下几种：

（1）两个 Time 对象可以相加、减，例如 time1 + time2、time1 – time2。
（2）一个 Time 对象可以自增，如用 time1 ++模拟秒针跳动。
（3）可以用插入操作符<<将一个时间对象的值插入到标准对象 cout 中。
（4）用赋值操作符将一个对象的值用赋值操作符赋值给另一个对象，如 time1 = time2。

在这几种行为中，都要使用一些操作符，如+、++、<<、=等，要使用它们对 Time 类对象进行操作，可是这些操作符本来是针对预定义数据类型设置的，用它们对 Time 类对象进行操作，显然不可以。要让它们可以对非预定义数据类型进行操作，就需要像函数重载一样，对它们进行重载，赋予它们新的功能。

4.1.2 关键字 operator 与操作符重载

1. 关键字 operator

C++允许对操作符进行重载，是因为它把操作符解释为操作符函数。例如一个操作符"+"，之所以既能进行整数相加，又能用于浮点数相加，可以认为是由于系统预定义了如下一些重载函数原型：

```
int operator + (int, int);
double operator + (double, double);
…
```

因此，操作符"+"的重载就是函数名 operator +的重载。也就是说，只要能够给出关于某种类对象的 operator +()函数的定义，就可以用操作符"+"来连接起两个对象。例如，对于原型

```
Time operator + (Time t1, Time t2);
```

可以给出合理的定义，则可以使用表达式 time1 + time2。

2. 操作符重载函数的基本形式

在 C++面向对象的编程中，函数可以分为成员函数和非成员函数两大类。因此操作符重载函数也可以分为两大类：成员函数形式和非成员函数形式。

（1）使用成员函数形式进行操作符重载的基本特点是：
- 成员函数可以直接访问对象的任何成员；
- 成员函数要由一个类对象调用，并且这个类对象可以默认为函数的一个参数，即函数参数表中可以少一个参数。

（2）使用非成员函数形式进行操作符重载的基本特点是：非成员函数不能直接访问类对象的私密成员。为此必须给予这个函数以特殊身份——可以访问类对象的私密成员。这个方法就是将这个函数定义为特殊的非成员函数——友元函数。

友元函数就是在类声明中使用关键字 friend 修饰这些函数的声明。或者说，在类中，用 friend 修饰一个非成员函数，使这个函数可以作为类的亲友一样访问该类对象的私密成员。

代码 4-2　带有友元函数声明的 Time 类声明。

```
class Time {
private:
    int hours;
    int minutes;
    int seconds;
public:
    Time( int hours, int minutes, int seconds);
    friend Time operator + (const Time &t1, const Time &t2);      // 友元函数声明
    void disp();
};
```

所以，使用成员函数和非成员函数时函数的形式有所不同。有些操作符重载可以使用成员函数形式，也可以使用友元函数形式；但有些操作符重载只能使用成员函数形式，也有一些操作符重载只能使用友元函数形式。

4.1.3 操作符+的重载

操作符+的重载可以采用友元函数形式，也可以采用成员函数形式。

1. 采用友元函数的操作符+重载

代码 4-3 函数 operator + ( ) 的定义。

```
Time operator + (const Time &t1, const Time &t2){
    Time t (0,0,0);
    t. seconds = t1. seconds + t2. seconds ;
    if (t.seconds >= 60) {
        t.minutes ++;
        t.seconds %= 60;
    }
    t.minutes = t.minutes + t1.minutes + t2.minutes;
    if (t.minutes >= 60) {
        t.hours ++;
        t.minutes %= 60;
    }
    t.hours = t.hours + t1.hours + t2.hours;
    return t;
}
```

说明：

（1）这个函数采用了引用参数，目的是减少参数传递时的过大开销。特别是对象有内部指针指向动态分配的堆内存时，一定要按引用传递。

（2）参数用 const 修饰，目的是不允许在函数中对参数进行修改。因为相加只要求两个加数的和，而不是修改两个加数的值。

（3）使用这个关于+操作的重载函数在类 Time 中的声明，要使用 friend 关键字，如代码 4-2 中所示。

（4）Time 类的+重载函数的返回类型必须是 Time 类。这样，才能在一个表达式中连续使用+操作符，如 time1 + time2 + time3。

为了测试这个函数，可以在类 Time 中增添一个成员函数。

代码 4-4 用于输出 Time 类对象值的成员函数。

```
#include <iostream>
void Time::disp(){
    std::cout << this -> hours << ":" << this -> minutes << ":" << seconds << std::endl;
}
```

代码 4-5 一个 Time 类的测试主函数。

```
int main() {
    Time time1(12,59,59);
    Time time2(3,59,59);
    Time time3(5,5,5);
    Time time0(0,0,0);
    time1.disp();
    time2.disp();
    time0 = time1 + time2;
    time0.disp();
    time0 = time1 + time2 + time3;
    time0.disp();
    return 0;
}
```

测试结果如下。

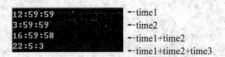

2. 成员函数形式的操作符+重载

如前所述，当类对象作为被操作对象时，操作符的重载函数要少一个参数。

代码 4-6 成员函数形式的 Time 类的操作符+重载函数。

```
Time Time::operator + (const Time & other)const {
    int h = this -> hours + other.hours;
    int m = this -> minutes + other.minutes;
    int s = this -> seconds + other.seconds;
    if(s >= 60)m ++;
    if(m >= 60)h ++;
    return Time(h,m %= 60,s %= 60);                  // 返回一个临时对象,这时将调用构造函数
}
```

对于这个操作符+的重载函数定义，仍然可以使用代码 4-4 进行测试，只是表达式 time1 + time2 将被解释为 time1.operator +(time2)，而使用代码 4-3 中的友元函数形式将被解释为 operator +(time1,time2)。测试结果仍如前。

4.1.5 增量操作符++的重载

增量操作符++是一个一元操作符，它有前缀和后缀两种使用形式。这两种形式的语义不同：

（1）前缀增量操作是先增量、后引用，返回的是可修改左值，可以连续操作。

（2）后缀增量操作是先引用（返回）、后增量，返回的是由原有对象复制的临时对象，操作完成后原来的对象已经被修改。

由于它们的语义不同，它们的重载函数也不相同，要分别体现它们的语义。另外，它们都是既可以通过成员函数形式实现，也可以通过友元函数的形式实现。

1. 增量操作符++的友元函数重载形式

Time 类的增量操作,以秒(second)为单位进行。要求秒计到 60 时,清零并进 1 分;分计到 60 时,清零并进 1 时;时计到 24 时,清零。

代码 4-7 为 Time 类增加后缀和前缀两个友元函数形式的增量操作符。

```cpp
#include <iostream>
// 时间类界面定义
class Time {
public:
    Time (int h = 0,int m = 0, int s = 0)
    {hours = h, minutes = m, seconds = s;}
    friend Time& operator ++ (Time& t);              //前缀增量符重载函数
    friend Time operator ++ (Time& t,int);           //后缀增量符重载函数
    void disp();
private:
    int  hours,minutes,seconds;                       //时、分、秒
};

// 实现代码
#include <iostream>
void Time::disp(){
    std::cout << this -> hours << ":" << this -> minutes << ":" << seconds << std::endl;
}

Time operator ++ (Time& t,int) {                     //后缀增量操作符重载
    Time temp (t);                                   //用临时对象保存增量前的值
    if (! (t.seconds = (t.seconds + 1) % 60))        //判断秒进分
        if (! (t.minutes = (t.minutes + 1) % 60))    //判断分进时
            t.hours = (t.hours + 1) % 24;            //进入下一天
    return temp;                                     //返回保存原值的临时对象值
}

Time& operator ++ (Time& t) {                        //前缀增量操作符重载
    if (! (t.seconds = (t.seconds + 1) % 60))
        if (! (t.minutes = (t.minutes + 1) % 60))
            t.hours = (t.hours + 1) % 24;
    return t;
}
```

说明:

(1)后缀形式和前缀形式的增量操作符重载函数,都是用实参的引用做参数,或者说是用实参的别名作参数,因此在函数中改变的就是实参本身。

(2)后缀形式的增量操作符重载函数返回的是 temp 的值,即参数原来的值,以实现先引用、后增量。而前缀形式的增量操作符重载函数返回的是参数 t,是经过增量的实参的引用,从而实现了先增量、后引用。

(3)前缀形式返回一个引用,并且是在重载函数中被改变过的值,所以返回的是可以

修改的左值。而后缀形式采用值返回，是非左值。

代码 4-8 类 Time 的测试主函数。

```
int main(){
    Time t1(23,59,55);
    for (int i = 0; i <= 5; i++)
        t1++.disp();
    std ::cout << std::endl;
    Time t2(23,59,55);
    for (int i = 0; i <= 5; i++)
        (++t2).disp();
    std ::cout << std::endl;
    return 0;
}
```

测试结果如下：

```
23:59:55
23:59:56
23:59:57
23:59:58
23:59:59
0:0:0

23:59:56
23:59:57
23:59:58
23:59:59
0:0:0
0:0:1
```

2. 增量操作符++的成员函数重载形式

由于一个用成员函数形式作为操作符的重载函数时，应将第 1 参数作为默认的 this 指向的对象，所以后缀增量操作符和前缀增量操作符的重载函数，可以有如下两种形式。

```
X& operator ++ ();                                          //前缀++
X  operator ++ (int);                                       //后缀++
```

代码 4-9 作为 Time 成员函数的前缀增量操作符重载函数。

```
Time& Time::operator ++ () {
    if (! (this -> seconds = (this -> seconds + 1) % 60))
        if (! (this -> minutes = (this -> minutes + 1) % 60))
            this -> hours = (this -> hours + 1) % 24;
    return *this;
}
```

代码 4-10 作为 Time 成员函数的后缀增量操作符重载函数。

```
Time Time :: operator ++ (int ) {                           //后缀增量操作符重定义
    Time temp (*this);                                      //临时对象保存增量前的值
    if (! (this -> seconds = (this -> seconds + 1) % 60))   //判断秒进分
        if (! (this -> minutes = (this -> minutes + 1) % 60))  //判断分进时
```

```
            this -> hours = (this -> hours + 1) % 24;      //进入下一天
        return temp;                                        //返回保存原值的临时对象
}
```

说明：在后缀增量操作符的重载函数中，参数 int 仅仅是为了与前缀增量表达式区别而加入的，除此之外，没有其他作用。

关于它们的使用与测试代码不再给出。

4.1.5 用友元函数实现<<重载

1. 问题的提出

在前面的代码中，使用成员函数 disp() 进行有关对象数据成员的输出。根据问题的需求，还需要一个能实现这个输出功能的操作符<<的重载函数。

令人遗憾的是，插入操作符<<就无法用成员函数实现其重载。什么原因呢？

一个操作符重载函数必须有一个自定义类的参数。当用成员函数形式的操作符重载时，这个自定义类的对象应当是操作符重载函数的第一个参数，即被 this 指向的对象，如对于 Time 类，这个函数的第一参数要求是 Time 类对象。

而对于一个二元操作符的重载函数来说，要求左操作对象是那个类的对象，即这个函数由这个类对象调用，并且返回类型与左操作对象一致。例如对于插入操作符 "<<"，其左操作对象却要求一个输出流对象 cout，它是 ostream 类的一个对象并且声明在头文件 ioatream 中。即 operator<<() 的第一个参数一定是 ostream &类型。因而 operator<<() 的形式应为

```
ostream & operator << (ostream &, 自定义类 &);
```

所以，这两个方面是矛盾的。即无法用成员函数来实现插入操作符<<的重载。对于提取操作符>>也如此。即必须把这种操作符重载函数定义为非成员函数——友元外部函数。

2. 用友元函数实现对 Time 类插入操作符的<<重载

代码 4-11 Time 类对象的插入操作符<<的重载函数。

```
#include <iostream>
std::ostream& operator << (std::ostream& out,const Time& t) {
    out << t.hours << ":" << t.minutes << ":" << t.seconds;
    return out;
}
```

说明：

（1）这个函数的第一个参数是 ostream 类的一个引用。如前所述，使用引用参数不仅可以提高参数传递的效率，还可以在函数中修改调用函数中的数据对象。在本例中，向输出流中插入对象，就是修改输出流。

（2）函数返回类型决定了输出的数据是否还可以修改以及能否实现<<操作符的串接。为了实现串接，要求<<的重载函数一定要返回 ostream 类型。但是，返回 ostream 需要调用 ostream 类的复制构造函数，而 ostream 类没有公开的复制构造函数。所以必须返回 ostreamd.

因为返回 ostream&也同样可以实现串接，却不需要调用 ostream 类的复制构造函数。此外，输出流的串接，与+操作结果的串接不同。+操作的结果不要求其是可以修改的左值。而<< 操作的结果，要求输出流是一个可以修改的左值，因为<< 的串接就是继续向输出流中插入数据。而为了得到可以修改的左值，重载的<<函数也必须返回引用类型。

但是，要返回引用，需要这个引用作为参数引入到函数中。也就是说，这个引用的基对象是在调用者中定义的，作为参数传到函数后，函数实际还是在原来的对象上操作，返回仅仅是最后传了一次修改后的值，即实现了向输出流中的输入。所以函数终结时，不能销毁引用的基对象，只能终结这个引用。

代码 4-12 测试操作符<<的重载函数（注意，在 Time 类声明中，必须加入关于友元函数 operator<<()的声明）。

```
int main(){
    Time t1(23,59,55);
    for (int i = 0; i <= 5; i++)
        std::cout << ++ t1 << std::endl;
    std ::cout << std::endl;
    Time t2(23,59,55);
    for (int i = 0; i <= 5; t2,i++)
        std::cout << t2 ++ << std ::endl;
    std ::cout << std::endl;
    return 0;
}
```

执行结果与代码 4-8 的执行结果相同。

4.1.6 赋值操作符=的重载

1. 赋值操作符的特点

赋值操作符有如下特点：
（1）赋值操作符是一种二元操作符，具有从右向左的结合性。
（2）它的基本语义是产生赋值表达式的值，并用一个对象的值改变目标对象的值，因此其左操作对象（目标对象）应当是一个可改变的左值，并且两个操作对象应当是类型匹配或至少是类型兼容的，有时候希望即使不兼容也要能使操作进行。
（3）它应当可以串接，因此返回类型是可修改的左值。

2. 赋值操作符函数的原型

根据赋值操作符的上述语义和语法特点，按照上述习惯用法，对于 T 类对象，赋值操作符的重载函数具有如下原型：

```
T& operator = (const T&);
```

说明：
（1）用 const 修饰参数，表明在赋值操作符重载函数中不能对右值的成员进行修改。

（2）与<<一样，赋值操作符的返回值必须是一个可以修改的左值，以便可以被继续赋值（即具有形式 o1 = o2 = o3）。因此引用 T&成了这个操作符返回值的惟一选择，而不是返回值类型为 T。这还可以避免传送数据的过大开销。

3. Time 类赋值操作符重载函数的实现

C++规定，赋值操作符重载只能用成员函数实现。这是因为对于一个类来说，当类定义中没有显式定义构造函数、复制构造函数以及赋值操作符重载函数时，编译器会自动为它们生成一个默认的构造函数、复制构造函数以及赋值操作符重载函数。当然，这些函数都是成员函数。因此，要显式定义这些函数，就需要以成员函数的形式定义，否则就不形成重载调用的匹配。

代码 4-13　Time 类的类赋值操作符重载函数。

```
Time& Time:: operator=(const Time& t){
    this -> hours = t.hours;
    this -> minutes = t.minutes;
    this -> seconds = t.seconds;
    return *this;
}
```

代码 4-14　Time 类的类赋值操作符重载函数的测试。

```
int main() {
    Time t1(12,59,59);
    Time t2(3,59,59);
    Time t3(5,5,5);
    std::cout << "t1=" << t1 << ",t2=" << t2 << ",t3=" << t3 << std ::endl;
    t1 = t2 =t3;
    std::cout << "t1=" << t1 << ",t2=" << t2 << ",t3=" << t3 << std ::endl;
    return 0;
}
```

测试结果如下：

```
t1=12:59:59,t2=3:59:59,t3=5:5:5
t1=5:5:5,t2=5:5:5,t3=5:5:5
```

4.1.7　操作符重载的基本规则

操作符重载可以给程序设计带来方便，提高程序的简洁性和可读性。但是，操作符重载不能违背一些基本原则，否则适得其反成为陷阱。下面介绍几个基本原则。

1. 操作符重载限制性原则

（1）只可针对 C++定义的操作符进行，不可以生造非 C++的操作符，例如给##、#等以运算机能。

（2）不可改变操作符的语义习惯，只可以赋予其与预定义相近的语义，尽量使重载的操作符语义自然、可理解性好，不造成语义上的混乱。例如，不可赋予+以减的功能，赋予"<<"以加的功能等，这样会引起混乱。特别是逗号操作符（,）、赋值操作符（=）和地址/引用操作符（&）与预定义的语义必须一致。

（3）不可改变操作符的语法习惯，勿使其与预定义语法差异太大，避免造成理解上的困难。保持语法习惯包括：
- 要保持预定义的优先级别和结合性，例如不可把+的优先级定义为高于*。
- 操作数个数不可改变。例如不能用++对两个操作数进行操作、用+对3个操作数进行操作。
- 注意各操作符之间的联系。如[ ]、*、&、–>等与指针有关的操作符之间有一种等价关系。因此，重载也应维持这种等价关系。

（4）以下操作符不可以重载：
- sizeof（数据类型标识符或表达式计算占用的字节数）。
- .（成员操作符）。
- *（指针指向/间接引用）。
- ::（作用域指定）。
- ?:（条件）。
- typeid（RTTI 操作符）。
- const_cast（强制类型转换）。
- dynamic_cast（强制类型转换）。
- reinterpret_cast（强制类型转换）。
- static_cast（强制类型转换）。

（5）大多数操作符可以采用成员函数形式或友元函数的形式进行重载。但如下 4 种操作符只能采用成员函数进行重载：=、( )、{}、–>。

（6）除了函数调用操作符 operator()之外，重载操作符时使用默认实参是非法的。

（7）操作符重载只可用于操作对象为用户自定义类型的情况，不可用于操作对象是系统预定义类型的情况。所以重载后操作符至少有一个操作数是用户定义类型。

2. 操作符重载建议性原则

（1）最好不对逻辑"与"（&&）、逻辑"或"（||）和顺序操作符（,）进行重载。因为&&和 || 用来对布尔类型进行操作，同时按照逻辑运算规则：对于&&，操作数中有一个"假"时，表达式的值就是"假"，另一个操作数不需要再判断；对于||，操作数中有一个"真"时，表达式的值就是"真"，另一个操作数不需要再判断，这称为短路判断。若对这两个操作符进行重载，要么会改变操作对象的类型，要么需要完全判断。这些都不符合编程者的习惯，降低程序的可读性，会导致错误。

逗号操作符是要求操作按照从左到右的顺序进行，但重载后不一定能保证这样的顺序。

（2）赋值操作符、取地址操作符和逗号操作符对类型操作数有默认含义。如果没有特定重载版本，编译器就自己定义这些操作符。

（3）对于基于 = 的复合赋值操作符，+=、–=、/=、*=、&=、|=、~=、%=、>>=、<<=等，

建议重载为成员函数。

（4）改变对象状态或与给定类型紧密联系的其他一些操作符，如自增、自减和解引用，通常应定义为类成员。

（5）对称的操作符，如算术操作符、相等操作符、关系操作符和位操作符，最好定义为普通非成员函数。

（6）有些关联性操作符最好一起重载。例如：
- 如果类重载了相等操作符（==），也应该重载不等操作符（!=）。
- 如果类重载了<，也应该重载>，>=，<，<=。

（7）由于友元函数形式破坏了类的封装性，许多人不建议使用友元函数形式，因此应尽可能使用成员函数形式。特别是有 4 个操作符必须采用成员函数形式，它们是"="（赋值操作符）、"()"（函数调用操作符）、"[]"（下标操作符）、"->"（间接成员操作符）。

（8）所有一元操作符，建议重载为成员函数。

（9）如果有一个操作数类型与操作符重载函数所在类的实例不同，例如前面介绍的插入/提取操作符重载函数，建议采用友元函数形式。

3. 操作符重载的成员函数方式与友元函数方式比较

由上面的讨论可知，为了能使用户定义类型的重载操作符函数访问运算对象的私密成员，只能采用成员函数或友元函数两种形式定义操作符重载。如果要采用非友元函数的其他外部函数定义操作符的重载函数，去访问对象的私密成员就得采用间接方式。对于这种形式这里不做介绍。表 4.1 对操作符重载的成员函数形式和友元函数形式进行了比较。

表 4.1 操作符重载的成员函数方式与友元函数方式比较

表达式		成员函数重载方式	友元函数重载方式
一元操作符	obj @	obj.operator @ (int)	operator @ (obj,int)
	@ obj	obj.operator @ ()	operator @ (obj)
二元操作符	obj1 @ obj2	obj1.operator @ (obj2)	operator @ (obj1,obj2)

从语法上来看，操作符既可以定义为全局函数，也可以定义为成员函数。如果操作符被重载为类的成员函数，那么一元操作符没有参数，二元操作符只有一个右侧参数，因为对象自己成了左侧参数。

4.1.8　Time 类的类型转换构造函数

人们常用"××:××:××"的形式表示时间，因此，将这样以字符串表示的时间转换为 Time 类对象很有用处。这种转换需要 Time 的类型转换构造函数实现。所以还称为构造函数，就是要用这种字符串初始化一个 Time 类对象。

代码 4-15 用字符串形式的时间，初始化 Time 类对象的构造函数。

```
#include <sstream>
#include <string>
#include <iostream>
using namespace std;
```

```cpp
class Time {
private:
    int hours;
    int minutes;
    int seconds;
public:
    // …
    Time (const string& s);                                  // 转换构造函数声明
    friend ostream& operator << (std::ostream& out,const Time& t);
};

ostream& operator << (ostream& out,const Time& t) {
    out << t.hours << ":" << t.minutes << ":" << t.seconds;
    return out;
}

Time::Time(const string& s){                                 // 转换构造函数实现
    string hr(s,0,2);                                        // 取前两个字符组成的字符串
    string mn(s,3,2);                                        // 取中间两个字符组成的字符串
    string sc(s,6,2);                                        // 取后两个字符组成的字符串
    istringstream sh(hr);
    istringstream sm(mn);
    istringstream ss(sc);
    sh >> hours;                                             // 从流 sh 中提取值到 hours
    sm >> minutes;                                           // 从流 sm 中提取值到 minutes
    ss >> seconds;                                           // 从流 sm 中提取值到 seconds
}
```

说明：

（1）输入/输出流都是字符流，而通过提取操作，就可以把字符流变为一些基本类型，通过插入操作就可以把一些基本数据类型插入到字符流中。基于这种思想，可以方便地进行字符串与基本类型之间的转换。

（2）为了便于字符串处理，标准 C++引入了一个库<sstream>库，它包含了 3 个类：
istringstream 类，用于执行 C++风格的串流的输入操作。
ostringstream 类，用于执行 C 风格的串流的输出操作。
strstream 类，同时可以支持 C 风格的串流的输入/输出操作。

但要使用 ostringstream、istringstream、stringstream 这三个类创建对象就必须包含 sstream.h 头文件。

代码 4-16 测试主函数。

```cpp
int main(){
    string s("09:32:45");
    Time t(s);
    cout << t << endl;
    return 0;
}
```

运行结果：

`9:32:45`

4.2 浅复制与深复制

4.2.1 数据复制及其问题

复制是程序中使用最为广泛的操作。但是，这种操作中却隐藏着许多玄机。

1. 简单变量的复制

代码 4-17　简单变量复制示例。

```
#include <cstdio>
using namespace std;

int main(){
    char a = 'A', b = 'B';

    printf("&a = %p\t&b = %p",&a,&b);
    printf("\n a = %c\t\t b = %c",a,b);

    b = a;
    printf("\n&a = %p\t&b = %p",&a,&b);
    printf("\n a = %c\t\t b = %c",a,b);

    return 0;
}
```

测试结果如下。

这个结果可以用图 4.1 描述。开始时，a 被初始化为'A'，b 被初始化为'B'。执行第 2 行后，a、b 的内容都变为了'A'。

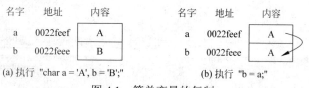

图 4.1　简单变量的复制

2. 含有指针成员的对象复制

代码 4-18　含有指针成员的对象复制示例。

```
#include <cstdio>
using namespace std;

int main(){
    char *s1 = "abcde",*s2 = "wxyz";

    printf("&s1 = %p\t&s2 = %p",&s1,&s2);
    printf("\n s1 = %p\t s2 = %p",s1,s2);
    printf("\n s1 = %s\t s2 = %s",s1,s2);
    s2 = s1;
    printf("\n&s1 = %p\t&s2 = %p",&s1,&s2);
    printf("\n s1 = %p\t s2 = %p",s1,s2);
    printf("\n s1 = %s\t s2 = %s",s1,s2);
    return 0;
}
```

测试结果如下。

```
&s1 = 0022feec   &s2 = 0022fee8
 s1 = 00409000    s2 = 00409006
 s1 = abcde       s2 = wxyz
&s1 = 0022feec   &s2 = 0022fee8
 s1 = 00409000    s2 = 00409000
 s1 = abcde       s2 = abcde
```

这个情况可以用图 4.2 描述。s1 和 s2 是存储在栈区的两个指针，其所存内容为两个字符串的地址。真正的字符串存储在堆区。s2 = s1 的操作，并非真地将存储在堆区的"abcde"送到堆区的另一个字符串存储空间中，仅仅是将 s1 中的地址送到 s2 中。也就是说，复制只是复制了指针，而没有复制资源（堆空间）。

这样的复制，由于没有复制资源，两个指针同时指向同一个资源，尤其在原来两个资源都是用 new 分配的情况下，就会造成如下问题。

（1）s2 原来指向的堆空间因不被回收，而成为垃圾空间。

（2）原来 s1 指向的空间被释放两次，会造成内存错误。

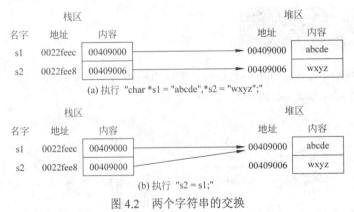

图 4.2 两个字符串的交换

这种没有复制资源的复制称为浅复制。

4.2.2 复制构造函数再讨论

复制构造函数是使用非常普遍的构造函数。在下面 3 种情况下，需要调用复制构造函数。

（1）一个对象作为函数参数，以值传递的方式传入函数体。
（2）一个对象作为函数返回值，以值传递的方式从函数返回。
（3）一个对象用于给另外一个对象进行初始化（常称为赋值初始化）。

1. 默认复制构造函数

如果在类中没有显式地声明一个复制构造函数，那么，编译器将会自动生成一个默认的复制构造函数，该构造函数仅仅完成对象之间的位复制。

代码 4-19　一个 Rect 类示例。

```cpp
class Rect {
public:
    Rect() {                          //构造函数，计数器加 1
        count++;
    }
    ~Rect() {                         //析构函数，计数器减 1
        count--;
    }
    static int getCount(){            //返回计数器的值
        return count;
    }
private:
    int width;
    int height;
    static int count;                 //一个静态成员作为计数器
};

int Rect::count = 0;                  //初始化计数器
```

这个 Rect 类定义了矩形的两个边 width 和 height，另外还定义了一个静态变量 count 用于对创建的对象进行计数。

代码 4-20　Rect 类的测试代码。

```cpp
int main() {
    {
        Rect rect1;                                         //生成一个对象
        cout << "The count of Rect: " << Rect::getCount() << endl;

        Rect rect2(rect1);                                  //调用默认复制构造函数,此时应该有两个对象
        cout << "The count of Rect: " << Rect::getCount() << endl;
    }
    cout << "The count of Rect: " << Rect::getCount() << endl;
    return 0;
}
```

}

分析这段代码，理应依次输出计数器的值 1、2、0。但是，测试结果却不理想，如下所示。

```
The count of Rect: 1
The count of Rect: 1
The count of Rect: -1
```

讨论：在这个 Rect 类中，没有定义复制构造函数，所以当要用 rect1 复制 rect2 时，就会调用默认的复制构造函数。复制构造函数仅采用字节复制方式对 rect1 的成员进行复制，但 rect1 中没有关于 count 的值，所以在复制之后，仍然输出 1。之后，代码段结束，自动调用析构函数对两个对象进行销毁，而析构函数中有一个 count--，所以最后得到-1。

显然，默认复制构造函数有时不会得到正确结果。因此，显式定义复制构造函数是一个好的程序设计风格。

代码 4-21 Rect 类的显式复制构造函数。

```cpp
Rect::Rect(const Rect& r){                //构造函数，计数器加1
    width = r.width;
    height = r.height;
    count ++;
}
```

注意：显式复制构造函数应使用对象的引用作为参数，并且一般要用 const 修饰。

2. 浅复制的复制构造函数

下面讨论类成员中有指针类型成员时的复制构造函数设计。

代码 4-22 带有指针类型数据成员的 Rect 类复制构造函数。

```cpp
class Rect{
public:
    Rect(){                               //构造函数，p指向堆中分配的一空间
        p = new int(100);
    }
    ~Rect() {                             //析构函数，释放动态分配的空间
        if(p != NULL)
            delete p;
    }
    Rect(const Rect& r) {                 //复制构造函数
        width = r.width;
        height = r.height;
        *p = * (r.p);
    }
private:
    int width;
    int height;
    int *p;                               //一指针成员
};
```

代码 4-23　代码 7-12 的测试代码。

```
int main() {
    Rect rect1,rect2;
    rect2 = rect1;    //复制对象
    return 0;
}
```

该测试可以通过编译，但运行时会出现如下错误。

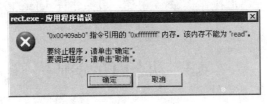

显然，这是因为一个内存空间面临两次删除，而还有一个内存空间被泄漏所造成的。

3. 深复制的复制构造函数

代码 4-24　深复制的 Rect 类复制构造函数。

```
Rect(const Rect& r) {
    width = r.width;
    height = r.height;
    p = new int[2]{width,height};                    //为新对象重新动态
}
```

这样，程序就可以正常运行了。

4.2.3　深复制的赋值操作符重载

赋值操作符是使用最频繁的操作符之一。一般说来，内置（预定义）的赋值操作符是针对基本类型设计的。像初始化构造函数、复制构造函数等一样，当程序员没有为一个类显式地编写赋值操作符重载函数时，遇到该类对象之间的赋值操作，编译器将执行默认的赋值操作。

与复制构造函数一样，所谓默认的赋值运算，只能对对象的所有位于栈（stack）中的域进行相应的赋值。如果对象有位于堆（heap）上的域，它不会为被赋值对象分配 heap 上的空间，而只获得赋值对象对应域在 heap 上的一个地址。

代码 4-25　深复制的 Rect 类赋值操作符重载函数。

```
Rect& operator=(const Rect& r){
    if(this != &r) {                                 //自我赋值
        if(p)
            delete [] p;                             //避免一个指针指向两个实体
        p = new int[2]{width = r.width,height=r.height};
    }
    return *this;
}
```

说明：

（1）赋值操作符重载函数一般包含如下环节：

首先考虑像 a = a 这样的自我赋值，进行 this != &r 的判断；否则直接返回*this，不需要进行其他操作。若为非自身赋值，则执行如下操作。
- 释放原来的堆资源（如果有的话）。
- 创建新的堆资源，并用对象（r）的对应域初始化。

（2）在 C++中，堆资源用操作符 neco 创建，用操作符 delete 回收（释放）。具体方法见 4.3 节。

4.3 动态内存分配

前面介绍了两种存储分配：静态存储分配和自动存储分配。静态存储分类具有永久生命期，即它从程序开始执行起要一直占据内存到程序结束。即使只使用了一次，也不能再做他用。而自动存储分配的变量的生命期与代码段共存亡，但是要求预先知道数据的类型。

动态存储分配则是一种掌握在程序员手中的存储分配方式，它不受代码段的限制，可以在需要时分配，在不用时回收。

动态存储区也称堆（heap）区或自由存储区（free store），是供程序运行期间进行动态分配的区间。程序员可以在需要时分配，不再需要时回收，与代码块无关。在 C++中，用一元操作符 new 进行动态存储分配，用 detele 回收动态分配的内存空间。

4.3.1 用 new 进行动态内存分配

用 new 进行动态内存分配，需要下面两个参数。
- 类型：所分配的内存空间以多大为一个单位。
- 数量：分配的内存空间为多少个分配单位。这个数量默认为一个单位。

分配成功，将返回一个指针——所分配空间的地址。这个地址是堆空间的一个地址，由操作系统给出。例如：

```
int *ptrInt = new int;                    //分配 1 个 int 空间，地址赋给 ptrInt
int* ptrInt = new int [10];               //分配 10 个 int 空间，地址赋给 ptrInt
double *ptrDouble = new double;           //分配 1 个 double 空间，地址赋给 ptrDouble
double *ptrDouble = new double [3];       //分配 3 个 double 空间，地址赋给 ptrDouble
```

在分配存储空间的同时，还可以进行初始化。初始值放在圆括号内。若圆括号为空，则初始化为默认值。若没有圆括号，则初始值不可知。例如：

```
int *p5 = new int(5);             //初始化为 5
int *p0 = new int();              //初始化为 0
int *px = new int;                //初始值不可预测
int *pd = new int[2]{3,5};        //分配两个 int 空间，分别初始化为 3 和 5
```

4.3.2 用 delete 释放动态存储空间

当动态分配的存储空间不再使用时，应及时用操作符 delete 释放回收，否则就会造成内存空间的浪费。也许有人认为，程序结束时所有内存都会被自动回收。这当然是真的，不过，等程序结束再回收一些本来可以再利用的存储空间，纯属亡羊补牢。在极端情况下，当所有可用的内存都用光了时，再用 new 为新的数据分配存储空间就会造成系统崩溃。例如，在一个函数中使用 new，指向所分配的堆空间的指针是一个函数中的局部变量。这样，当函数返回时，指针被销毁，所指向的内存空间即被丢弃，这片内存空间将无法利用。

delete 也是一个一元操作符，它作用于指向一个动态存储空间的指针，使所指向的地址不再有效，即释放这个指针所指向的动态存储空间。例如：

```
delete ptrInt;                    //释放 ptrInt 所指向的动态存储空间
delete ptrDouble;                 //释放 ptrDouble 所指向的动态存储空间
```

说明：

（1）用 delete 释放一个指针所指向的堆空间，一定要是由 neco 为该指针分配的堆空间。不可用来释放没有用 new 分配过堆空间的指针所指向的空间。否则，将出现不可预料的错误。也就是说，new 和 delete 是相互配合使用的。

（2）释放一个指针指向的动态存储空间时，不需要考虑该空间是否已被初始化过。

（3）使用对象指针时，尽量避免多个指针指向同一对象。例如：

```
int *pi1;
int *pi2;
//…
pi1 = new int;
pi2 = pi1;
//…
```

这样，当 pi1 需要用 delete 释放时，必须同时也释放 pi2，否则 pi2 将"悬空"，对其操作将会导致内存混乱。

（4）当已经对一个指针使用过 delete，使其指向的内存释放，再次使用 delete 时，就会使运行的程序崩溃。克服的方法是将这个指针赋予 nullptr(NULL)值。这样，即使对其再次实施 delete，也可以保证程序是安全的。

代码 4-26 用 delete 释放对象指针的例子。

```cpp
#include <iostream>
using namespace std;

int main() {
    int *pInt;
    pInt = new int (555);
    cout << "1. 指针内容：" << pInt << "存储内容：" << *pInt << endl;
    delete pInt;
    cout << "2. 指针内容：" << pInt << "存储内容：" << *pInt << endl;
    pInt = nullptr;                                          //将指针赋予 NULL 值
```

```
        cout << "3. 指针内容: " << pInt << endl;

        //cout << "存储内容: " << *pInt << endl;
        delete pInt;
        cout << "4. 指针内容: " << pInt << endl;
        return 0;
    }
```

运行结果:

```
1. 指针内容: 00372AC8存储内容: 555          ——动态存储空间地址和内容
2. 指针内容: 00372AC8存储内容: -572662307   ——指针实施delete后,指针内容不变,存储内容不可预见
3. 指针内容: 00000000                      ——指针赋予NULL值后
4. 指针内容: 00000000                      ——再次对指针施行delete操作
```

讨论:

请读者测试指针经过一次 delete 操作后,不赋予 nullptr(NULL)再实施一次 delete 时,程序运行将会出现什么情况。

在上述程序中,有一条被注释掉的语句,用于经过一次 delete 操作并赋予 nullptr(NULL)后,还想输出指针指向空间的内容。请读者考虑,如果不注释这条语句将出现什么问题。

4.3.3 对象的动态存储分配

1. 对象的堆分配与回收

new 除了可以进行堆空间的分配,还可以在为对象分配动态存储空间的同时自动调用构造函数。与此对应的是,delete 在释放动态创造的堆空间时,也会自动调用析构函数。

代码 4-27 Time 类对象的动态分配

```
void fun(){
    Time *pTime;          //声明一个指向 Time 类的指针
    pTime = new Time;     //为 pTime 分配堆空间并构建它所指向的对象
    //...其他操作
    delete pTime;         //析构并释放堆空间
}
```

说明:

(1) 执行语句 pTime = new Time;时,new 先为 pTime 分配足够的存储空间,接着隐式调用构造函数创建 pTime 指向的对象。如果要进行具体初始化,则 new 后面应当带有参数,如写成

```
pTime = new Time(8,15,23)
```

这样,new 会把这些参数传递给有参构造函数,并隐式调用它。

(2) 执行语句 delete pTime;时 delete 会先隐式调用析构函数,再释放所指向的堆空间。

2. 对象数据成员的动态存储分配

一个类的数据成员可以是指向堆区的指针。这个指针所指向的内存空间的分配可以在

构造函数中进行,也可以用其他方法进行。析构函数的操作应当与之对应。

代码 4-28 用 new 为类的数据成员进行动态分配。

```cpp
#include <iostream>
#include <string>
using namespace std;

class Time {
public:
    Time ();
    Time (int,int,int,string);
    ~Time ();
    void    disp ();
private:
    int*    ptrHour;                                //准备开辟动态存储空间的指针
    int     *ptrMin;                                //准备开辟动态存储空间的指针
    int     *ptrSec;                                //准备开辟动态存储空间的指针
    string* ptrName;                                //准备开辟动态存储空间的指针
};

Time::Time {                                        //无参构造函数
    ptrHour = nullptr;
    ptrMin = nullptr;
    ptrSec = nullptr;
    ptrName = nullptr;
    cout << "调用 Time 的无参构造函数。\n";
}

Time::Time (int h,int m,int s,string n) {
    ptrHour = new int (h);
    ptrMin = new int (m);
    ptrSec = new int (s);
    ptrName = new string (n);
    cout << *ptrName << "调用 Time 的有参构造函数。\n";
}

Time::~Time ()    {                                 //能释放成员存储空间的析构函数
    delete ptrHour;
    delete ptrMin;
    delete ptrSec;
    delete ptrName;
    cout << "调用 Time 的析构函数。\n";
}

void Time::disp () {
    cout << *ptrHour << endl<< *ptrMin << endl
         << *ptrSec << endl<< *ptrName << endl;
}

int main () {
```

```
        Time *pt1 = new Time;
        delete pt1;

        Time *pt2 = new Time (0,0,0,"t2");
        pt2 -> disp ();
        delete pt2;                                           //调用析构函数
        system ("PAUSE");
        return EXIT_SUCCESS;
}
```

执行结果：

说明：

（1）当一个类有多个构造函数时，必须以相同的方式使用 new，因为它们共同对应一个析构函数，如本例。所以在无参构造函数中，要对成员指针赋予 nullptr(0,NULL)值，就是为了与有参构造函数一致，否则，在析构函数回收由默认构造函数创建的对象时，就会出现与重复删除同样的错误。此外，还需要特别注意的是，要在是否带方括号上保持一致。

（2）在析构函数中，回收一个自由空间后，不需要将指针赋予 nullptr(0,NULL)值。因为析构函数执行后，对象就会被撤销，这些由构造函数创建的指针亦将不复存在。不过要将指针赋予 nullptr(0,NULL)值也没什么坏处，只是有些画蛇添足罢了。

4.3.4 动态内存分配时的异常处理

堆的存储空间是有限的，也有用尽的可能。在堆区已经用尽的情况下，继续请求动态分配，就会导致 new 操作失败，产生 bad_alloc 异常。bad_alloc 异常定义在头文件<new> 中。因此，如果动态分配失败，程序应当进行异常处理，否则程序将会被终止。下面介绍动态分配中对于异常的两种处理方法。

代码 4-29 用捕获 bad_alloc 异常完善代码 4-28。

```
#include <iostream>
#include <string>
#include <new>
using namespace std;

//...其他代码
Time::Time (int h,int m,int s,string n) {
    try {
            ptrHour = new int (h);
            ptrMin = new int (m);
            ptrSec = new int (s);
            ptrName = new string (n);
```

```
        }catch (bad_alloc const&) {
                cerr << "存储溢出。\n";
        }
        cout << *ptrName << "调用Time的有参构造函数。\n";
}

//...其他代码
int main() {
        Time *pt;
        try {
                pt = new Time (0,0,0,"t");
                pt -> disp ();
                delete pt;
        }catch (bad_alloc const&) {//捕获bad_alloc异常
                cerr << "存储溢出。\n";
        }
        system ("PAUSE");
        return EXIT_SUCCESS;
}
```

4.4 知 识 链 接

4.4.1 友元

信息隐藏是现代程序设计的一个基本原则，目的在于模块与外部的联系降低程序设计的复杂性，提高程序的安全性和可靠性。为此，在面向对象的程序设计中，用类将成员封装起来，并设置了访问权限。最基本的访问权限是 public 和 private。用它们来限制哪些成员可以被外部访问，哪些成员不允许外部访问。

但是，这样的约束限制，有些太过死板，会给程序设计带来一定的麻烦。为此，添加了 protected，使得有继承关系的类之间可以相互访问。不过，这还不够，因为有些操作使用外部函数或者是其他类中的成员函数操作起来可能会更方便。友元（friend）就是为此而引入的。这就好像除了血缘关系，还引进了亲友关系。

与血缘关系不同之处在于，protected 是在一个类中声明某个成员可以被其他有血缘关系的类中的成员访问，就好像是把一部分财产声明为家族财产一样；而友元关系是要声明外部哪个函数或是哪个类才可以访问本类的所有成员。如图 4.3 所示，一旦声明了函数 $f()$

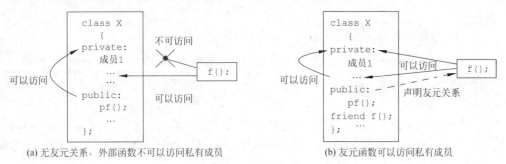

图 4.3 友元关系

为类 X 的友元后,函数 f( )就可以访问类 X 的任何成员,即将 f( )当做了 X 类的一个成员一样,如闺蜜之间,像一家人一样。

按照友元的形式,可以分为友元函数、友元成员函数和友元类 3 种。

1. 友元函数

友元函数是一个类外部的函数。

代码 4-30 女孩子的电话号码一般不给别人,但在特殊地方例外,如网上购物或购买机票的时候。下面是用一个 Girl 类外部的函数作为友元函数访问 Girl 类成员的代码。

```cpp
#include <iostream>
#include <string>

class Girl {                                          //授权类
    std::string name;
    long int teleNumber;
public:
    Girl(std::string name,long int teleNumber) {
            this->name = name;
            this->teleNumber = teleNumber;
    }

    friend void disp( Girl& );                        //声明友元函数
};

void disp(Girl &x) {                                  //定义外部友元函数,不是定义成员函数
    std::cout << "Girl\'s name is:"<< x.name << ",tel:" << x.teleNumber << "\n";
}
int main() {
    Girl g("Eluza",13306192);
    disp(g);                                          //调用友元函数
    return 0;
}
```

测试结果如下。

```
Girl's name is:Eluza,tel:13306192
```

说明:

(1)友元函数的使用有如下 3 个要点。
- 在授权类的定义中用关键字 friend 授权。
- 在类定义之外定义。
- 使用类对象引用作参数。

(2)外部友元函数的作用域是所在类的类作用域(从声明点开始到类名结束为止)。

(3)友元函数不仅可以访问对象的公开成员,而且可以访问对象的私密成员。它的主要作用是作为访问对象的一个界面,提高程序的效率。

(4)友元关系声明可以出现在类的私有部分,也可以出现在公开部分。

(5)在一个类定义中,凡冠以 friend 的(如上述 friend void disp(Girl &))一定不是它的成员。

2. 友元成员函数

友元函数常常是另一个类的成员函数。这种成员函数不仅可以访问自己本类对象中的私有成员,还可以访问 friend 声明所在类(授权类)的对象中的私有与公开成员。

代码 4-31 用一个 Girl 类外部的函数作为友元函数访问 Girl 类成员的代码。

```cpp
#include <iostream>
#include <string>

class Girl;                                       //声明类名 Girl

class Boy {
    std::string name;
    long int teleNumber;
public:
    Boy(std::string name,long int teleNumber) {
        this->name = name;
        this->teleNumber = teleNumber;
    }

    void disp( Girl& );                           //被声明为友元函数
};

class Girl {                                      //授权类
    std::string name;
    long int teleNumber;
public:
    Girl(std::string name,long int teleNumber) {
        this->name = name;
        this->teleNumber = teleNumber;
    }

    friend void Boy::disp(Girl&);                 //声明友元关系
};

void Boy::disp(Girl &x) {                         //定义外部友元函数,不是定义成员函数
    std::cout << "Girl\'s name is:"<< x.name << ",tel:" << x.teleNumber << "\n";
}

int main() {
    Girl g("Eluza",13306192);
    Boy b(" Zhang3",1883306);
    b.disp(g);                                    //调用友元函数
    return 0;
}
```

测试结果同代码 4-30。

说明：

（1）友元函数作为一个类（如 Boy）的成员函数时，除应当在它所在的类定义中声明之外，还应当在另一个类（如 Girl）中授权它的友元关系。声明语句的格式为：

> **friend** 函数类型 所在类名::函数名**(参数表列)**；

（2）友元函数（如 disp）既可以访问授权本类（如 Boy）对象（如 b）的私密成员（如 name, age），（这时毋须本类对象的引用参数），还可以访问授权类（如 Girl）对象（如 e）中的私密成员（如 name,dial）（这时必须有友员类对象的引用参数）。

（3）一个类（如 Boy）的成员函数作另一个类（如 Girl）的友元函数时，必须先定义它（Boy），而不仅仅是声明它。

使用友元函数直接访问对象的私密成员，可以免去先调用其公开成员函数，再通过其公开成员函数访问其私密成员所需的开销。友元函数作为类的另一种接口，对已经设计好的类，只要增加一条声明语句，便可以使用外部函数来补充它的功能，或架起不同类对象之间联系的桥梁。问题是，它破坏了对象封装与信息隐藏，使用应谨慎。

3. 友元类

也可以把一个类（如 Boy）而不仅仅是一个成员函数声明为另一个类（如 Girl）的友元类。这时，要先声明它（Boy）。

代码 4-32 将 Boy 类作为 Girl 类的友元类。这时仅将代码 4-30 中的 Girl 类中友元声明语句

```
friend void Boy::disp(Girl&);
```

改为

```
friend Boy;
```

即可。即

```
class Girl {                                          //授权类
    std::string name;
    long int teleNumber;
public:
    Girl(std::string name,long int teleNumber) {
        this->name = name;
        this->teleNumber = teleNumber;
    }
    friend CBoy;                                      //声明友元类,不是声明友元函数。
    //friend void Boy::disp(Girl&);                   //声明友元关系
};
```

测试结果与代码 4-29 相同。

注意：友元关系是单向的，并只在两个类之间有效。若类 X 是类 Y（在类 Y 定义中声明 X 为 friend 类）的友元，类 Y 是否为类 X 的友元，要看在类 X 中是否有相应的声明，即友元关系不具有交换性。若类 X 是类 Y 的友元，类 Y 是类 Z 的友元，不一定类 X 是类 Z 的友元，即友元关系不具有传递性。

当一个类要和另一个类协同工作时，使一个类成为另一个类的友元类是很有用的。这时友元类中的每一个成员函数都会成为对方的友元函数。

4.4.2 智能指针

C/C++中最有特色的机制是指针。它能带给程序设计高度的灵活性和高效率。不过，它也是一把双刃剑。人们在从它得到好处的同时，也常常为它而烦恼。指针的管理是一个令人头痛的问题。特别是在内存资源分配中，指针的错误使用经常是造成内存泄露和"未定义行为"的根源，而 C++又没有 Java 那样的垃圾回收机制，智能指针（smart pointer）则成为缓解指针危机的一种机制。

严格地说，智能指针并非指针，而是用来管理指针的类，只是外观与行为与内建的指针很相似。智能指针具有很多功能，例如，指针的生存期控制、阶段控制、写时复制、复制时修改源对象、控制权转移等。

智能指针根据需求不同，有不同的设计。它的一种通用实现技术是使用引用计数（reference count），即智能指针类将一个计数器与类指向的对象相关联，引用计数跟踪该类有多少个对象共享同一指针。每次创建类的新对象时，都要初始化指针并将引用计数置为 1。当对象作为另一对象的副本而创建时，复制构造函数复制指针并增加与之相应的引用计数。对一个对象进行赋值时，赋值操作符减少左操作数所指对象的引用计数，并增加右操作数所指对象的引用计数。调用析构函数时，构造函数减少引用计数。如果引用计数减至 0，则删除基础对象。

常用的智能指针多由 Boost 库提供。Boost 库由 Boost 社区组织开发、维护。其目的是为 C++程序员提供免费的、同行审查的、可移植的程序库。Boost 库可以与 C++标准库完美协同工作，并且为其提供扩展功能。Boost 库使用 Boost License 来授权使用。根据该协议，商业的、非商业的使用都是允许并鼓励的。表 4.2 为 Boost 库提供的几种智能指针。

表 4.2 Boost 提供的几种智能指针

智能指针名称	说明
shared_ptr<T>	用引用指针计数器管理指针，应用广泛
scoped_ptr<T>	离开作用域时能够自动释放的指针
intrusive_ptr<T>	比 shared_ptr 更好的智能指针，但需类型 T 提供自己的指针使用引用计数机制
weak_ptr<T>	一个弱指针，帮助 shared_ptr 避免循环引用
shared_array<T>	与 shared_ptr 类似，处理数组
scoped_array<T>	与 scoped_ptr 类似，处理数组

习 题 4

概念辨析

1. 从备选答案中选择下列各题的答案。

（1）重载操作符时，操作符预定义的优先级、结合性、语法结构 _____。

  A. 和操作数个数都可以改变　　　　　B. 都不能改变，但操作数个数可以改变

  C. 都可以改变，但操作数个数不可改变　D. 和操作数个数都不可以改变

（2）操作符重载 _____。

  A. 能将C++操作符使用于对象　　　　B. 赋予C++操作符新的含义

  C. 创造新的操作符　　　　　　　　　D. 适用于任何C++操作符

（3）下列操作符中，不能被重载的是_____。

  A. ?:　　　　　B. []　　　　　C. &&　　　　　D. ::

（4）若要对类AB定义加号操作符重载成员函数，实现两个AB类对象的加法，并返回相加结果，则该成员函数的声明语句为_____。

  A. AB operator+ (AB & a , AB & b)　　B. AB operator+ (AB & a)

  C. operator+ (AB a)　　　　　　　　D. AB & operator+ ( )

（5）在某类的公开部分有声明string operator ++ ()；和stringoperator ++ (int)；则说明_____。

  A. string operator++ ();是后置自增操作符声明

  B. string operator++ (int);是前置自增操作符声明

  C. string operator++ ();是前置自增操作符声

  D. 两条语句无区别

（6）在一个类中可以对一个操作符进行_____重载。

  A. 1种　　　　　B. 两种以下　　　C. 3种以下　　　D. 多种

（7）在重载操作符中，_____操作符必须重载为类成员函数形式。

  A. +　　　　　　B. -　　　　　　C. ++　　　　　D. ->

（8）友元操作符obj>obj2被C++编译器解释为_____。

  A. operator> (obj1,obj2)　　　　　　B. > (obj1,obj2)

  C. obj2.operator> (obj1)　　　　　　D. obj1.oprator> (obj2)

（9）下列操作符中，不能用友元函数形式重载的是_____。

  A. +　　　　　　B. =　　　　　　C. *　　　　　　D. <<

（10）C++操作符中，_____是不能重载的。

  A. ?:　　　　　B. []　　　　　C. new　　　　　D. &&

（11）下列关于操作符重载的描述中，正确的是_____。

  A. 操作符重载可以改变操作符的操作数个数

  B. 操作符重载可以改变优先级

  C. 操作符重载可以改变结合性

D. 操作符重载不可以改变语法结构

（12）下列C++操作符中，_____是不能重载的。

　　　A. =　　　　　　B. ()　　　　　　C. ::　　　　　　D. delete

（13）以下关于C++操作符的描述中，正确的是_____。

　　　A. 只有类成员操作符　　　　　　B. 只有友元操作符

　　　C. 只有非成员和非友元操作符　　D. 上述三者都有

（14）对于复制构造函数和赋值操作的关系，正确的是_____。

　　　A. 复制构造函数和赋值操作的操作完全一样

　　　B. 进行赋值操作时，会调用类的构造函数

　　　C. 当调用复制构造函数时，类的对象即被建立并被初始化

　　　D. 复制构造函数和赋值操作不能在同一个类中被同时定义

（15）算术赋值操作符重载时，结果_____。

　　　A. 必须返回　　　　　　　　　　B. 存入操作符所属对象

　　　C. 存入操作符右方对象中　　　　D. 存入操作符左方对象中

（16）操作符new_____。

　　　A. 可以为一个指针指向的对象分配存储空间并初始化

　　　B. 可以为一个指针变量分配需要的存储空间并初始化

　　　C. 创建的对象要用操作符delete删除

　　　D. 用于创建对象时，必须显式调用构造函数

（17）操作符delete_____。

　　　A. 仅可用于用new返回的指针

　　　B. 可以用于空指针

　　　C. 可以对一个指针使用多次

　　　D. 所删除的堆空间，与是否初始化过无关

2. 判断。

（1）重载操作符时只能重载C++现有的操作符。　　　　　　　　　　　　　（　　）

（2）所有的C++操作符都可以被重载。　　　　　　　　　　　　　　　　　（　　）

（3）"++"操作符可以作为二元操作符重载。　　　　　　　　　　　　　　　（　　）

（4）只有在类中含有引用数据成员时，才需要重载类的赋值操作。　　　　　（　　）

（5）友元关系在类声明时由类授予。　　　　　　　　　　　　　　　　　　（　　）

（6）友元函数可以访问授权类的所有成员。　　　　　　　　　　　　　　　（　　）

（7）为了保护数据成员，应让其仅可以被友元类访问。　　　　　　　　　　（　　）

（8）不能定义一个类的成员函数为另一个类的友元函数。　　　　　　　　　（　　）

（9）友元类的所有成员函数都是友元函数。　　　　　　　　　　　　　　　（　　）

（10）若类 A 是类 B 的友元类，且类 B 是类 C 的友元类，那么类 A 也是类 C 的友元类。（　　）

（11）复制构造函数要以类对象的引用作为参数。　　　　　　　　　　　　　（　　）

（12）重载派生类赋值操作符时，不但要实现派生类中数据成员的赋值，还要承担基类中数据成员的赋值。　　　　　　　　　　　　　　　　　　　　　　　　　　　　　　　　　（　　）

（13）通过修改类 A 的声明或定义，可以禁止用户在类 A 的对象间进行任何赋值操作。（ ）
（14）new 操作符在创建对象数组时必须定义初始值。（ ）
（15）delete 操作符只可以在内存值已经清零后使用。（ ）
（16）程序执行过程中，不及时释放动态分配的内存，有造成内存泄露的危险。（ ）
（17）当指针用作数据成员时，默认的复制构造函数不能以正确方式复制对象。（ ）
（18）使用 new 操作符，可以动态分配全局堆中的内存资源。（ ）
（19）若 p 的类型已由 A*强制转换为 void *，则执行语句"delete p;"时，A 的析构函数不会被调用。（ ）
（20）实现全局函数时，new 和 delete 通常成对地出现在由一对匹配的花括号限定的语句块中。（ ）
（21）执行语句"A * p=new A[100];"时，类 A 的构造函数只会被调用 1 次。（ ）
（22）delete 必须用于 new 返回的指针。（ ）
（23）用 delete 删除对象时要隐式调用析构函数。（ ）

代码分析

1．下面的程序定义了一个简单的SmallInt类，用来表示从−128～127之间的整数。类唯一的数据成员val存放一个−128～127（包含−128和127这两个数）之间的整数。类的定义如下

```
class SmallInt {
public:
  SmallInt (int i=0);

//重载插入和抽取操作符
  friend ostream &operator<< (ostream &os,const SmallInt &si);
  friend istream &operator>> (istream &is, SmallInt &si);

//重载算术操作符
  SmallInt operator+ (const SmallInt &si) {return SmallInt (val+si.val);}
  SmallInt operator- (const SmallInt &si) {return SmallInt (val-si.val);}
  SmallInt operator* (const SmallInt &si) {return SmallInt (val*si.val);}
  SmallInt operator/ (const SmallInt &si) {return SmallInt (val/si.val);}

//重载比较操作符
  bool operator== (const SmallInt &si) {return (val==si.val);}

private:
  char val;
};

SmallInt::SmallInt (int i) {
  while (i > 127)
      i -= 256;
  while (i < -128)
      i += 256;
  val = i;
```

```
}
ostream &operator<< (ostream& os,const SmallInt& si) {
  os << (int)si.val;
  return os;
}

istream &operator>> (istream &is,SmallInt &si) {
  int tmp;
  is >> tmp;
  si = SmallInt (tmp);
  return is;
}
```

请回答下面的问题。

（1）上面的类声明中，重载的插入操作符和抽取操作符被定义为类的友元函数，能否将这两个操作符定义为类的成员函数？如果能，写出函数原型；如果不能，说明理由。

（2）为类SmallInt增加一个重载的操作符"+="，其值必须正规化为在-128～127之间。函数原型为

```
class SmallInt {
public:
  SmallInt &operator += (const SmallInt &si);
//其他函数……
private:
  char val;
};
```

2. 找出下面各程序段中的错误并说明原因。

（1）delete array;

（2）new[8];

（3）new int[8];

（4）delete [8]array;

（5）new[1] = 5;

（6）const A* c=new A (); A* e = c;

（7）A* const c = new A (); A* b = c;

3. 下面是为String类声明的3个构造函数，指出其中的错误。改正其中的错误后，为之设计相应的析构函数。

```
String::String () {
  len = strlen (str);
}

String::String (const char* s) {
  len = strlen (s);
  str = new char;
  strcpy (str,s);
}
```

```
String::String (const String& st) {
  len = st.len;
  str = new char[len + 1];
  strcpy (str,st.str);
}
```

4. 类MyClass的定义如下。

```
class MyClass
{
public:
    MyClass(){}
    MyClass(int i){value = new int(i);}
    int* value;
};
```

则对value赋值的正确语句是_____。

A. MyClass my; my.value = 88;　　　　　　B. MyClass my; * my.value = 88;

C. MyClass my; my.*value = 88;　　　　　　D. MyClass my(88);

请设计一个测试主函数。

开发实践

1. 定义一个日期类，可以直接用操作符"+"、"-"、"++"、"-"、"-"、"="、"<<"进行日期的操作。

2. 已知类String的原型为：

```
class String {
public:
  String (const char * str = NULL);           //普通构造函数
  String (const String &);                    //复制构造函数
  ~String ();                                 //析构函数
  String & operator = (const String &);       //赋值构造函数
private:
  char * m_data;                              //用于保存字符串
};
```

请编写String的上述4个函数。

3. 有一个学生类Student，包括学生姓名、成绩。设计一个友元函数，比较两个学生成绩的高低，并求出获得最高分和最低分的学生。

4. 设计一个日期类Date，包括日期的年份、月份和日号。编写一个友元函数，求两个日期之间相差的天数。

5. 编写一个程序，设计一个Student类，包括学号、姓名和成绩等私密数据成员，不含任何成员函数，只将main ()设置为该类的友元函数。

6. 领导、家属与秘书之间有如下关系。

（1）领导一般不自己介绍自己，而是由秘书介绍。

（2）领导的工资收支只有领导本人、秘书和家属可以查，而其中只有领导和家属有公布权，秘书只能查后告诉领导不能告诉别人。

请模拟领导、家属与秘书之间的关系。

7. 成绩统计。某学习小组有5人：A、B、C、D、E。A为组长。设计一个成绩统计程序，统计时的规则如下。

（1）同学们的个人成绩不公开，除非自己说给别人。

（2）只有组长可以直接查看其他同学的成绩。

（3）组长只能公布本组的平均成绩，不能公布每个人的个人成绩。

8. 账目结算。有3家公司，它们之间有业务来往，但是它们之间的账目结算只能通过银行进行。请模拟3家公司之间的账目结算。

第 2 篇　基于类的 C++程序架构

程序设计是一个逻辑思维传达过程，即把人的求解问题的逻辑思维传达到计算机操作的过程。面向对象程序设计作为现代程序设计的主流，其核心是将逻辑思维向前追溯到观察问题的视角，向后延伸到程序的组织结构上。也就是说，面向对象作为一种方法，更作为一种思维模式，要求人们以面向对象的观点去分析问题，还要求人们用面向对象的观念去组织程序。只有做到了这两点，才算奠定了面向对象的基础。

这一篇在上一篇的基础上，讨论如何建立类之间的关系以及如何优化基于类的程序结构，主要包括以下内容。

（1）类的派生与组合。

（2）虚函数与抽象类——类的更高层次的抽象。

（3）设计模式——关于类之间关系的优化的设计经验总结。

（4）面向对象的设计原则——设计模式的理性提升。

第5单元 继 承

继承（inheritance）相当于生物界的血缘关系。在面向对象程序设计中，通过继承形成类与类之间的层次关系，使一个下层（新）类自动地拥有上层（既有）类的成员，并以此为基础进行扩充或修改，实现代码复用。通常把既有类称为基类（base class）或超类（super class），把新类称为派生类（derived class）或子类（subclass）。它们之间的关系，可以称之为：子类继承自超类（有时也称父类）或基类派生子类。

5.1 单基继承

派生类只有一个基类，称为单基派生或单一继承。

5.1.1 公司人员的类层次结构模型

一个简单的公司人员体系，可能涉及3类对象：人（person）、职员（employee）和管理者（manager）。不管是普通员工（employee），还是管理人员（manager），都是员工（employee），都具有员工特征；而不管是在公司工作的人员，还是不在公司工作的人员，都是人（person），都具有人的特征。如果声明3个类，则它们之间具有如下关系：Person通常具有姓名（name）、年龄（age）和性别（sex）等属性；Employee要在Person的基础上增加两个属性：职工号（workerID）和工资（salary）；而Manager又要在Employee的基础上再增加一个属性——职位（post）。从而形成一种包含关系：人⊇职员⊇管理者。图5.1所示的类图用向上的箭头描述了本题中3个类之间的继承关系，管理者继承自职员，职员继承自人；也描述了由特殊（specialization）向一般（generalization）的关系，即泛化关系，职员是管理者的泛化，人是职员的泛化。这一单元将介绍这种类之间关系的描述和其中的规则。

图5.1 公司人员体系模型

5.1.2 C++继承关系的建立

在C++语言中，派生关系用下面的格式描述。

```
class 派生类名：派生方式 基类名
{
    新增成员列表
};
```

下面看一个从 person 类派生 Employee 类的例子。

代码 5-1 Person 类声明。

```cpp
//文件名：person.h
#include <string>
using namespace std;

class Person{
private:
    string  name;
    int     age;
    char    sex;
public:
    Person (string name,int age,char sex);
    ~Person(){}

    string  getName() const {return name;}
    int     getAge() const {return age;}
    char    getSex() const {return sex;}
    void    output();
};
```

代码 5-2 Person 类实现。

```cpp
//文件名：person.cpp
#include "person.h"
#include "employee.h"
#include <iostream>

Person::Person (string name,int age,char sex):name (name),age (age),sex (sex) {}
void Person::output(){
    cout << "姓名：" << name << endl;
    cout << "年龄：" << age << endl;
    cout << "性别：" << sex << endl;
}
```

定义了 Person 类之后，可以以其为基类，派生类 Employee。

代码 5-3 派生类 Employee 的声明。

```cpp
//文件名：employee.h
class Employee : public Person {
private:
    unsigned int    workerID;                                   //新增成员
    double          basePay;                                    //新增成员
public:
    Employee (string name,int age,char sex,unsigned int workerID, double basePay);
    ~Employee(){}
    unsigned int    getWorkerID() const {return workerID;}      //新增成员
    double          getBasePay() const {return basePay;}        //新增成员
};
```

代码 5-4　Employee 类的实现。

```cpp
//文件名：employees.cpp
#include "person.h"
#include "employee.h"

Employee :: Employee (string name, int age, char sex, unsigned int workerID, double basePay)
          :Person (name, age, sex), workerID (workerID), basePay (basePay) {}
```

代码 5-5　测试代码。

```cpp
#include "person.h "
#include "employee.h"
#include <iostream>

int main(){
    Employee e1("AAAAA", 26, 'f', 123456, 1234.56);
    cout << "\n-------执行e1.output()的情形---------------------\n";
    e1.output ();
    cout << "\n-------执行e1.Person::output()的情形-------------\n";
    e1.Person::output ();
    cout << "\n-------执行e1.Employee::output()的情形-----------\n";
    e1.Employee::output ();

    return 0;
}
```

测试结果：

```
-------执行e1.output ()的情形---------------------
姓名：AAAAA
年龄：26
性别：f
-------执行e1.Person::output ()的情形-------------
姓名：AAAAA
年龄：26
性别：f
-------执行e1.Employee::output ()的情形-----------
姓名：AAAAA
年龄：26
性别：f
```

说明：派生类是通过对基类的继承、修改和扩充而形成的。下面对这三点进一步说明。

（1）在本例中，派生方式使用了关键字 public。这种派生称为公有派生。公有派生具有如下基本特点。

- 基类的公开成员被派生类继承为公开成员。所以可以使用表达式 e1.output()。
- 基类的私密成员虽然也被派生类继承，但成为隐藏的成员。所以不可以使用表达式 e1.name。
- 构造函数和析构函数都不可继承。所以 Employee 类中需要定义自己的构造函数。

除了公有派生，C++还允许使用 private（私有）派生和 protected（保护）派生。不同的派生方式使得派生类对象的特征有所不同。例如私有派生将使基类的公开成员成为派生类的私密成员。由于私有派生和保护派生很少使用，所以本书不作介绍。

（2）在派生类中除了必须添加自己需要的构造函数外，还可以增添其他数据成员和成员函数。这就是对基类的扩充。如在代码 5-2 中，扩充了成员变量 wokerID 和 basePay，以及成员函数 getWokerID( )和 getBasePay( )。

（3）在派生类中还可以修改基类中的成员函数。例如再增添一个与基类中同名的 output( )，但功能是增添了 wokerID 和 basePay 的输出。关于这部分将在 5.1.3 节中介绍。

（4）"::" 称为作用域运算符。在本例中基类 Person 和派生类 Employee 中都有 output( )，操作符::用于区分调用的 output( )是哪个类的成员函数。

（5）关键字 const 放在成员函数的函数头后面，将成员函数声明成为 const 成员函数。这样，就不允许在所定义的成员函数中出现修改数据成员值的语句，也不能调用非 const 成员函数，只能调用 const 成员函数。在本例中，凡是仅返回数据成员值的函数都不允许修改数据成员，所以都定义为 const 成员函数。

（6）unsigned int 称为无符号 int 类型，其只取正值，即最小为 0，最大为 int 的 2 倍。

（7）在本例的各个类中，有一些成员函数都在声明的同时，在类中给出了定义。这样的函数称为内联（inline）函数。如图 5.2 所示，非内联函数有一个调用—返回的过程。每调用一次，就把流程转移到函数代码一次。函数代码执行结束后，要返回调用处。而内联函数经过编译后，会在所有调用该函数的语句处，嵌入该内联函数的代码，不再形成调用—返回过程，效率比较高，适合代码比较短且会多次调用的函数。

(a) 非内联函数fun的调用情况　　　　　　(b) 内联函数fun的代码嵌入情况

图 5.2　编译后的普通函数和内联函数

内联函数的定义有两种形式：隐式形式和显式形式。上述定义在类中的内联函数称为隐式内联函数。如果在函数声明语句中冠以关键字 inline，这种内联函数就是显式的。显式内联函数的定义也可以写在类声明之外，这时函数头部的关键字 inline 是可选的。

代码 5-6　显式内联函数的例子。

```
class Circle {
public:
    ...
    inline double calcPerimeter ();
    ...
};

inline double Circle :: calcPerimeter() { //关键字 inline可选
    return 2 * PI * radius;
}
...
```

注意：内联函数中不宜有复杂的控制结构。有些编译器不支持内联函数中包含循环或 switch 结构，有的只接受一两个 if 语句。

（8）派生类 Employee 还可以再派生新的类 Manager。

代码 5-7 派生类 Manager 的声明。

```
//文件名: manager.h
class Manager : public Employee {
private:
    string post;                                    //新增成员
public:
    Manager (string name,int age,char sex,
            unsigned int workerID,double basePay,string post)
    ~Manager () {}
    string getPost ()const {return post;}           //新增成员
};
```

代码 5-8 派生类 Manager 的实现。

```
//文件名: person.cpp
#include "person.h"
#include "employee.h"
#include "manager.h"

Manager :: Manager (string name,int age,char sex,unsigned int workerID,double basePay,
         string post):Employee(name,age,sex,workerID, basePay),post (post)
```

从继承体系中类的组织可以看出，按照项目并把每个类分成声明和实现，非常便于程序的扩展。

5.1.3 在派生类中重定义基类成员函数

在类层次中，派生类继承了基类的成员函数（或数据成员）。但是，在派生类中往往有不同于基类中的功能补充。例如，在一个人事管理系统中，在每一层都需要有一个显示人员数据的函数。为了便于记忆，可以使用相同的名字。然而，每一层显示的内容不相同。可能在父类只显示职工号、姓名、岗位，而在子类下一层还需要增加职位……。为此，需要在子类中对这个显示函数重新定义。

代码 5-9 output 函数的重定义与实现。

```
#include <iostream>
using namespace std;

class Person {
    ...
    void output();
};
```

```cpp
class Employee:public Person {
    ...
    void output();
};

class Manager:public Employee {
    ...
    void output();
};

void Person::output(){
    cout << "姓名: " << name << endl;        //直接使用
    cout << "年龄: " << age << endl;         //直接使用
    cout << "性别: " << sex << endl;         //直接使用
}

void Employee::output(){
    Person::output();
    cout << "工号: " << workerID << endl;
    cout << "工资: " << basePay << endl;     //直接使用
}

void Manager::output(){
    Employee::output();
    cout << "职位: " << post << endl;        //直接使用
}
```

说明:

(1) 从上述代码可以看出，派生类虽然可以继承基类的成员，但它毕竟对于基类来说是"外部"，因此对于基类的私密成员，只能继承，不可由其成员直接调用，要使用基类的私密成员也须借助基类的公开函数间接使用。

(2) 在派生类中重定义了基类中的成员函数后，派生类对象用这个名字调用的是派生类中用这个名字定义的成员函数版本，基类对象用这个名字调用的是基类中用这个名字定义的成员函数版本，实现了一种多态性。如：

```cpp
Person per;
Employee emp;
Manager mang;
emp.output();       //调用 Employee 类的 output()
per.output();       //调用 Person 类的 output()
mang.output();      //调用 Manager 类的 output()
```

也就是说，一旦在派生类中重定义了基类的一个成员函数，则在派生类中这个基类的成员函数就会被覆盖——屏蔽。如果还想在派生类中访问基类中的函数版本，也并非不可能，只是需要使用作用域操作符来指定其作用域。如：

```cpp
Manager m1(…);
m1.output();        //调用 Manager 类的 output()
```

```
m1.Employee::output();        //调用 Employee 类的 output()
m1.Person::output();          //调用 Person 类的 output()
```

(3) 重定义与重载是两个不同的概念。重载是靠参数区分，而重定义函数靠类域区分，因为重定义函数的名字和参数必须相同，而重载参数要求名字相同，参数必须不同。

(4) 当派生类与基类中有同名函数时，除非用作用域操作符指定，否则在派生类对象调用该同名函数时，将按照派生类优先的原则调用派生类的同名函数。

5.1.4 基于血缘关系的访问控制——protected

前面介绍了若一个类的成员采用 private 和 public 访问保护，在 public 派生时，基类的 private 成员在派生类中将不可访问。这就带来了许多不便。例如，在代码 5-9 中，派生类若要访问基类的私密成员，必须先调用基类的一个公开成员。那么如何才能做到在一个类层次结构中，使某些成员可以被各个类对象共同访问，而在该类层次结构的外部，则不能访问这些成员，即做到血缘内外有别呢？这就要用 protected 进行访问控制了。这类用 protected 进行访问控制的成员称为保护成员。一个基类的保护成员进行 public 派生后，在派生类中仍然是保护成员。

这样，访问控制就被分为下述 3 个级别了。

(1) private：访问权限仅限于本类的成员。
(2) proteted：访问权限扩大到本血缘关系内部。
(3) public：访问权限扩大到本血缘关系外部。

代码 5-10 若将上述 Person 类和 Employee 类中的 private 改为 protected，则代码 5-9 可以改写为如下形式。

```
#include <iostream>
using namespace std;

class Person {
protected:
    string  name;
    int     age;
    char    sex;
public:
    ...
    void output();
};

class Employee:public Person {
protected:
    unsigned int    workerID;
    double          basePay;
public:
    ...
    void output();
};
```

```cpp
class Manager:public Employee {
private:
    string  post;                          //新增成员
public:
    ...
    void output();
};

void Person::output(){
    cout << "姓名: " << name << endl;
    cout << "年龄: " << age << endl;
    cout << "性别: " << sex << endl;
}

void Employee::output(){
    cout << "姓名: " << name << endl;        //保护成员，直接调用
    cout << "年龄: " << age << endl;         //保护成员，直接调用
    cout << "性别: " << sex << endl;         //保护成员，直接调用
    cout << "工号: " << workerID << endl;
    cout << "工资: " << basePay << endl;
}

void Manager::output(){
    cout << "姓名: " << name << endl;        //保护成员，直接调用
    cout << "年龄: " << age << endl;         //保护成员，直接调用
    cout << "性别: " << sex << endl;         //保护成员，直接调用
    cout << "工号: " << workerID << endl;    //保护成员，直接调用
    cout << "工资: " << basePay << endl;     //保护成员，直接调用
    cout << "职位: " << post << endl;
}
```

5.1.5 类层次结构中构造函数和析构函数的执行顺序

在 Person 类、Employee 类和 Manager 类的构造函数、析构函数中分别加入输出语句：

```cpp
cout << "执行 Person 构造函数。" << endl;
cout << "执行 Person 析构函数。" << endl;
cout << "执行 Employee 构造函数。" << endl;
cout << "执行 Employee 析构函数。" << endl;
cout << "执行 Manager 构造函数。" << endl;
cout << "执行 Manager 析构函数。" << endl;
```

如：

```cpp
class Person {
private:
    string  name;
    int     age;
    char    sex;
public:
```

```
    Person (string name,int age,char sex):name(name),age(age),sex(sex){
        cout << "执行 Person 构造函数。"<< endl;        //输出提示
    }

    ~Person () {
     cout << "执行 Person 析构函数。"<< endl;          //输出提示
    }
//其他代码
};
```

代码 5-11 测试公司人员类层次中构造函数和析构函数的执行顺序。

```
#include <iostream>
int main(){
    cout << "\n-------初始化 Manager 对象时构造函数调用顺序---------\n";
    Manager m1 ("AAAAA",26,'f',555555,5432.10,"部长");
    cout << "\n-------执行 m1.output()的情形---------------------\n";
    m1.output();
    cout << "\n-------执行 m1.Employee::output()的情形-----------\n";
    m1.Employee::output();
    cout << "\n-------执行 m1.Person::output()的情形-------------\n";
    m1.Person::output();
    cout << "\n-------撤销 Manager 对象时析构函数调用顺序----------\n";

    return 0;
}
```

测试结果如下。

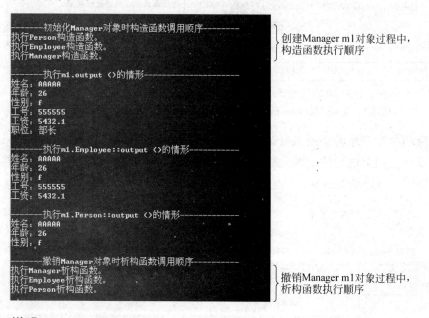

说明：
（1）在多层类层次结构中，派生类的构造函数须调用直接基类的构造函数，以构建所

继承的基类分量,但不能调用间接基类的构造函数。即构造函数的初始化列表中只能列出直接基类构造函数的调用。

(2)构造函数的执行过程分为两个阶段。第一阶段是调用阶段——初始从信息传递阶段,即沿继承链而上,把初始化信息传递到上层各类的构造函数,直到最基层的类(没有可调用)为止。第二阶段是从最基类开始,沿派生链向下执行各层的构造函数。在每一层中,如采用初始化列表,则按照从左到右的方向依次执行。也就是说,声明一个派生类对象,意味着要先自动创建一个基类对象,再创建一个派生类对象。如图 5.3 所示,在声明一个 Manager 对象时,首先执行 Person 类构造函数,自动创建一个 Person 类对象;再执行 Employee 类构造函数,自动创建一个 Employee 类对象;最后执行 Manager 类构造函数,创建一个 Manager 类对象。

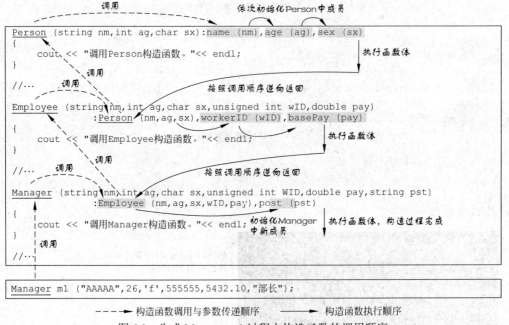

图 5.3　生成 Manager m1 过程中构造函数的调用顺序

(3)析构函数的执行顺序与构造函数的执行顺序相反。即当销毁派生类对象时,析构函数的执行顺序是从下向上进行的,即先执行派生类的析构函数,撤销派生类对象,然后执行基类的析构函数,撤销基类对象。

图 5.4　Manager m1 对象的内存分配过程

（4）在创建派生类对象时，由于首先执行基类构造函数，所以也就首先创建了基类对象，只不过这个对象是一个匿名对象。接着，再为派生类中所增添的数据成员分配存储空间。图 5.4 表明生成 Manager 对象时存储空间的分配过程。

5.2 类层次中的赋值兼容规则与里氏代换原则

5.2.1 公开派生的赋值兼容规则

一个类层次结构有许多特性，其中一个重要特性称为类型赋值兼容规则，指在需要基类对象的任何地方都可以使用公有派生类对象来替代。具体如下。

（1）可以将派生类对象赋值给基类对象，或者说派生类对象有的使用基类方法，条件是方法不是私密。

（2）可以用派生类对象初始化基类的引用，或者说基类引用可以指向派生类对象，而无需进行强制类型转换。

（3）可以用派生类对象地址初始化指向基类的指针，或者说指向基类的指针可以指向派生类对象，而无需进行强制类型转换。

因为通过公开继承，派生类得到了基类中除构造函数、析构函数之外的其他成员，并且所有成员的访问控制属性也和基类完全相同，即公有派生类实际就具备了基类的所有功能。凡是基类能解决的问题，公有派生类都可以解决。在替代之后，派生类对象就可以作为基类的对象使用了，但它只能使用从基类继承的成员。

代码 5-12 在公司人员层次结构中进行类型赋值兼容规则的验证。

```
int main () {
    Employee e ("AAAAA",26,'f',555555,5432.10);
    cout << "\n------将派生类对象赋值给基类对象后，用基类对象调用 output()------\n";
    Person p = e;
    p.output();

    return 0;
}
```

测试结果如下。

```
执行Person构造函数。
执行Employee构造函数。

------将派生类对象赋值给基类对象后，用基类对象调用output()------
姓名：AAAAA
年龄：26
性别：f
执行Person析构函数。
执行Employee析构函数。
执行Person析构函数。
```

由此得出以下结论。

（1）从测试结果可以看出，在使用基类对象的地方用派生类对象替代后，系统仍然可以编译运行，语法关系符合类型赋值兼容规则。但是，替代之后，派生类仅仅发挥基类的作用，即只进行了基类部分的计算。这称为对派生类对象的切割。

（2）类型赋值兼容规则是单向的，即不可以将基类对象赋值给派生类对象。

5.2.2 里氏代换原则

里氏代换原则（Liskov Substitution Principle，LSP）是由 2008 年图灵奖得主、美国第一位计算机科学女博士 Barbara Liskov 教授和卡内基·梅隆大学教授 Jeannette Wing 于 1994 年提出。它的严格表达是：如果对每一个类型为 T1 的对象 ob1，都有类型为 T2 的对象 ob2，使得以 T1 定义的所有程序 P 在所有的对象 ob1 都代换为 ob2 时，程序 P 的行为没有变化，那么，类型 T2 是类型 T1 的子类型。里氏代换原则可以通俗地表述为：在程序中，能够使用基类对象的地方必须能透明地使用其子类的对象。

应当注意，子类方法的访问权限不能小于父类对应方法的访问权限。例如，当"狗"是"动物"的派生类时，在程序段

```
动物 d = new 狗();
d.吃();
```

中，若"动物"类中的成员函数"吃()"的访问权限为 public，而"狗"类中的成员函数"吃()"的访问权限为 protected 或 private 时，是不能编译的。所以说，里氏代换原则是继承重用的一个基础。只有当派生类可以替换掉基类，而使软件单位的功能不受到影响时，基类才能真正被重用，而派生类也才能够在基类的基础上增加新的行为。反过来的代换是不成立的。

可以说，里氏代换原则是类型赋值兼容规则的另一种描述。这个原则已经被编译器采纳了。在程序编译期间，编译器会检查其是否符合里氏代换原则。这是一种无关实现的、纯语法意义上的检查。关于里氏代换原则的意义，通过第 6 单元和第 7 单元的介绍将会帮助读者进一步理解。

5.2.3 对象的向上转换和向下转换

在一个类层次中，派生类对象向基类的类型转换称为向上转换（或上行转换，upcasting），基类对象向派生类的类型转换称为向下转换（或下行转换，downcasting）。根据赋值兼容规则，对象的向上转换是安全的，因为派生类对象也是基类对象。例如，研究生类对象也是学生类对象，学生类对象也是 Person 类对象。对象的向上转换有以下 3 种情形。

（1）将派生类对象转换为基类类型的引用。

（2）用派生类对象对基类对象进行初始化或赋值。

（3）将派生类指针转换为基类指针。

注意：

（1）尽管把一个派生类对象赋值给一个基类对象变量是合法的，但是会造成在派生类对象中新增成员被抛弃的结果。这种情况称为对象切片。

（2）尽管可以用基类指针或引用指向派生类对象，但也不能通过基类指针或引用访问基类没有而派生类中有的成员。

（3）根据赋值兼容规则，不可以将基类对象赋值给派生类对象，所以基类对象（引用）向派生类的隐式转换不存在，如果需要，只能用 static_case 进行强制（显式）转换，但要求这个转换必须是安全的。因为，基类对象可以作为独立对象存在，也可以作为派生类对象的一部分存在。而在一般情况下，基类对象不一定是派生类对象。例如，学生类对象不一定是研究生类对象，人对象不一定是学生类对象。

5.3 多基继承

C++允许多级继承，即允许一个派生类有多于一个的基类。

5.3.1 C++多基继承格式

派生类只有一个基类时，称为单基继承。一个派生类具有多个基类时，称为多基继承或多重继承 (multiple inheritance)。这时派生类将继承每个基类的代码。多基继承是单基继承的扩展，单基派生可以看成是多基继承的特例。它们既有同一性，又有特殊性。设类 D 由类 B1,B2,…,Bn 派生，则它应有如下格式。

```
class D : 继承方式1 B1, 继承方式2 B2, …, 继承方式n Bn
{
   //…
};
```

其中继承方式 i（i = 1, 2,…, n）规定了 Bi 类成员的继承方式：private 派生、protected 派生或 public 派生。若有连续几个基类具有相同的继承方式，则可以缺省后面几个相同继承方式的关键字。

5.3.2 计算机系统=软件+硬件问题的类结构

代码 5-13 由 Hard（机器名）与 Soft（软件，由 os 与 Language 组成）派生出 System。

```cpp
#include <iostream>
#include <string>
using namespace std;

class Hard{
protected:
   string   bodyName;
public:
   Hard (string bdnm);
   Hard (const Hard & aBody);
   ~Hard (){}
   void print ();
};
```

```cpp
class Soft {
protected:
    string os;
    string lang;
public:
    Soft (string o, string lg);
    Soft (const Soft & aSoft);
    ~Soft(){}
    void  print();
};

class System:public Hard,public Soft  {                 //派生类 System
    string owner;
public:
    System (string ow, string bn, string o, string lg);
    System (string ow,const Hard& h, const Soft& s);
    ~System(){}
    void  print();
};

Hard :: Hard (string bdnm) : bodyName(bdnm){            //构造函数
    cout << "构造 Hard 对象。\n";
}
Hard :: Hard (const Hard & aBody) {                     //复制构造函数
    cout << "复制 Hard 对象\n";
    bodyName = aBody.bodyName;
}
void Hard :: print(){
    cout <<  "硬件名:" << bodyName << endl;
}

Soft :: Soft(string o, string lg) : os (o) ,lang(lg){   //构造函数
    cout << "构造 Soft 对象。\n";
}
Soft :: Soft (const Soft & aSoft){                      //复制构造函数
    cout<<"复制 Soft 对象。\n";
    lang = aSoft.lang;
    os = aSoft.os;
}
void  Soft :: print(){
    cout << "操作系统:"<< os << ",语言:" << lang << endl;
}

System :: System (string ow, string bn, string o, string lg)
                  :Hard (bn),Soft (o,lg), owner (ow){   //调用基类构造函数
    cout << "构造 System 对象。\n";
}
System :: System (string ow,const Hard& h, const Soft& s)
                  : Soft(s), Hard (h){                  //调用基类复制构造函数
    owner = ow;
```

```
        cout << "复制 System 对象。\n";
}

void System :: print(){                          //重定义一个print函数
    cout << "机主:" << owner << ";\n硬件名:" << bodyName
         << ";\n软件名:" << os << "," << lang << "。" << endl;
}
```

代码 5-14 测试主函数如下。

```
int main () {
    System s1 ( "Wang",
                "DELL Optiplex 330",
                "Linux",
                "C++");
    s1.print();
    cout <<"Ok!\n";
    Hard abody("三星笔记本 X1");
    Soft asoft("UNIX","Java");
    System s2 ("Zhang",abody,asoft);             //用基类对象创建派生类对象
    s2.print();
    system ("pause");
    return 0;
}
```

测试结果如下。

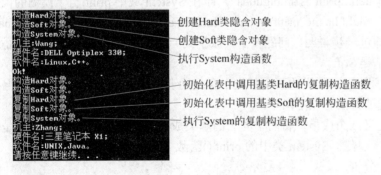

说明：

（1）在多基派生类中执行构造函数时，需要调用直接基类的构造函数。调用的顺序由派生类声明时类头中基类的顺序（如本例是：class System:public Hard、public Soft，即先Hard，后Soft）决定，而不是按照派生类构造函数的初始化列表中的顺序（本例中为System (string ow, string bn, string o, string lg):Hard (bn)、Soft (o,lg)、owner (ow)，即先Soft，后Hard）决定。因此，本例先调用 Hard 构造函数，后调用 Soft 构造函数。

（2）析构函数的调用顺序与构造函数的调用顺序相反。

5.3.3 多基继承的歧义性问题

1. 基类中同名成员的冲突

图 5.5 为在代码 5-13 中将 System 类中的成员函数 print ()注释后，程序的编译情况。

```
System(std::string ow, Hard& h, Soft& s):Hard(h),Soft(s)    // 调用基类复制构造函数
{
    owner =ow;
    std::cout << "复制System对象。\n";
}
//  void print()
//  {
//      std::cout << "机主:" << owner
//                << ";\n硬件名:" << bodyName
//                << ";\n软件名:" << os << "," << lang << "。" << std::endl;
//  }
};
int main()
{
    System b ( "Wang",        // 用常参数表创建派生类对象
```

```
Compiling...
ex0518.cpp
C:\Documents and Settings\Administrator\ex0518.cpp(77) : error C2385: 'System::print' is ambiguous
C:\Documents and Settings\Administrator\ex0518.cpp(77) : warning C4385: could be the 'print' in base 'Hard' of class 'Syst
C:\Documents and Settings\Administrator\ex0518.cpp(77) : warning C4385: or the 'print' in base 'Soft' of class 'System'
C:\Documents and Settings\Administrator\ex0518.cpp(82) : error C2385: 'System::print' is ambiguous
C:\Documents and Settings\Administrator\ex0518.cpp(82) : warning C4385: could be the 'print' in base 'Hard' of class 'Syst
C:\Documents and Settings\Administrator\ex0518.cpp(82) : warning C4385: or the 'print' in base 'Soft' of class 'System'
执行 cl.exe 时出错。
ex0518.obj - 1 error(s), 0 warning(s)
```

图 5.5 在代码 5-13 中将 System 类的成员函数 print ()注释后，程序的编译情况

这 4 个错误分别发生在主函数中的两个语句处："b.print ();"和"a.print ();"。每一个语句处各出现两个错误。

（1）"error C2385: 'System::print' is ambiguous"，即在 System 域中 print 是"模糊的"。

（2）"warning C4385: could be the 'print' in base 'Hard' of class 'System' or the 'print' in base 'Soft' of class 'System'"，即进一步说明，问题在于（派生到）System 类中的 print，到底是来自基类 Hard，还是来自基类 Soft。

这种歧义性问题是由于 System 类的两个基类中存在同名的成员，在派生类中形成名字冲突所致。解决这个问题的方法有以下两个。

（1）在派生类中重定义一个成员，将两个同名的基类成员屏蔽掉。代码 5-13 中就是采用了这种方法，所以在未注释掉 System 类中的 print ()函数之前，程序可以正常运行。

（2）用域分辨符进行分辨。

2. 共同基类造成的重复继承问题

如图 5.6 所示，在多基继承中，如果在多条继承路径上有一个公共的基类（如图中的 base0），则在这些路径的汇合点（如图中的 derived 类对象）将形成相当于图 5.7 所示的结构，从而在派生类中产生来自不同路径的公共基类的重复复制，形成名字冲突。

解决这个问题的方法有以下 4 个。

（1）在派生类中进行同名成员的重定义。

（2）使用域分辨符指定作用域。

（3）使用虚拟派生方法。

（4）用组合代替派生。

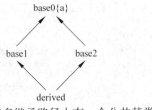
图 5.6 在多继承路径上有一个公共基类

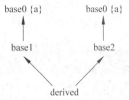
图 5.7 图 5.6 的等价结构

5.3.4 虚基类

虚基类是用关键字 virtual 来定义的基类。这时，在派生类中只保留基类的一份副本。其定义格式为：

```
class 派生类名 : virtual 继承方式 基类名
{
//…
};
```

代码 5-15 虚基类举例。

```
class Base0 {
public:
    int a0;
    //…
};
class Base1:virtual public Base0 {        //直接虚拟继承
    int a1;
    //…
};
class Base2:virtual public Base0 {        //直接虚拟继承
    int a2;
    //…
};
class Derived:public Base1,public Base2 {  //间接虚拟继承
    int a3;
    //…
};
```

在这样的类层次中，base0 的成员在 derived 类对象中就只保留一个副本。

说明：

（1）virtual 用作继承方式中的一个关键字，它与访问控制关键字（public、private 或 protected）间的书写无先后之分。如代码 5-15 中相应行代码也可以改写为：

```
class base1: public virtual base0 {
    //...
};
```

（2）使用虚基类可以避免由于同一基类多次复制而引起的二义性。如对上述类层次结构使用下面的语句都是正确的。

```
derived d;
int i1 = d.a;
int i2 = d.base1 :: a;
int i3 = d.base2 :: a;
```

并且，i1、i2、i3 具有相同的初值。

（3）为了保证虚基类在派生类中只继承一次，就必须在定义时将其直接派生类都说明为虚基类。否则，除会从用作虚基类的所有路径中得到一个副本外，还会从其他作为非虚基类的路径中各得到一个副本。

（4）虚基类修饰符 virtual 的根本作用是禁止一个有直接或间接虚基类的派生类向所定义的虚基类的构造函数传递初始化数据。这样，在 5.1.5 节中介绍的在类层次中由派生类层层向上传递初始化数据，再由基类层层向下进行构造函数调用的机制，在全面虚基类的路径中将失效。因此，一个有直接或间接虚基类的类要对从虚基类继承的分量进行构建以及初始化，必须显式地调用该虚基类的某个构造函数。

代码 5-16 针对代码 5-15 中的构造函数的定义。

```
Base0::Base0(int a): a0(a){}
Base1::Base1(int a): Base0(a){}
Base2::Base2(int a): Base0(a){}
Derived::Derived(int a):Base0(a),Base1(a),Base(a){}
```

当然，若是都使用默认构造函数，就没有这么复杂了。

习 题 5

概念辨析

1. 从备选答案中选择下列各题的答案。

（1）继承的优点在于_____。

　　A. 按照自然的逻辑关系，使类的概念拓宽

　　B. 可以实现部分代码重用

　　C. 提供有用的概念框架

　　D. 便于使用系统提供的类库

（2）执行派生类构造函数时，会涉及如下3种操作：

① 派生类构造函数函数体；

② 对象成员的构造函数；

③ 基类构造函数。

它们的执行顺序为_____。

　　A. ①、②、③　　　B. ①、③、②　　　C. ③、②、①　　　D. ③、①、②

（3）执行派生类构造函数时，要调用基类构造函数。当有多个层次时，基类构造函数的调用顺序为_____。

　　A．按照初始化列表中排列的顺序　　B．按照类声明中继承基类的排列顺序（从左到右）

　　C．由编译器随机决定　　　　　　　D．按照类声明中继承基类的排列逆序（从右到左）

（4）在派生类构造函数的成员初始化列表中，不包括_____。

　　A．基类的构造函数　　　　　　　　B．派生类中子对象的初始化

　　C．基类中子对象的初始化　　　　　D．派生类中一般数据成员的初始化

（5）下列描述中，表达错误的是_____。

　　A．公有继承时基类中的public成员在派生类中仍是public的

　　B．公有继承是基类中的private成员在派生类中仍是private的

　　C．公有继承时基类中的protected成员在派生类中仍是protected的

　　D．私有继承时基类中的public成员在派生类中是private的

（6）派生类对象可以访问其基类成员中的_____。

　　A．公有继承的公开成员　　　　　　B．公有继承的私密成员

　　C．公有继承的保护成员　　　　　　D．私有继承的公开成员

（7）内联函数是_____。

　　A．定义在一个类内部的函数

　　B．声明在另外一个函数内部的函数

　　C．在函数声明最前面使用inline关键字修饰的函数

　　D．在函数定义最前面用inline关键字修饰的函数

（8）多基继承即_____。

　　A．两个以上层次的继承　　　　　　B．从两个或更多基类的继承

　　C．对两个或更多数据成员的继承　　D．对两个或更多成员函数的继承

（9）类C是以多基继承的方式从类A和类B继承而来的，类A和类B无公共的基类，那么_____。

　　A．类C的继承只能采用public方式　　B．可改用单继承方式实现类C的相同功能

　　C．类A和类B至少有一个是友元类　　D．类A和类B至少有一个是虚基类

（10）在多继承中，公有派生和私有派生对于基类成员在派生类中的可访问性与单继承规则_____。

　　A．完全相同　　　　　　　　　　　B．完全不同

　　C．部分相同，部分不同　　　　　　D．以上都不对

2．判断。

（1）派生类成员可以认为是基类成员。　　　　　　　　　　　　　　　　　　　　　（　　）

（2）一个基类可以有任意多个派生类。　　　　　　　　　　　　　　　　　　　　　（　　）

（3）派生类对象自动包含基类子对象。　　　　　　　　　　　　　　　　　　　　　（　　）

（4）基类私密成员不能作为派生类的成员。　　　　　　　　　　　　　　　　　　　（　　）

（5）由于有继承关系，在派生类中基类的所有成员都像派生类自己的成员一样。　　　（　　）

（6）派生类不能具有同基类名字相同的成员。　　　　　　　　　　　　　　　　　　（　　）

（7）在类层次结构中，生成一个派生类对象时，只能调用直接基类的构造函数。　　　（　　）

（8）所有基类成员都可以被派生类对象访问。　　　　　　　　　　　　　　　　　　（　　）

（9）一个类层次结构中，基类对象与派生类对象之间可以相互赋值。　　　　（　　）
（10）在派生类中，可以重新定义基类中的同名函数，但该定义仅适用于派生类。（　　）
（11）在公开继承中，基类中的公开成员和私密成员在派生类中都是可见的。　（　　）
（12）基类的 protected 成员可以被其派生类成员函数访问，而不能被其他类的函数访问。（　　）
（13）虚基类对象的初始化由派生类完成。　　　　　　　　　　　　　　　　（　　）
（14）虚基类对象的初始化次数与虚基类下面的派生类个数有关。　　　　　　（　　）
（15）设置虚基类的目的是消除二义性。　　　　　　　　　　　　　　　　　（　　）

❋ 代码分析

1. 指出下面各程序的运行结果。

（1）

```cpp
#include <iostream.h>
class A {
public:
    A (){cout << "A's con." << endl;}
    ~A (){cout << "A's des." << endl;}
};
class B {
public:
    B(){cout<<"B's con."<<endl;}
    ~B(){cout<<"B's des."<<endl;}
};
class C:public A,public B{
public:
    C():member(),B(),A(){cout<<"C'scon."<<endl;}
    ~C(){cout<<"C's des."<<endl;}
private:
    A member;
};
void main(){
    C obj;
}
```

（2）

```cpp
#include <iostream>
class A{
public:
    A () {a1 = 0;a2 = 0;}
    A (int i) {a1 = 0,a2 = 0;}
    A (int i,int j):a1 (i),a2 (j){}
    void outputA(){cout << " a1 is:" << a1 << " a2 is:" << a2;}
private:
    int a1,a2;
};
class B:public A{
```

```
public:
    B () {b = 0;}
    B (int i):A (i) {b = 0;}
    B (int i,int j):A (i,j) {b = 0;}
    B (int i,int j,int k):A (i,j) {b = k;}
    void outputB(){
        outputA ();
        cout << " b is:" << b << endl;
    }
private:
    int b;
};

int main(){
    B b1;
    B b2 (1);
    B b3 (1,2);
    B b4 (1,2,3);
    b1.outputB ();
    b2.outputB ();
    b3.outputB ();
    b4.outputB ();
    return 0;
}
```

开发实践

1. 车分为机动车和非机动车2大类。机动车可以分为客车和货车，非机动车可以分为人力车和兽力车。请建立一个关于车的类层次结构，并设计测试函数。

2. 定义一个国家基类（Country），包含国名、首都、人口数量等属性，派生出省类Province，增加省会城市、面积属性。

3. 定义一个车基类Vehicte，含私有成员speed、weight。由其派生出自行车类Bicycle，增加成员high；汽车类car，增加成员seatnum。而由bicycle和car派生出Motocycle类。

探索验证

1. 编写程序，观察在private继承或protected继承时，基类成员到派生类后访问属性的变化。
2. 测试并总结在私有继承和保护继承情况下，派生类对象的特征。

第6单元 虚函数与动态绑定

6.1 画圆、三角形和矩形问题的类结构

6.1.1 3个分立的类

圆、矩形和三角形可以分别是3个独立的类。为了简单,把画图过程用输出"画××"表示。下面先讨论每个类的描述。

代码6-1 Circle 类定义。

```
class Circle{
public:
    Circle(){}                          //无参构造函数
    void doDraw(){                      //画图
        cout << "画圆\n";
    }
};
```

代码6-2 Rectangle 类定义。

```
class Rectangle{
public:
    Rectangle(){}
    void doDraw(){                      //画图
        cout << "画矩形\n";
    }
};
```

代码6-3 Triangle 类定义。

```
public class Triangle{
public:
    Triangle(){}
    void doDraw(){                      //画图
        cout << "画三角形\n";
    }
};
```

6.1.2 为3个分立的类设计一个公共父类

对上面的 3 个类加以抽象,在它们之上建立一个父类就能为程序设计带来许多新意和便利。为这 3 个分立的类建立父类的方法是:抽取它们的共同成员。这里,都有 getArea()

函数。于是，就可以形成图 6.1 所示的类层次结构。

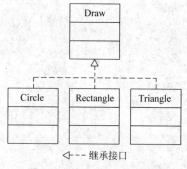

图 6.1　图形的类层次结构

代码 6-4　父类 Draw 的定义。

```
class Draw{
public:
    void doDraw(){              //画图
        cout << "不画图形\n";
    }
};
```

6.2　用虚函数实现动态绑定

6.2.1　虚函数与动态绑定

1. 静态绑定与动态绑定

静态绑定（static binding）也称为先行绑定（early binding），动态绑定（dynamic binding）也称推迟绑定（late binding）。它们是编译系统中的两个术语。静态绑定是指编译系统在编译时就能将一个名字与其实体的联系确定下来。函数名重载就是静态绑定，即编译器在编译时就可以根据参数数目以及各参数的类型确定调用哪个函数实体。动态绑定是指编译系统在编译时还无法将一个名字与其实体的联系确定下来，必须在程序运行过程中才能确定具体要调用哪个函数体。本节要介绍的虚函数就是动态绑定。静态绑定和动态绑定都可以赋予程序多态性和灵活性。静态绑定的主要优点是，执行效率高、占用内存少；动态绑定的主要优点是，可以使程序具有更高的灵活性。

2. 虚函数引发的动态绑定

根据赋值兼容规则，凡是使用基类的地方都可以用派生类替代。但是替代的仅仅是按照基类进行的切割。这确实有些不便。若在替代后得到的是派生类的全部，那就会带来许多方便。为此，C++引入了虚函数，即把与派生类中同名的基类成员函数用关键字 virtual 声明成虚函数，用此机制来实现动态绑定。

代码 6-5 使用虚函数的层次结构。

```cpp
#include <iostream>
using namespace std;

class Draw{
public:
    Draw(){}
    virtual void doDraw(){                    //定义虚函数
        cout << "不画图形\n";
    }
};

class Circle : public Draw {
public:
    Circle(){}
    void doDraw(){
        cout << "画圆\n";
    }
};

int main() {
    Circle c1;
    Draw dr = c1;
    cout << "使用对象:" ;dr.doDraw();
    Circle c2;
    Draw &rd = c2;
    cout << "\n使用引用:";rd.doDraw();
    Circle c3;
    Draw *pd = &c3;
    cout << "\n使用指针:"; pd -> doDraw();
    return 0;
}
```

测试结果如下。

显然，这个由虚函数实现的动态绑定，符合里氏代换原则。
（1）虚函数只适用于类层次结构中，普通函数不能声明为虚函数。
（2）调用虚函数时一定要使用引用或指针间接访问，不能由对象直接访问。

6.2.2 虚函数表

　　C++动态绑定是通过虚函数表（virtual function table,vtbl）实现的。虚函数表是 C++编译器为每一个类生成的一个指针数组，并保证其在内存中位于对象实例的最前面位置。指针数组中的每个指针都指向该类的一个虚函数的内存入口地址。

编译器在为每个类创建虚函数表的同时，还为每个类生成一个隐含的指针成员 vptr，用其指向该类的虚函数表。一个类在生成对象时，最先生成虚函数表指针 vptr，其后才生成该对象的其他数据成员。所以，vptr 中存放的就是该对象的虚函数表的地址。不过这些都是隐含的，在程序中是看不到的。当指向基类的指针指向一个派生类时，就是把派生类的虚函数表的首地址送到了指向基类的指针中。

由前面的讨论可知，一个虚函数的调用由两个表达式完成：给指向基类指针赋值和由基类指针调用虚函数。

这第一个表达式实际上就是确定该基类指针指向了那个 vptr，也可以说是把哪个 vptr 指针赋值给了该基类指针。如图 6.2 所示，表达式 pa=&c，可以认为是 pa=c::vptr。若没有这个表达式，则 pa 指向的就是 A::vptr。

这第二个表达式可以理解为在所指向的虚函数表中找所要调用的虚函数内存入口地址。为此分为两步：第一步根据虚函数名来找它在虚函数表中的位置——偏移量；第二步由这个偏移量找出表项中保存的该虚函数的内存入口地址。若这个虚函数没有被重定义，则它保存的就是从基类中继承的地址——该函数原始版本地址；若这个虚函数是经过重定义的，则它保存的是新函数的内存入口地址。

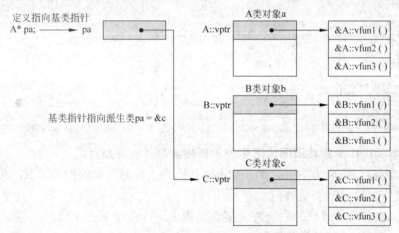

图 6.2 一个 3 层的类层次结构中动态绑定的实现过程

由此实现了虚函数的动态绑定，也理解了虚函数只有通过指针或引用调用才能实现多态性原因。

6.2.3 虚函数规则

根据动态绑定的实现原理，使用虚函数应当遵守如下规则。

（1）虚函数应当通过基类指针或基类引用访问。

（2）基类与派生类的虚函数必须原型一致，否则编译器将把它们作为重载函数处理而忽略虚函数机制。

（3）静态函数、构造函数、内嵌函数都不能定义为虚函数。原因如下。

- 静态函数为类的所有对象共有，而不属于一个对象，因此无法为其建立虚函数表。

- 在构造函数的调用执行过程中,对象还没有完全建立,也无法为其建立虚函数表。但是,可以有虚析构函数。
- 内嵌函数在编译时就用函数体替换了调用语句,对象的函数代码实际并不单独存储,也就无法为其建立虚函数表。定义在类内部的成员函数,一旦声明为虚函数,就不会再被看成内嵌函数了。

(4)析构函数可以定义为虚函数,并且,在有些情况下会很有用。

一个程序运行时所分配的内存空间若没有被正确地释放,就称为内存泄漏。严重的内存泄漏,会造成程序因内存不够而无法继续运行。

代码 6-6 一个内存泄漏的例子。对于定义

```
class Base {
public:
    ~Base () { //...}
    ...
}
class Derived:public Base {
public:
    ~Derived () { //...}
    ...
}
```

执行下面的代码

```
Base *pBase = new Derived;
...
delete pBase;
```

后,只有基类的析构函数被调用,派生类的析构函数并没有执行。

如果将~Base()声明为 virtual 的,则上述代码将执行派生类的析构函数。此时,问题就大不一样了。

(5)虚函数具有传递性,它会在类层次结构中一直传递下去。

代码 6-7 验证虚函数的传递性。

```
#include <iostream>
using namespace std;

class Draw{
public:
    Draw(){}
    virtual void doDraw(){                //定义虚函数
        cout << "不画图形\n";
    }
};

class Circle : public Draw{
public:
    Circle(){}
```

```cpp
    void doDraw(){
        cout << "画圆\n";
    }
};

class Cylinder : public Circle {
public:
    Cylinder(){}
    void doDraw(){
        cout << "画圆柱\n";
    }
};

void disp(Draw& dr){                    //引用间接访问
    dr.doDraw ();
}

int main(){
    disp (Draw());                      //访问基类对象
    disp (Circle ());                   //访问派生类对象
    disp (Cylinder ());                 //访问派生类对象
    return 0;
}
```

运行结果：

（6）在派生类的虚拟函数中，若要调用基类的同名函数，需要使用作用域操作符指定。

6.2.4 用 override 和 final 修饰虚函数

智者千虑必有一失。随着程序规模的不断增大，程序的复杂性不断增加，程序员出错的几率也越来越高。其中，虚函数的改写就是容易引起错误之处。因为 virtual 关键字并不是强制性的，这给代码的阅读增加了一些困难，而要追溯到继承关系的最顶层去看哪些函数是虚方法又往往十分费力，有时甚至难以做到。关键字 override 和 final 就是为了克服此困难而提供的两种强制机制，以标识哪些虚函数在派生类不可重写，哪些是可重写的。

override 表示函数重写基类中的虚函数。

final 表示派生类不可重写这个虚函数。

这样，不仅便于程序员进行错误检查，也为编译器检查错误提供了依据。

代码 6-8 一个企图用 B 类型的指针调用 f( )期盼输出 D::f( )结果的代码。

```cpp
class B {
public:
    virtual void f(char) {cout << "B::f" << endl; }
    virtual void f(int) const {cout << "B::f " << endl; }
};
```

```
class D : public B {
public:
    virtual void f(int) {cout << "D::f" << endl;}
};
```

这段代码可以通过编译，也可以运行，但结果打印出来的是 B::f( )。到底问题出在什么地方呢？分析如下。

（1）D::f(int)不可能是对于 B::f(int)的覆盖，因为参数不同，只能是重载。

（2）D::f(int)也不可能是对于 B::f(char) const 的覆盖，因为 B::f(char) const 是基类的 const 成员函数，而在派生类中不是。二者仍是重载关系。

若使用关键字 override 和 final，情况就不一样了。

代码 6-9　在基类使用 final 明确说明不可被派生类覆盖。

```
class B {
public:
    virtual void f(char)final{cout << "B::f" << endl; }
    virtual void f(int) const final {cout << "B::f " << endl; }
};

class D : public B {
public:
    virtual void f(int) {cout << "D::f" << endl;}
};
```

这两个 final 明确告诉程序员，也明确告诉编译器，基类的两个 f( )是不可被覆盖的。否则，就是错误：错误的企图或错误的语法。

代码 6-10　在基类使用 final 明确说明不可被派生类覆盖。

```
class B {
public:
    virtual void f(char)final{cout << "B::f" << endl; }
    virtual void f(int) const final {cout << "B::f " << endl; }
};

class D : public B {
public:
    virtual void f(int) const {cout << "D::f" << endl;}
};
```

在这个代码中，在派生类中也将 f( )定义为 const 成员函数，企图覆盖基类的 f( ) const 。编译器会检查出这个错误。

代码 6-11　在派生类使用 override 明确说明将覆盖基类的同名函数。

```
class B {
public:
    virtual void f(char) {cout << "B::f" << endl; }
    virtual void f(int) const {cout << "B::f " << endl; }
```

```
};

class D : public B {
public:
  virtual void f(int) override {cout << "D::f" << endl;}
};
```

但是，由于基类中没有同类型的函数，也将报错。

6.2.5 纯虚函数与抽象类

现在再回到代码 6-7 去看看，可以发现，在基类 Shape 中定义的虚函数 doDraw( )只有一句是输出"不画图形"。这实际上是没有意义的。因为 doDraw( )的目的是画图形，可是 Draw 中定义的是一个抽象图形，是没有办法画出来的。所以才不得不写一句输出"不画图形"。既然如此，就干脆在虚函数的原型声明后面添加"= 0"。这样就不再需要函数定义了。于是，虚函数成为了纯虚函数。如：

```
class Draw {
public:
  virtual void doDraw () = 0;              //声明纯虚函数
};
```

含纯虚函数的类称为抽象类（abstract class）。抽象类只能作为类层次的接口，不能再用来创建对象。

注意：一旦在一个类中加入了一个纯虚函数，就必须在其需要创建实例对象的派生类中重载该函数，否则该派生类会继续成为一个抽象类，不能用于创建实例对象。

代码 6-12 回到本单元开始——一个可以有选择地计算圆、三角形和矩形面积的类层次结构。

```
#include <iostream>
using namespace std;

class Draw {
public:
  virtual void doDraw () = 0;              //声明纯虚函数
};

class Circle : public Draw {
public:
  Circle(){}                               //无参构造函数
  void doDraw(){                           //画图
      cout << "画圆\n";
  }
};

class Rectangle : public Draw{
public:
```

```cpp
    Rectangle(){}
    void doDraw(){                              //画图
        cout << "画矩形\n";
    }
};

class Triangle : public Draw {
public:
    Triangle () {}
    void doDraw (){                             //画图
        cout << "画三角形\n";
    }
};

//测试主函数。
int main(){
    int choice;
    Draw *pd = NULL;
    cout << "1——圆；2——矩形；3——三角形。请选择：";
    cin >> choice;
    switch (choice){
        case 1: {
                Circle c;
                pd = &c;
                break;}
        case 2: {
                Rectangle r;
                pd = &r;
                break;}
        case 3: {
                Triangle t;
                pd = &t;
                break;}
    }
    pd -> doDraw();
    return 0;
}
```

测试结果：

1-圆；2-矫形；3-三角形。请选择：1↵
画圆

1-圆；2-矫形；3-三角形。请选择：2↵
画矩形

1-圆；2-矫形；3-三角形。请选择：3↵
画三角形

6.3 运行时类型鉴别

6.3.1 RTTI 概述

C++是一种强类型语言，对每一个数据的操作必须按照类型规则进行，否则就会出错。C++还是一种静态类型定义语言，即数据的类型是相对固定的，并且在使用一个数据之前必须先声明其类型。但是，为了提高程序设计的灵活性，C++还允许数据或对象按照一定的规则进行类型之间的转换，例如隐式转换、显式转换、转换构造函数等都可以改变数据的类型。特别是基于虚函数的动态绑定，它可能会使 C++中的指针或引用（reference）本身的类型与其实际代表（指向或引用）的类型并不一致。例如，在程序中，允许将一个基类指针或引用转换为其实际指向对象的类型，再加上使用厂家类库中的类和抽象算法等，都需要程序员了解一些指针或引用在运行时的型态信息，这就导致了运行时类型鉴别（Run-Time Type Identification，RTTI）机制的提出。

RTTI 指程序运行时保存或检测对象类型的操作。C++对于 RTTI 的支持，主要包含如下 3 个方面的内容。

（1）用 dynamic_cast（动态类型转换）实现在程序运行时（而不是编译时）安全地将一个类型转换为指向派生类的类型，并在转换的同时返回转换是否成功的信息。

（2）用 typeid（类型识别）获得一个表达式的类型信息，或获得一个指针/引用指向的对象的实际类型信息。

（3）用 type_info 来存储有关特定类型的数据。

需要说明的是，有些编译器的 RTTI 是默认配置的（如 Borland C++），有些则是需要显式打开的（如 Microsoft Visual C++）。对于后者，为了使 dynamic_cast 和 typeid 都有效，必须激活编译器的 RTTI。

6.3.2 dynamic_cast

1. dynamic_cast 及其格式

dynamic_cast 称为动态转型（dynamic casting）操作符，用于在程序运行过程中，把一个类指针转换成同一类层次结构中的其他类的指针，或者把一个类类型的左值转换成同一类层次结构中其他类的引用。与 C++支持的其他强制转换不同的是，dynamic_cast 是在运行时刻执行的。如果指针或左值操作数不能被转换成目标类型，则 dynamic_cast 将失败。针对指针类型的 dynamic_cast 失败，dynamic_cast 的结果为 0；针对引用类型的 dynamic_cast 失败，dynamic_cast 将抛出一个异常。其格式如下：

```
dynamic_cast <Type> (ptr)
```

其中，Type 和 ptr 应当属于同一个类层次结构，并且 Type 是一个指针类型，参数 ptr 是一个能得到一个指针的表达式。如果 Type 是引用类型，ptr 也必须是引用类型。

2. dynamic_cast 用于上行强制类型转换与下行强制类型转换

代码 6-13　一个类层次结构。

```cpp
#include <iostream>

class Base{
public:
  int bi;
  virtual void test(){
    cout << "基类。\n";
  }
};

class Derived:public Base{
public:
  int di;
  virtual void test(){
    cout << "派生类。\n" ;
  }
};

void downCast(Base* pB){
  Derived* pD1 = static_cast<Derived*> (pB);
  pD1 -> test ();
  Derived* pD2 = dynamic_cast <Derived*> (pB);
  pD2 -> test ();
}

void upCast(Derived* pD){
  Base* pB1 = static_cast <Base*> (pD);
  pB1 -> test ();
  Base* pB2 = dynamic_cast <Base*> (pD);
  pB2 -> test ();
}
```

对于上面的代码，分两次测试，分别只运行上行转换函数和只运行下行转换函数。

代码 6-14　只运行上行转换函数 upCast( )的主函数。

```cpp
int main() {
  Base b;
  Base* p1 = &b;
  Derived d;
  Derived* p2= &d;
  //downCast (p1);
  upCast (p2);

  return 0;
}
```

测试结果如下。

派生类。
派生类。

可以看出，在进行上行强制类型转换时，使用 static_cast 与使用 dynamic_cast 的结果相同。

代码 6-15　只运行下行转换函数 downCast( )的主函数。

```
int main() {
  Base b;
  Base* p1=&b;
  Derived d;
  Derived* p2= &d;
  downCast (p1);
  //upCast (p2);
  return 0;
}
```

从下面的测试结果可以发现，程序在得到一个结果的同时，出现了一个异常。

基类。

为了判断异常发生的部位，将 downCast( )中的动态强制转换后的应用语句进行注释，即：

```
void downCast (Base* pB) {
  Derived* pD1 = static_cast<Derived*> (pB);
  pD1 -> test ();
  Derived* pD2 = dynamic_cast <Derived*> (pB);
  //pD2 -> test ();
}
```

重新运行，不再提示异常信息。

说明：用 dynamic_cast 在一个类层次结构中进行下行转换，是在运行时进行的。当然转换有可能失败。对于指针类型，若转换失败，它返回 nullptr(NULL 或 0)。所以在转换后应当对转换是否成功进行检测，即测试目标指针是否为 nullptr。在本例中，由于 pD2 的值为 nullptr，是一个空指针，所以用其调用 test( )显然要出现异常。解决的办法是：先判断目标指针是否为 nullptr。

代码 6-16　修改后的 downCast( )和主函数。

```
void downCast (Base* pB) {
  Derived* pD1 = static_cast<Derived*> (pB);
```

```cpp
  pD1 -> test ();

  Derived* pD2 ;
  if ( (pD2 = dynamic_cast <Derived*> (pB)) != nullptr) {
    pD2 -> test ();
  }
  else
    throw bad_cast ();
}

int main() {
  Base b;
  Base* p1 = &b;
  Derived d;
  Derived* p2 = &d;
  try {
    downCast (p1);
  } catch (bad_cast) {
    cout << "dynamic_cast failed" << endl;
    return 1;
  } catch (...) {
    cout << "Exception handling error." << endl;
    return 1;
  }
  //upCast (p2);
  return 0;
}
```

运行结果如下。

```
基类。
dynamic_cast failed
```

说明：使用 dynamic_cast 进行向下强制类型转换，需要满足以下 3 个条件。

（1）有继承关系。即只有在指向具有继承关系的类的指针或引用之间，才能进行强制类型转换。利用这一点，也可以用 dynamic_cast 判断两个类是否存在继承关系。

（2）有虚函数。这是由于运行时类型检查需要运行时的类型信息，而虚函数表提供运行时型态信息。没有这些信息，不可能返回失败信息，也只能在编译时刻执行，不能在运行时刻执行。static_cast 则没有这个限制。

（3）打开编译器的 RTTI 开关。

注意：dynamic_cast 在运行时需要一些额外开销，但如果使用了很多的 dynamic_cast，就会产生一个影响程序（执行）性能的问题。

3. dynamic_cast 用于交叉强制类型转换

dynamic_cast 还支持交叉转换（cross cast），其应用条件与向下强制转换一样。

代码 6-17　dynamic_cast 转换与 static_cast<C*>转换的区别。

```
class A {
public:
  int ib;
  virtual void test () {}
};

class B:public A
{};

class C:public A
{};

void test () {
  B* pb = new B;
  pb -> ib = 89;
  C* pc1 = static_cast<C*> (pb);     //错误
  C* pc2 = dynamic_cast<C*> (pb);    //pc2是空指针
  delete pb;
}
```

说明：在上述函数test( )中，使用static_cast进行转换是不被允许的，它将在编译时出错；而使用dynamic_cast的转换则是允许的，其结果是空指针。

4. dynamic_cast应用实例

例6.1 某软件公司开发了一个员工管理系统。如图6.3所示，这个系统由两部分组成：一部分是外购的通用员工工资管理类库，它由Employee类、Manager类和Programmer类组成（公司成员只有程序员和管理人员两类）。另一部分是该公司自己开发的Company类。

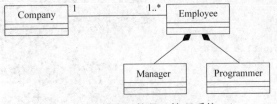

图6.3 某公司的员工管理系统

代码6-18 通用员工管理类库开发商为用户提供了类接口代码，这些代码在头文件example0601.h中。

```
//example0601.h
class Employee {
public:
  virtual int getPay ();
};

class Manager : public Employee {
public:
  int getPay();
```

```
};

class Programmer : public Employee {
public:
    int getPay ();
};
```

公司使用 Company 类中的发薪成员函数 payroll( )，用动态绑定的方法调用类库中的 getSalary( )成员，形式如下。

```
void Company::payroll (Employee& re) {
    re.getPaSalary ();
}
```

这个系统运行一段时间后，公司考虑，对程序员必须采用基薪+奖金的薪酬机制。但是，这个系统没有奖金计算功能。为了实现这个功能，最好的办法是在开发商的类库中再增加一个虚函数 getBonus( )。但这是不可能的，因为类库中的代码是经过编译的，无法进行编辑再编译。一个可行的办法是，修改头文件，把 getBonus( )的声明增加到 Programmer 中。

代码 6-19 修改后的头文件代码（getBonus( )的实现另外定义）。

```
//example0601.h
class Employee {
public:
    virtual int getPay ();
};

class Manager : public Employee {
public:
    int getPay ();
};

class Programmer : public Employee {
public:
    int getPay ();
    int getBonus ();
};
```

在这种情况下，就可以使用 dynamic_cast 了。dynamic_cast 操作符可用来获得派生类的指针，以便使用派生类的某些细节，即让函数 payroll( )接收一个 Employee 类的引用为参数，并用 dynamic_cast 操作符获得派生类 Programmer 的引用，再用这个引用调用成员函数 getBonus( )。

代码 6-20 修改后的 payroll( )代码。

```
#include <type_info>
void Company::payroll (Employee &re ) {
    try {
        Programmer &rm = dynamic_cast< Programmer&> (re);//用 rm 调用 Programmer::getBonus()
    }catch (bad_cast) {
```

```
         //使用 Employee 的成员函数
    }
}
```

这样，如果在运行时刻 re 实际上为 Programmer 对象的引用，则 dynamic_cast 成功，就可以计算 Programmer 对象的奖金了；否则将返回 bad_cast。由于 bad_cast 被定义在 C++ 标准库中，要在程序中使用该引用类型，必须包含头文件<type_info>。

程序会按照预期，只计算 Programmer 对象的薪金，不会计算 Employee 对象的奖金，否则将导致 dynamic_cast 失败。

代码 6-21 使用指针的 payroll( )代码。

```
void Company::payroll ( employee *pe ) {
    //dynamic_cast 和测试在同一条件表达式中
    if (Programmer *pm = dynamic_cast< Programmer* > (pe)) {
        pm → Programmer().getBonus();        //使用 pm 调用 Programmer::getBonus()
    }else {
        //使用 Employee 的成员函数
    }
}
```

注意：不要在 dynamic_cast 和测试之间插入代码，以免导致在测试之前使用 pm。

6.3.3 type_info 类与 typeid 操作符

typeid 操作符可以在程序运行中返回一个表达式的类型信息，这些信息记录在类型为 type_info 类的对象中。

为了正确地使用 typeid 操作符，首先要了解 type_info 类界面。

1. type_info 类

type_info 类类型被定义在头文件<typeinfo>中。

代码 6-22 type_info 类声明。

```
class type_info {
private:
    type_info (const type_info&);                    //复制构造函数
    type_info& operator = (const type_info&);        //赋值操作符
public:
    virtual ~type_info ();                           //析构函数
    int operator == (const type_info&) const;        //相等操作符
    int operator != (const type_info&) const;        //不等操作符
    const char* name () const;                       //返回类型名
    bool before(const type_info&);
};
```

注意：

（1）type_info 类的复制构造函数和赋值操作符都是私有成员，用户不能在自己的程序中定义 type_info 对象。例如：

```
#include <typeinfo>
type_info t1;                                   //错误：没有默认构造函数
type_info t2 (typeid (unsigned int));           //错误：复制构造函数是 private 的
```

（2）type_info 类的定义会因编译器而异。

2. typeid 操作符的应用

注意：typeid 操作符必须与表达式或类型名一起使用。

代码 6-23   typeid 的几种用法。

```cpp
#include <iostream>
#include <typeinfo>

class Base {
    //空类
};

class Derived : public Base {
    //空类
};

int main(){
    using cout;
    using endl;
    double d = 0;
    cout << " (1)" << typeid (d).name () << endl;
    cout << " (2)" << typeid (85).name () << endl << endl;

    Derived dobj;
    Base *pb1 = &dobj;
    cout << " (3)" << typeid (*pb1).name () << endl << endl;

    Base* pb = new Base;
    Base& rb = *pb;
    cout << " (4)" << (typeid (pb) == typeid (Base*)) << endl;
    cout << " (5)" << (typeid (pb) == typeid (Derived*)) << endl;
    cout << " (6)" << (typeid (pb) == typeid (Base)) << endl;
    cout << " (7)" << (typeid (pb) == typeid (Derived)) << endl << endl;

    cout << " (8)" << (typeid (rb) == typeid (Derived)) << endl;
    cout << " (9)" << (typeid (rb) == typeid (Base)) << endl;
    cout << " (10)" << (typeid (&rb) == typeid (Base*)) << endl;
    cout << " (11)" << (typeid (&rb) == typeid (Derived*)) << endl;

    return 0;
}
```

程序运行结果如下。

```
<1>double
<2>int

<3>class Base

<4>1
<5>0
<6>0
<7>0

<8>0
<9>1
<10>1
<11>0
```

说明:

(1) 由行 1、2 可以看出,用系统预定义类型的表达式和常量作为 typeid 的参数时,typeid 会指出参数的类型。

(2) 由行 3 可以看出,用不带有虚拟函数的类的类型作为 typeid 的参数时,typeid 将指出参数的类类型(Base),而不是所指向对象的类型(Derived)。

(3) 行 4~11 表明,可以使用 "==" 对 typeid 的结果进行比较,从而构成如下条件表达式。

```
if (typeid (pb) == typeid (Base*))
if (typeid (pb) == typeid (Derived*))
if (typeid (pb) == typeid (Base));
if (typeid (pb) == typeid (Derived));
```

3. 关于 type_info 的进一步说明

如前所述,编译器对于 RTTI 的支持程度与其实现相关。一般说来,type_info 的成员函数 name( )可以获得表达式运行时的类型信息,这是所有 C++编译器都可以提供的。除此之外,有些编译器还可以提供与类类型有关的其他信息,如类成员函数清单、内存中该类类型对象的布局(即成员和基类子对象之间的映射关系)等。

编译器对 RTTI 支持的扩展与 type_info 类的结构有关,它可以通过 type_info 派生类增加额外信息。此外,type_info 类有一个虚拟析构函数,它能通过 dynamic_cast 操作判断是否有可用的特殊类型的 RTTI 扩展支持。

代码 6-24 某编译器使用一个名为 extended_type_info 的 type_info 派生类为 RTTI 提供额外支持。下面的程序段用 dynamic_cast 来发现 typeid 操作返回的 type_info 对象是否为 extended_type_info 类型。

```
#include <typeinfo>    //typeinfo 头文件包含 extended_type_info 的定义

typedef extended_type_info eti;
void func(Base* pb){
    //从 type_info* 到 extended_type_info* 向下转换
    if (eti* pEti = dynamic_cast<eti*> (&typeid (*pb))) {
        //dynamic_cast 成功,则通过 pEti 使用 extended_type_info 信息
    }else {
        //dynamic_cast 失败,则使用标准 type_info 信息
```

        }
}

习题 6

> 概念辨析

1. 从备选答案中选择下列各题的答案。

（1）虚函数可以_____。

  A. 创建一个函数，但永远不会被访问

  B. 聚集不同类的对象，以便被相同的函数访问

  C. 使用相同的函数名访问类层次中的不同对象

  D. 作为类的一个成员，但不可被调用

（2）使用虚函数_____。

  A. 创建名义上可以访问但实际不会执行的函数

  B. 可以使用相同的调用形式访问不同类对象中的成员

  C. 可以创建一个基类指针数组，用其保存指向派生类的指针

  D. 允许在一个类层次结构中，使用一个函数调用表达式执行不同类中定义的函数

（3）运行时多态性要求_____。

  A. 基类中必须定义虚函数   B. 派生类中重新定义基类中的虚函数

  C. 派生类中也定义有虚函数   D. 通过基类指针或引用访问虚函数

（4）虚函数_____。

  A. 是一个静态成员函数   B. 可以在声明时定义，也可以在实现时定义

  C. 是实现动态联编的必要条件 D. 是声明为virtual的非静态成员函数

（5）下列函数中，可以是虚函数的是_____。

  A. 自定义的构造函数   B. 复制构造函数

  C. 静态成员函数   D. 析构函数

（6）类B是通过public继承方式从类A派生而来的，且类A和类B都有完整的实现代码，那么下列说法正确的是_____。

  A. 类B中具有public可访问性的成员函数的个数一定不少于类A中public成员函数的个数

  B. 一个类B的实例对象占用的内存空间一定不少于一个类A的实例对象占用的内存空间

  C. 只要类B中的构造函数都是public的，在main()函数中就可以创建类B的实例对象

  D. 类A和类B中的同名虚函数的返回值类型必须完全一致

（7）纯虚函数_____。

  A. 是将返回值设定为0的虚函数

  B. 是不返回任何值的函数

  C. 是所在的类永远不会创建对象，只作为父类的虚函数

  D. 是没有参数也没有任何返回值的虚函数

（8）抽象类_____。
　　A. 没有类可以派生　　　　　　　　B. 不可以实例化
　　C. 不可以定义对象指针和对象引用　　D. 必须含有纯虚函数
（9）如果一个类含有一个以上的纯虚函数，则称该类为_____。
　　A. 虚基类　　　B. 抽象类　　　C. 派生类　　　D. 以上都不对
（10）dynamic_cast是一个_____。
　　A. 类型关键字　　B. 变量名　　　C. 操作符　　　D. 类名
（11）dynamic_cast的作用是_____。
　　A. 强制类型转换　B. 隐性类型转换　C. 改变指针类型　D. 改变引用类型
（12）在有虚函数的类层次结构中，若typeid的表达式是一个指向派生类对象的指针，或是一个派生类对象的引用，则测试到的类型是_____。
　　A. 派生类　　　B. 基类　　　C. 给出错误信息　　D. 随机类型
（13）dynamic_cast应用的条件是_____。
　　A. 类之间有继承关系　　　　　　　B. 类中定义有虚函数
　　C. 打开了编译器的RTTI开关　　　　D. 以上3项都要满足
（14）动态类型转换机制实现的基础是_____。
　　A. 堆存储　　　B. 栈存储　　　C. 操作符重载　　D. 虚函数表
（15）如果一个类层次结构中没有定义一个虚函数，则尽管使用typeid的表达式是一个指向派生类对象的指针，或是一个引用派生类对象的基类引用，最终测试到的类型是_____。
　　A. 派生类　　　B. 基类　　　C. 给出错误信息　　D. 随机类型
（16）在不考虑强制类型转换的情况下，_____。
　　A. 常量成员函数中不能修改本类中的非静态数据成员
　　B. 常量成员函数中可以调用本类中的任何静态成员函数
　　C. 常量成员函数的返回值只能是void或常量
　　D. 常量成员函数若调用虚函数f，那么在本类中也一定是一个常量成员函数

2. 判断。
（1）在基类声明了虚函数后，在派生类中重新定义该函数时可以不加关键字 virtual。　　（　　）
（2）只有虚函数+指针或引用调用，才能真正实现运行时的多态性。　　（　　）
（3）如果派生类成员函数的原型与基类中被声明为虚函数的成员函数原型相同，这个派生类函数将自动继承基类中虚函数的特性。　　（　　）
（4）构造函数可以声明为虚函数。　　（　　）
（5）抽象类只能是基类。　　（　　）
（6）纯虚函数也需要定义。　　（　　）
（7）运行时多态性与类的层次结构有关。　　（　　）
（8）纯虚函数可以被继承。　　（　　）
（9）含有纯虚函数的类称作抽象类。　　（　　）
（10）抽象类不能被实例化。　　（　　）
（11）虽然抽象类的析构函数可以是纯虚函数，但要实例化其派生类对象，仍必须提供抽象基类中析

构函数的函数体。 （ ）
（12）在析构函数中调用虚函数时，应采用动态绑定。 （ ）
（13）虚函数是一个 static 类型的成员函数。 （ ）
（14）上行类型转换时，得到的仅仅是派生类对象中的基类部分。 （ ）
（15）下行类型转换时，dynamic_cast 将一个派生类的基类指针转换成一个派生类指针。 （ ）
（16）在使用结果指针之前，必须通过测试 dynamic_cast 操作符的结果来检验转换是否成功。 （ ）

代码分析

1. 指出下列代码执行后的输出结果。

（1）

```cpp
#include <iostream>
class A {
public:
    virtual void act1();
    void act2 () {act1 ();}
};
void A::act1(){
    cout << "A::act1 () called. " << endl;
}
class B : public A {
public:
    void act1();
};
void B::act1(){
    cout << "B::act1 () called. " << endl;
}
void main(){
    B b;
    b.act2 ();
}
```

（2）

```cpp
#include <iostream>
int main(){
    int intVar = 1800000000;
    intVar = intVar * 10 / 10;
    cout << "intVar = " << intVar << endl;
    intVar = 1800000000;
    intVar = static_cast <double> (intVar) * 10 / 10;
    cout << "intVar = " << intVar << endl;
    return 0;
}
```

2. 分析下面程序段中的不足。

```cpp
void company::payroll (employee* pe) {
```

```
programmer* pm = dynamic_cast< programmer* > ( pe );
static int variablePay = 0;
variablePay += pm -> getBonus ();
//...
}
```

3. 假如C public 继承B，分析下面各代码段中的转换是否会成功，并给出原因。

（1）
```
B* p = new B();
C* p = dynamic_cast<C*> (p);
```

（2）
```
C* p = (C*)new B ();
C* p = dynamic_cast<C*> (p);
```

开发实践

1. 应用虚函数编写程序进行大学生和研究生的信息管理。

2. 设计一个交通工具类Vehicle，并以其作为基类派生小车类Car、卡车类Truck和轮船类Boat，要用虚函数显示各类的信息。

3. 某学校工资实行基本工资+课时补贴的计算方法。各种职称的标准是：

教授基本工资5000元，每课时补贴50元；

副教授基本工资3000元，每课时补贴30元；

讲师基本工资2000元，每课时补贴20元；

定义一个教师抽象类，派生不同职称的教师类，编写一个计算不同人的月工资的C++程序。

探索验证

在进行数据类型转换时，有时会出现精度丢失问题。试分析哪些类型转换会产生精度丢失。

第 7 单元　面向对象程序结构优化

设计程序犹如设计建筑物，有的设计师设计出来的建筑俗不可耐，简直不堪入目；有的设计师设计出的建筑则别具匠心，令人百看不厌。那么，什么样的程序才是好的面向对象程序呢？这一单元将介绍这方面的有关知识。

7.1　面向对象程序设计优化规则

7.1.1　引言

好的程序的概念来自人们长期的摸索和实践的考验。这些用心血总结出的原则，经过多重提炼，变得对于抽象。为了便于初学者理解，下面从一个故事说起。

王彩同学是计算机软件专业大三的同学，正在学习 C++面向对象的程序设计课程。一天，张教授将他请到办公室，说附近一家民营小厂信息化刚刚起步，希望能有学计算机软件的同学到厂里帮忙，问他愿意不愿意去。王彩说："我没有经验，怕承担不了。"教授说："不怕，有问题我们一起解决。"于是，王彩欣然同意。故事也就开始了。

星期三上午 3、4 节没课，王彩决定先去厂里看看情况。于是带着自己的笔记本电脑来到厂里。这时，厂长已经在办公室等候。原来这是一家生产圆柱体部件的小厂。厂里为了计算原料，需要计算圆柱体积。计算公式是：

圆柱（pillar）体积（volume） = 底（bottom）面积（area）*高（height）

厂长说："现在这些都是用手工计算的。计算中有时候算圆（circle）底的面积时会出错，能不能先设计一个计算圆面积的程序？"王彩心想："小菜一碟！"于是打开笔记本电脑，三下五除二，马上就设计出来了。为了讨厂长喜欢，还增加了一个画图功能。

代码 7-1　王彩设计的计算圆面积的 C++程序。

```
#include <iostream>
class Circle{
private:
    static double Pi;
    double radius;
public:
    Circle(double r);
    void draw();
    double getArea();
};
double Circle::Pi = 3.1415926;
Circle::Circle(double r):radius(r){}
```

```
double Circle::getArea(){return (Pi * radius * radius);}
void Circle::draw(){cout << "画圆" << endl;}
```

接着,又设计了一个测试程序,如下所示。

```
#include <iostream>
int main(){
    double r;
    cout << "请输入圆半径: ";
    cin >> r;
    Circle c(r);
    cout << "圆面积为: " << c.getArea() << endl;
    c.draw();
    return 0;
}
```

测试结果如下。

```
请输入圆半径: 1.0
圆面积为: 3.14159
画圆
```

厂长很高兴。转眼间,12点已经过了。厂长打电话叫送来2盒8元的快餐,在办公室与王彩共进午餐。吃饭时,厂长问王彩:"能不能一下子就把圆柱体积计算出来?"王彩眨了眨眼睛说:"下午还有两节课。我下课后再来吧?"厂长说:"下午有客户来,明天这个时间来如何?"王彩想了想,说:"好的。"

下午正好是张教授的课。王彩赶到教室,预备铃已经响过,张教授已经打开投影设备,看见王彩进来,就问:"情况如何?"王彩简单地讲了一下情况。张教授开玩笑地说:"你明天中午又有快餐吃了。"这时上课铃声响起。王彩要坐到座位上去,张教授说:"你给大家介绍一下情况吧。"王彩故弄玄虚地给同学们介绍了他的5分钟杰作,并把代码也写在白板上。张教授问他:"那圆柱计算你想如何做呢?"王彩满不在乎地说:"这个更简单。只要由类 Circle 派生出一个 Pillar 类,问题就解决了。"教授说:"你把 Pillar 类声明写出来。"王彩神气十足地在白板上写出了如下代码。

代码7-2 王彩最先写出的 Pillar 类声明。

```
class Pillar:publc Circle {
private:
    double height;
public:
    Pillar(Circle r, double h);
    void draw();
    double getVolume();
};
```

教授问:"这个设计有什么好?"

王彩回答道:"继承(泛化)是一种基于已知类(父类)来定义新类(子类)的方法。它的最大好处是带来可重用。而软件重用能节约软件开发成本,可以真正有效地提高软件生产效率。"

教授又问:"不错。但除了继承,还有别的重用方式吗?"

王彩一下子答不上来了。

教授说:"好吧,你先就座吧。"

说着,教授打开投影,投影屏上显示出一行字:合成/聚合优先原则。

7.1.2 从可重用说起:合成/聚合优先原则

"重用"(reuse)也被称作"复用",是重复使用的意思。软件重用是指在两次或多次不同的软件开发过程中重复使用相同或相似软件元素的过程。这里所说的"软件元素"包括程序代码、测试用例、设计文档、设计过程、需求分析文档甚至领域知识和经验等。通常,可重用的元素也被称作软构件。构件的大小称为构件的粒度。可重用的软构件越大,重用的粒度越大。使用软件重用技术可以减少软件开发活动中大量的重复性工作,这样就能提高软件生产率,降低开发成本,缩短开发周期。同时,由于软构件大都经过严格的质量认证,并在实际运行环境中得到了校验,因此,重用软构件有助于改善软件质量。此外,大量使用软构件,能有效地提高软件的效率、灵活性和可靠性。

一般说来,软件重用可分为如下 3 个层次。

(1)知识重用,例如,软件工程知识的重用。

(2)方法和标准的重用,例如,面向对象方法或国家制定的软件开发规范的重用。

(3)软件成分的重用。

下面,主要介绍两种重用机制:继承重用和合成/聚合重用。

1. 继承重用的特点

继承是面向对象程序设计中的一种传统的重用手段。继承重用的好处是新的实现较为容易。因为父类的大部分功能都可以通过继承关系自动进入子类,同时,修改或扩展继承而来的实现也较为容易。但是,继承重用也会带来一些副作用,具体如下。

(1)继承重用是透明的重用,又称"白箱"重用,即超类的内部细节常常是对子类透明的,因为不将父类的实现细节暴露给子类,就无法继承。这样就会破坏软件的封装性。

(2)子类的实现对父类有非常紧密的依赖关系,父类实现中的任何变化都将导致子类发生变化,形成这两种模块之间的紧密耦合。这样,当这种继承下来的实现不适合新出现的问题时,就必须重写父类或用其他适合的类代替,从而限制了重用性。

> **程序模块的高内聚与低耦合**
>
> 模块化(modularity, modularization)是人类求解复杂问题、建造或管理复杂系统的一种策略。模块化程序设计可以降低开发过程的复杂性,但只有独立性好的模块才能实现这个目标。模块的独立性可以从内聚(cohesion)和耦合(coupling)两个方面评价。
>
> 内聚又称为块内联系,是模块内部各成分之间相互关联或可分性的量度。模块的内聚性低,表明该模块可分性高;模块的内聚性高,表明该模块不可分性高。
>
> 耦合又称为块间联系,是模块之间相互联系程度的量度。耦合性越强,模块间的联系越紧密,模块的独立性越差。

(3) 由于父类与子类之间的紧密关系，使得模块化的概念从一个类扩展到了一个类层次。随着继承层次的增加，模块的规模不断膨胀，会趋向难于驾驭的状态。

2. 合成/聚合重用及其特点

简而言之，合成或聚合是将已有的对象纳入到新对象中，使之成为新对象的一部分，因此这也成为面向对象程序设计中的另一种重用手段。这种重用有如下一些特点。

（1）由于成分对象的内部细节是新对象所看不见的，所以合成/聚合重用是"黑箱"重用，它的封装性比较好。

（2）合成/聚合重用所需的依赖较少。用合成和聚合的时候，新对象和已有对象的交互往往是通过接口或者抽象类进行的。这就直接导致了类与类之间的低耦合。这有利于类的扩展、重用、维护等，也带来了系统的灵活性。

（3）合成/聚合重用可以让每一个新的类专注于实现自己的任务，符合单一职责原则（随后介绍）。

（4）合成/聚合重用可以在运行时间内动态进行。新对象可以动态地引用与成分对象类型相同的对象。

3. 合成/聚合优先原则

合成/聚合优先原则也称合成/聚合重用原则（Composite/Aggregate Reuse Principle, CARP）。其简洁的表述是：要尽量使用合成和聚合，尽量不要使用继承。因为合成/聚合使得类模块之间具有弱耦合关系，不像继承那样会形成强耦合。这有助于保持每个类的封装性，并确保集中在单个任务上。同时，还可以将类和类继承层次保持在较小规模上，不会越继承越大而形成一个难以维护的庞然大物。

但是，这个原则也有自己的缺点。因为此原则鼓励使用已有的类和对象来构建新的类的对象，这就导致了系统中会有很多的类和对象需要管理和维护，从而增加系统的复杂性。同时，也不是说在任何环境下使用合成聚合重用原则就是最好的。如果两个类之间在符合分类学的前提下有明显的"IS-A"的关系，而且基类能够抽象出子类的共有的属性和方法，而此时子类又能通过增加父类的属性和方法来扩展基类，那么此时使用继承将是一种更好的选择。

听了张教授的课后，王彩深有感悟，下课后立即写出了如下代码。

代码 7-3 采用合成/聚合的 Pillar 类。

```cpp
class Pillar {
private:
  Circle bottom;
  double height;
public:
  Pillar (Circle b, double h);
  void draw();
  double getVolume();
```

```
};
Pillar::Pillar(Circle b, double h):bottom(b),height(h){}
double Pillar::getVolume(){return (bottom.getArea() * height);}
void Pillar::draw(){cout << "画圆柱。" << endl;}

int main(){
    double r,h;
    cout << "请输入圆半径和真柱高: "; cin >> r >> h;
    Circle b(r);
    Pillar p(b,h);
    cout << "圆柱体积为: "<< p.getVolume() << endl;
    p.draw();
    return 0;
}
```

测试结果如下。

```
请输入圆半径和真柱高: 1.0 2.0
圆柱体积为: 6.28319
画圆柱。
```

带着成功的喜悦，王彩神气十足地去找张教授。教授看了说："不错。不过刚才厂长又给了你一个新任务。厂里现在有了一批合同，要生产矩形（rectangle）柱体，要你把原来的设计修改一下。你打算如何修改？"

王彩几乎没有思考地说："那很简单，就再增加一个 Rectangle 类好了。"

教授说："那你回去把代码写出来。"

过了几天，又是张教授的课了。王彩小心翼翼地坐在座位上，头也不敢抬，生怕教授提问自己。因为几天过去了，厂长交给的那个任务还没有完成。程序增加了一个 Rectangle 类，但是 Pillar 类的修改麻烦得不得了。改了这里，那里出错；改了那里，这里又出错。王彩心想："这就是软件工程中讲的软件维护。看来，设计不容易，维护更困难。"

想着想着，上课铃响了。谢天谢地，教授没有提问他，而是讲起了下面的内容。

7.1.3 从可维护性说起：开闭原则

1. 软件的可维护性和可扩展性

设计一个程序的根本目的是满足用户的需求。既要满足用户现在的需求，也要满足用户将来的需求。但是，要做到这一点往往是非常困难的。其原因是多方面的。既有用户对于需求表达的不完全、不准确因素，也有开发者对于用户需求理解的不完全、不准确因素，还有用户因条件、认识而做出的需求改变因素。因此，一个软件在交付之后还常常需要进行一些修改。这些在软件交付使用之后的修改，就称为软件的维护。

一般说来，软件维护可以有如下 4 种类型：校正性维护、适应性维护、完善性维护、预防性维护。这 4 种维护中，除了改正性维护外，其他都可以归结为是为适应需求变化而进行的维护。如图 7.1 所示，统计表明，软件维护在整个软件开发中的比例占到 60%～70%；

而完善性维护在整个维护工作中的比重占到 50%~60%，其次是适应性维护（占 18%~25%）。

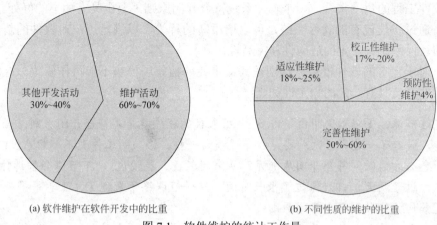

(a) 软件维护在软件开发中的比重　　　　　(b) 不同性质的维护的比重

图 7.1　软件维护的统计工作量

软件开发的根本目的就是满足用户需求。但是用户需求总是在变化并且难以预料，如下所示。

（1）软件设计的根据是用户需求，而用户对于自己的需求往往不够明确或不周全，特别是对于新的软件的未来运行情况想象不到，需要在应用中遇到具体问题才能提出。

（2）用户的需求会根据业务流程、业务范围、管理理念等不断变化。

（3）软件设计者对用户需求有误解，而有些误解往往要到实际运行时才能够被发现。

不让用户有需求的变化是不可能的。早期的结构化程序设计也注意到了这些变化，不过它要求用户在提出需求以后，便不能再变化，否则，"概不负责"。这显然是不合理的。这是早期结构化程序设计的局限性。

可维护性软件的维护就是软件的再生。一个好的软件设计既要承认变化，又要具有适应变化的能力，即使软件具有可维护性（maintainability）。在所有的维护工作中，完善性维护的工作量占到一半，其反映的是用户需求的增加。为此，可维护性要求新增需求能够以比较容易和平稳的方式加入到已有的系统中去，从而使这个系统能够不断焕发青春。这称为系统的可扩展性（extensibility）。

2. 开闭原则

开闭原则（Open-Closed Principle，OCP）由 Bertrand Meyer 于 1988 年提出。开闭原则中的"开"，是指对软件组件的扩展；开闭原则中的"闭"，是指对原有代码的修改。它的原文是"Software entities should be open for extension,but closed for modification"，即告诫人们，为了便于维护，软件模块的设计应当"对扩展开放（open for extension）"，而"对修改关闭（closed for modification）"。或者说，模块应尽量在不修改原来代码的前提下进行扩展。例如，一个软件用于画图形的程序，原来为画圆和三角形设计，后来需要增加画矩形和五边形的功能，这就是扩展。若进行这一扩展时，不改动原来的代码，就符合了开闭原则。

开闭原则可以充分体现面向对象程序设计的可维护性、可扩展性、可重用性和高灵活性，是面向对象程序设计中可维护性重用的基石，是对一个设计模式进行评价的重要依据。

从软件工程的角度来看，一个软件系统符合开闭原则，至少具有如下的好处。

（1）通过扩展已有的软件系统，可以增添新的行为，以满足用户对软件的新需求，使变化中的软件系统有一定的适应性和灵活性。

（2）对于已有的软件模块，特别是其最重要的抽象层模块不能再作修改。这就能使变化中的软件系统具有一定的稳定性和延续性。

上完这节课，王彩心里明白了许多："原来我的程序就是不符合开闭原则。怪不得添加一个功能，引起了一连串修改。要是程序规模大一些，修改的工作真不可想象。"可他又有些迷惑。怎么才能做到符合开闭原则呢？他来问教授。教授说："下节课会告诉你。"

虽然才过了两天，却好像过了很长时间。这一节课终于来到了。王彩早早来到教室，就想知道如何才能做到符合开闭原则。

教授今天讲的题目是：面向抽象原则。

7.1.4 面向抽象原则

1. 具体与抽象

抽象的概念由某些具体概念的"共性"形成。把具体概念的诸多个性排除，集中描述其共性，就会产生一个抽象性的概念。抽象与具体是相对的。在某些条件下的抽象，会在另外的条件下成为具体。在程序中，高层模块是低层模块的抽象，低层模块是高层模块的具体；类是对象的抽象，对象是类的实例；父类是子类的抽象，子类是父类的具体；接口是实例类抽象，实例类是接口的具体化。

2. 依赖倒转原则

面向抽象原则原名叫做依赖倒转原则（Dependency Invension Principle，DIP），是关于具体（细节）与抽象之间关系的规则。

初学程序设计的人，往往会就事论事地思考问题。例如，一个人去学车，教练使用的是夏利车，他就告诉别人："我在学开夏利车。"学完之后，他也一心去买夏利车。人家给他一辆宝马，他不要，说："我学的是开夏利车。"这是一种依赖于具体的思维模式。显然，这种思维模式禁锢了自己。将这种思维模式用于设计复杂系统，设计出来的系统的可维护性和可重用性都是很低的。因为抽象层次包含的应该是应用系统的商务逻辑和宏观的对整个系统来说重要的战略性决定，是必然性的体现，其代码具有相对的稳定性。而具体层次含有的是一些次要的与实现有关的算法逻辑以及战术性的决定，带有相当大的偶然性意味，其代码是经常变动的。

依赖倒转原则就是要把错误的依赖关系再倒转过来。它的基本描述为下面的2句话。

（1）抽象不应该依赖于细节，细节应当依赖于抽象。

（2）高层模块不应该依赖于低层模块。高层模块和低层模块都应该依赖于抽象。

3. 接口与面向接口的编程

接口（interface）用来定义组件对外所提供的抽象服务。所谓"抽象服务"，是指，在程序中，接口只指定承担某项职责或提供某种服务所必须具备的成员，而不提供它所定义的成员的实现，即不说明这种服务具体如何完成。在 C++中，接口实际上就是抽象基类。接口不能实例化，需要具体的实例类来实现。这样就形成了接口与实现的分离，使得一个接口可以有多个实例类、一个实例类可以实现多个接口。这充分表明接口定义的稳定性和实例类的多样性，从而做到了可重用和可维护之间的统一。

接口只是一个抽象化的概念，是对一类事物的最抽象描述，体现了自然界"如果是……则必须能……"的概念。具体的实现代码由相应的实现类来完成。例如，在自然界中，动物都有"吃"的能力，这就形成一个接口。具体如何吃，吃什么，要具体分析，具体定义。

代码 7-4 描述上述情形的 C++代码。

```cpp
class 动物 {
public:
    virtual void eat() = 0;           //声明纯虚函数
};

class 食肉动物 : public 动物 {
public:
    void eat(){                        //重新定义
        cout << "吃肉\n";
    }
};

class 食草动物 : public 动物 {
public:
    void eat(){                        //重新定义
        cout << "吃草\n";
    }
};
```

显然，相对于实现，接口具有稳定性和不变性。但是，这并不意味着接口不可发展。类似于类的继承性，接口也可以继承和扩展。接口可以从零或多个接口中继承。此外，和类的继承相似，接口的继承也形成了接口之间的层次结构，也形成了不同的抽象粒度。例如，动物的"吃"、人的"吃"、老人的"吃"等，形成了不同的抽象层次。

应当注意，接口是对具体的抽象，并且层次越高的接口，抽象度越高。这里所说的"接口"泛指从软件架构的角度、在一个更抽象的层面上，用于隐藏具体底层类和实现多态性的结构部件。这样，依赖倒转原则可以描述为：接口（抽象类）不应依赖于实现类，实现类应依赖接口或抽象类。更加精简的定义就是"面向接口编程"，即要针对接口编程，而不是针对实现编程。这一定义，在面向对象的编程时，意义更为明确。

4. 面向接口编程举例

例 7.1 开发一个应用程序，模拟计算机（computer）对移动存储设备（mobile storage）

的读写操作。现有 U 盘（flash disk）、MP3（MP3 player）、移动硬盘（mobile hard disk）3 种移动存储设备与计算机进行数据交换，以后可能还有其他类型的移动存储设备与计算机进行数据交换。不同的移动存储设备的读、写的实现操作不同。U 盘和移动硬盘只有读、写两种操作。MP3 则还有一个播放音乐（play music）操作。

对于这个问题，可以形成多种设计。下面列举两个典型方案。

方案 1：定义 FlashDisk、MP3Player、MobileHardDisk 三个类，然后在 Computer 类中分别定义对每个类进行读/写的成员函数，例如对 FlashDisk 定义 readFromFlashDisk()、writeToFlashDisk()两个成员函数。总共有 6 个成员函数。在每个成员函数中实例化相应的类，调用它们的读写函数。

代码 7-5　方案 1 的部分代码。

```
class FlashDisk{
public:
  FlashDisk(){}
  void read();
  void write();
};

class MP3Player {
public:
  MP3Player(){}
  void read();
  void write();
  void playMusic();
};

class MobileHardDisk {
public:
  MobileHardDisk(){}
  void read();
  void write();
};

class Computer {
public:
  Compute(){}
  void readFromFlashDisk();
  void writeToFlashDisk();
  void readFromMP3Player();
  void writeToMP3Player();
  void readFromMobileHardDisk();
  void writeToMobileHardDisk();
};

void Computer::readFromFlashDisk (){
  FlashDisk fd;
  fd.read();
```

```
}
void Computer::writeToFlashDisk (){
    FlashDisk fd;
    fd.write();
}
//其他成员函数，略
```

分析：这个方案最直白，逻辑关系最简单。但是它的可扩展性差。若要扩展其他移动存储设备，必须对 Computer 进行修改，不符合开闭原则。此外，该方案冗余代码多。若有 100 种移动存储设备，在 Computer 中就至少要为它们定义 200 个读/写的成员函数。这是很不经济的。

方案 2：定义一个抽象类 MobileStorage，在里面写纯虚函数 read( )和 write( )，3 个存储设备继承此抽象类，并重写 read( )和 write( )。Computer 类中包含一个类型为 MobileStorage 的成员变量，并为其编写 get/set 器。这样 Computer 中只需要两个成员函数 readData( )和 writeData( )，通过动态多态性来模拟不同移动设备的读写。

代码 7-6　方案 2 的部分代码。

```
class MobileStorage{
public:
    MobileStorage(){}
    virtual void read() = 0;        //纯虚函数
    virtual void write() = 0;       //纯虚函数
};

class FlashDisk : public MobileStorage {
public:
    FlashDisk(){}
    void read();                    //重定义
    void write();                   //重定义
};

class MP3Player : public MobileStorage {
public:
    MP3Player(){}
    void read();
    void write();
    void playMusic();
};

class MobileHardDisk : public MobileStorage {
public:
    MobileHardDisk(){}
    void read();
    void write();
};

class Computer {
```

```
    MobileStorage& ms;
public:
    Computer(MobileStorage& m):ms(m){}
    void set(MobileStorage& ms){this -> ms = ms;}
    void readData();
    void writeData();
};

void Computer::readData(){
    ms.read();
}

void Computer::writeData(){
    ms.write();
}

//从移动硬盘读的客户端代码
int main(){
    MobileStorage* pms;
    pms=&FlashDisk();
    Computer comp(*pms);

    comp.set(*pms);
    comp.readData();
    return 0;
}
```

分析：在这个方案中，实现了面向接口的编程。程序中，在类 Computer 中，把原来需要具体的类的地方都用接口代替。这样，首先解决了代码冗余的问题。不管有多少种移动设备，都可以通过多态性动态地替换，使 Computer 与移动存储器类之间的耦合度大大下降。

听着听着，王彩茅塞顿开。要不是在课堂上，他一定会大喊着跳起来。这时，解决方案已经在他脑子里形成（如图 7.2 所示）。他心里想："不要说增添一个矩形，再增加一个三角形或其他形状的柱底都不会再修改其他部分了。"下课以后，不到 20 分钟，程序就写成并测试成功了。

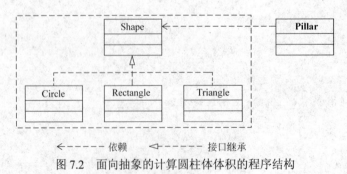

图 7.2 面向抽象的计算圆柱体体积的程序结构

代码 7-7 王彩设计的面向抽象的程序。

```cpp
#include <iostream>

class Shape{                              //为圆、三角形和矩形等添加的接口——抽象类
public:
   virtual void draw()=0;
   virtual double getArea()=0;
};

class Circle:public Shape{
private:
   static double Pi;
   double radius;
public:
   Circle(double r);
   void draw();
   double getArea();
};
double Circle:: Pi = 3.1415926;
Circle::Circle(double r):radius(r){}
double Circle::getArea(){return (Pi * radius * radius);}
void Circle::draw(){cout << "画圆。" << endl;}

class Rectangle:public Shape{
private:
   double length;
   double width;
public:
   Rectangle(double l, double w);
   void draw();
   double getArea();
};
Rectangle::Rectangle (double l, double w): length(l), width(w){}
double Rectangle::getArea(){return (length * width);}
void Rectangle::draw(){cout << "画矩形。" << endl;}


class Pillar{
private:
   Shape& bottom;
   double height;
public:
   Pillar (Shape& b, double h);
   void draw();
   double getVolume();
};
Pillar::Pillar(Shape& b, double h):bottom(b),height(h){}
double Pillar::getVolume(){return (bottom.getArea() * height);}
void Pillar::draw(){cout << "画柱体。" << endl;}

int main(){
```

```cpp
  Shape* s1 = &Circle(1.0);              //用实例类对象初始化接口的指针
  Pillar p1(*s1,10);
  cout << "圆柱体积为:" << p1.getVolume() << endl;
  Shape* s2 = & Rectangle (3.0,2.0);     //用实例类对象初始化接口的指针
  Pillar p2(*s2,10);
  cout << "矩形柱体积为:" <<p2.getVolume() << endl;
  return 0;
}
```

测试结果如下。

```
圆柱体积为: 31.4159
矩形柱体积为: 60
```

测试完毕，王彩连蹦带跳地唱着歌激动地来到张教授办公室。张教授看了他的程序，轻描淡写地说了声："还可以。"这一声，好像一盆凉水从王彩的头顶浇下。

"怎么？还有问题？"他诺诺地问了一声。

"首先，"教授指着王彩程序中的主函数说，"我不太喜欢指针。你能用引用实现吗？"

"嗯……"王彩稍作思考后说，"可以。"接着他只修改了两句。

```cpp
int main(){
  Shape& s1 = Circle(1.0);               //用实例类对象初始化接口的引用
  Pillar p1(s1,10);
  cout << "圆柱体积为:" << p1.getVolume() << endl;
  Shape& s2 = Rectangle (3.0,2.0);       //用实例类对象初始化接口的引用
  Pillar p2(s2,10);
  cout << "矩形柱体积为:"<< p2.getVolume() << endl;

  return 0;
}
```

"不错。还有……"刚得到教授称赞而放开的心又绷紧了。王彩盯着教授想听后面的教训。"你现在的画图功能还没有使用。那你的画图是画什么图？是黑白图，还是彩色图？如果原来是画黑白图，现在要增加一个画彩色图，该如何修改？假如除了计算面积、画图，再增加一个其他功能，又该如何修改？"

王彩懵了。

7.1.5 单一职责原则

1. 对象的职责

通常，可以从3个视角观察对象。

（1）代码视角：在代码层次上，对象是主要关心这些代码是否符合有关语言的描述语法，用于说明描述对象的代码之间是如何交互的。

（2）规约视角：在规约层次上，对象被看作一组可以被其他对象调用或被自身调用的方法，用于明确怎样使用软件。

（3）概念视角：在概念层次上，理解对象最佳的方式就是将其看作"具有职责的东西"，

即对象是一组职责。

所谓职责，职者，职位也；责者，责任也。因此，职责就是在一个位置上做所做的事。在讨论程序构件时，可以认为一个对象或构件的职责包括两个方面：一个是知道的事，用其属性描述；另一个是其可以承担的责任——功能，即其能做的事，用其行为描述。

职责对于对象的作用：在现实社会中，每个人各司其职、各尽其能，整个社会才会有条不紊地运转。同样，每一个对象也应该有其自己的职责。对象是由职责决定的。对象能够自己负责自己，就能大大简化控制程序的任务。

2. 单一职责原则

单一职责原则（Single Responsibility Principle, SRP），用一句话描述为："就一个类而言，应该仅有一个引起它变化的原因。"也就是说，不要把变化原因各不相同的职责放在一起，因为每一个职责都是一个变化的轴线。当需求变化时会反映为类的职责的变化。如果一个类承担的职责多于一个，那么引起它变化的原因就有多个。当一个职责发生变化时，可能会影响其他的职责。另外，多个职责耦合在一起，会影响重用性，增加耦合性，削弱或者抑制类完成其他职责的能力，从而导致脆弱的设计。这就好比生活中，一个人身兼数职，而这些事情相互关联不大，甚至有冲突，那就无法很好地履行这些职责。

单一职责原则的基本思想是通过分割职责来封装（分隔）变化。例如，在王彩设计的程序中，从接口到具体类，都拥有分别用来计算面积和画图形的成员函数 getArea() 和 draw()。这就使它们都有了两个职责，也就有了两个引起变化的原因。当其中一个原因变化时，往往会波及无辜的另一方。如果将不同的职责分配给不同的类，实现单个类的职责单一，就隔离了变化，它们也就不会互相影响了。

听到这里，王彩有些坐不住了，有些跃跃欲试了。教授一眼看穿："王彩，先不要急，等我把下面的一小节讲完。"

7.1.6 接口分离原则

接口分离原则（Interface Segregation Principle, ISP）的基本思想是：接口应尽量简单，不要太臃肿。

例 7.2 设计一个进行工人管理的软件。有两种类型的工人：普通的和高效的。他们都能工作，也需要吃饭。于是，可以先建立一个接口（抽象类）——IWorker，然后派生两个工人类：Worker 类和 SuperWorker 类。

代码 7-8 用一个接口管理工人的部分代码。

```cpp
class IWorker{
public:
  virtual void work();
  virtual void eat();
};

class Worker:public IWorker{
public:
```

```
  void work(){
    //...工作
  }

  void eat(){
    //...吃午餐
  }
};

class SuperWorker:public IWorker{
public:
  void work(){
    //...高效工作
  }

  void eat(){
    //...吃午餐
  }
};

class Manager{
  IWorker worker;
public:
  void setWorker(IWorker w){
    worker = w;
  }

  void manage(){
    worker.work();
    worker.eat();
  }
};
```

分析：这样一段代码似乎没有问题，并且在 Manager 类中应用了面向接口编程的原则。但是，如果现在引进了一批机器人，就有问题了。因为机器人只工作，不吃饭。这时，仍然使用接口 IWorker，就有问题了。为机器人而定义的 Robot 类将被迫实现 eat( )函数。因为接口中的纯虚函数必须在实现类中全部实现。尽管可以让 eat( )函数的函数体为空，但这会对程序造成不可预料的后果。例如，管理者可能仍然为每个机器人都准备一份午餐。问题就在于接口 IWorker 企图扮演多种角色。由于每种角色都有对应的函数，所以接口就显得很臃肿，称之为胖接口（fat interface）。而胖接口的使用，往往会强迫某些类实现它们用不着的一些函数。这种现象称为接口的污染。消除接口污染的方法是对接口中的函数进行分组，即对接口进行分离。

代码 7-9 把 IWorker 分离成两个接口。

```
class IWorkable {
public:
  virtual void work();
```

```
};

class IFeedable{
public:
   virtual void eat();
};

class Worker:public IWorkable, public IFeedable {
public:
   void work(){
      // 工作
   }

   void eat(){
      // 吃午餐
   }
};

class SuperWorker:public IWorkable, public IFeedable {
public:
   void work(){
      // 高效工作
   }

   void eat(){
      // 吃午餐
   }
};

class Robot:public IWorkable{
public:
   void work(){
      // 工作
   }
};

class Manager {
   IWorkable worker;

public:
   void setWorker(IWorkable w) {
      worker = w;
   }

   void manage(){
      worker.work();
   }
};
```

这段代码,解决了前面提出的问题。解决的办法就是分离接口,使每个接口都比较单纯，这样就不再需要 Robot 类被迫实现 eat( )方法了。

接口分离原则有一些不同的定义，但把它们概括起来就是一句话：应使用多个专门的接口，而不要使用单一的总接口，即客户端不应该依赖那些它不需要的接口。再通俗一点就是：接口尽量细化，尽量使一个接口仅担当一种角色，使接口中的函数尽量少。

"教授，那接口分离原则，不就是单一职责原则的一个具体化吗？"王彩忍耐不住自己的表现欲，还使用了一个专业术语。

"是的。"教授微笑着说，"接口分离原则与单一职责原则是有些相似，不过在审视角度上它们不甚相同。单一职责原则注重的是职责，是业务逻辑上的划分；而接口分离原则是针对抽象、针对程序整体框架的构建约束接口，要求接口的角色（函数）尽量少，尽量单纯、有用（针对一个模块）。"

"好了，今天就讲到这里。王彩好像有了新想法，把你的新设计思路写给大家看看。"

"好！"王彩早就等着这一机会了，马上走到讲台上，画出了自己设计的 UML 类图（见图 7.3）。

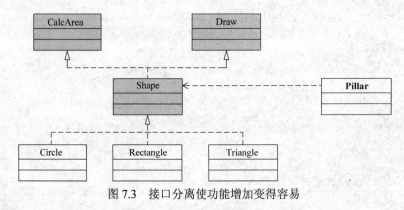

图 7.3　接口分离使功能增加变得容易

下面是增加的程序代码。

```
class CalcArea{                          //计算面积的接口
public:
   virtual  double  getArea()=0;
};

class Draw{                              //画图接口
public:
   virtual  void draw()=0;
};

class Shape:public CalcArea,public Draw{ //空的接口
};
…//其他不动
```

从到厂里联系，到把一个完整的柱体开发设计平台完成，王彩只用了仅仅半个月的时间。

这天，他带着自己的笔记本电脑到厂里给厂长交差。去了一看，厂长、副厂长、总工、技术科长、财务科长都在场。王彩演示完毕，大家七嘴八舌地进行了提问，王彩都一一做出了回答，并把大家问到的部分重点又演示一次。所有人都很满意。末了，厂长对王彩说："我们后面还要开会，今天就不留你吃午餐了。行吗？"

"没关系，只要你们觉得好用就行。或者，用起来，还有什么问题，我都会随叫随到的。"王彩嘴上这么说，心里却想：事情做完了，连8块钱的盒饭也没有了……。王彩正想着，突然听厂长说："办好了？"王彩还以为厂长在问自己。抬头一看，只见厂长正在与站在他身边的财务科长讲话。财务科长递给厂长一张纸，说："办好了。"这时，厂长对王彩说："我看你这台笔记本电脑也该淘汰了。为了感谢你的辛苦，厂里决定给你奖励一台笔记本电脑。这是一张支票，你可以用它买一台1万元左右的笔记本电脑。"

王彩一听，甚是惊喜。但一想，这是张教授交给的任务，怎么能要人家的报酬呢？连说："这样不合适。我是张教授……"王彩没有说完，厂长打断他说："你来之前，我已经同张教授说好了。"但王彩还是死活不要。

第二天上午第3、4节还是张教授的课。第1、2节没有课，王彩早早来到图书馆，找了几本关于设计模式的书看。九点半左右，手机震动，张教授发来一封短信，要王彩到他办公室一趟。

张教授办公室的门开着，王彩走到门口，喊了声报告，张教授也没有答应。只见张教授正聚精会神地盯着计算机屏幕。他又大声喊了一次。张教授才示意让他进来。

"教授忙？"

"没有，在看电视剧。"

"教授还有时间看电视剧？"

"很有意思。"这时屏幕上正演着安嘉和（冯远征饰）失态的画面（见图7.4）。"是梅婷、冯远征、王学兵和董晓燕主演的《不要和陌生人讲话》。这和一会儿要同你们讲的课有关。"

王彩奇怪地想：程序设计还与爱情剧有关？只见教授正在关机，收拾公文包。

"快上课了，我们一起走吧。刚才叫你来，是厂长把张支票送来了，你还是收了吧。也是你的劳动所获嘛！"

图7.4 《不要和陌生人说话》剧照

说着说着，到了教室。上课了，张教授打开投影，果真显示的题目是：不要和陌生人说话。

7.1.7 不要和陌生人说话

"不要和陌生人说话"也是一条程序设计的基本原则，也称最少知识原则（Least Knowledge Principle，LKP）或迪米特法则（Law of Demeter，LoD）。它来自1987年秋天，美国Northeastern University的Ian Holland所主持的项目Demeter。这个法则有如下一些描述形式。

（1）一个软件实体应当尽可能少地与其他实体发生相互作用。

（2）"talk only to your immediate friends,"即只与直接朋友交流，或不与陌生人说话。

（3）如果两个类不必彼此直接通信，那么这两个类就不应该发生直接的相互作用。如果其中的一个类需要调用另一个类的某一个方法，可以通过第三者转发这个调用。

（4）每一个软件单位对其他的单位都只有最少的知识，并且仅限于那些与本单位密切相关的软件单位。

迪米特法则有狭义和广义之分。

1. 狭义迪米特法则

狭义迪米特法则即要求每个类尽量减少对其他类的依赖。由于类之间的耦合越弱，越有利于重用，同时使得一个类的修改，不波及其他有关类。使用迪米特法则的关键是分清"陌生人"和"朋友"。对于一个对象来说，朋友类的定义如下：出现在成员变量、方法的输入/输出参数中的类称为成员朋友类；而出现在方法体内部的类不属于朋友类，是"陌生人"。例如，下面是"朋友"的一些例子。

- 对象本身，即可以用 this 指称的实体。
- 以参数形式传入到当前对象成员函数的对象。
- 当前对象的成员对象。
- 当前对象创建的对象。

遵循类之间的迪米特法则会使一个系统的局部设计简化，因为每一个局部都不会和远距离的对象有直接的关联。但是，应用迪米特法则有可能会造成的一个后果，那就是：系统中存在大量的中介类。这些类之所以存在完全是为了传递类之间的相互调用关系，与系统的商务逻辑无关。这在一定程度上增加了系统全局上的复杂度，也会使得系统的不同模块之间的通信效率降低，使系统的不同模块之间不容易协调。

2. 广义迪米特法则

广义迪米特法则也称为宏观迪米特法则，主要用于控制对象之间的信息流量、流向以及影响，使各子系统之间脱耦。

例 7.3 一个系统有多个模块，当多个用户访问系统时，形成图 7.5(a)所示的情形。显然这是不符合迪米特法则的。按照迪米特法则对系统进行重组，可以得到图 7.5(b)所示的结构。重组是靠增加一个 Façade（外观）实现的。这个 Facade 模块就是一个"朋友"。利用它

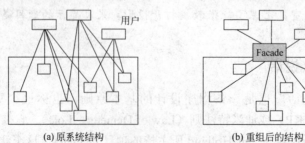

(a) 原系统结构　　　　　　　　　(b) 重组后的结构

图 7.5　多个用户访问系统内的多个模块时迪米特法则的应用

可实现"用户"对子系统访问时的信息流量的控制。通常，一个网站的主页就是一个 Facade 模块。Facade 模块形成一个系统的外观形象。采用这种结构的设计模式称为外观模式。

例 7.4 一个系统有多个界面类和多个数据访问类，它们形成了图 7.6(a)所示的关系。由于调用关系复杂，导致了类之间的耦合度很大，信息流量也很大。改进的办法是，按照迪米特法则，增加一些中介者（mediator）模块，形成图 7.6（b）所示的中介者模式。

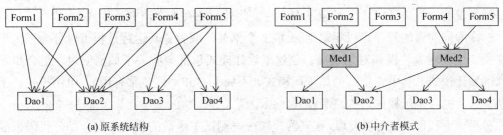

图 7.6　具有多个界面类和多个数据类的系统中迪米特法则的应用

利用迪米特法则控制流量过载时，可以考虑如下策略。
（1）优先考虑将一个类设置成不变类。
（2）尽量降低一个类的访问权限。
（3）尽量降低成员的访问权限。

下课了，王彩飞快走到教授面前："教授，这些原则太重要了。这些天，我感觉思想升华了不少。""这一段时间，你进步的确不小。不过，这些原则要用好，也不是这么简单的。比如，你的设计还不太完美。"说着，教授从包中拿出一本书。"这本书送给你，好好钻研一下，对于改进你的程序大有好处。"王彩接过书一看，是一本 Design Patterns: Elements of Reusable Object-Oriented Software。

7.2　GoF 设计模式举例：工厂模式

7.2.1　概述

上一节介绍了王彩同学为工厂设计一个程序的过程。经过这个摸索，王彩积累了不少经验，下次再碰到类似问题，他就可以拿来套用了。类似的情况早在程序设计网络社区中就开始了。在不同的程序设计网络社区中，都聚集了一批程序设计爱好者。他们互相交流、总结经验，形成并积累了许多可以简单方便地复用的成功的经验、设计和体系结构。人们将它们称为"设计模式"（design pattern）。1995 年，GoF（gang of four，四人帮，指 Erich Gamma、Richard Helm、Ralph Johnson 和 John Vlissides）在他们的著作 Design Patterns: Elements of Reusable Object-Oriented Software（《设计模式：可重用的面向对象软件的要素》，见图 7.7）中总结出了面向对

图 7.7　"四人帮"与他们的《设计模式》

象程序设计领域的 23 种经典的设计模式,把它们分为创建型、结构型和行为型 3 类,并给每一个模式起了一个形象的名字。这一节来对它们作简要介绍。

需要说明的是,GoF 的 23 种设计模式是成熟的、可以被人们反复使用的面向对象设计方案,是经验的总结,也是良好思路的总结。但是,这 23 种设计模式并不是可以采用的设计模式的全部。可以说,凡是可以被广泛重用的设计方案,都可以称为设计模式。有人估计已经发表的软件设计模式已经超过 100 种。此外,还有人在研究反模式。

一个面向对象的程序可以粗略地分为 3 个部分,或者说其运行过程可以分为三大步:定义类、生成对象和操作对象成员。创建型设计模式包括一些关于如何创建、组合和表示对象的设计模式。其中包括:简单工厂模式(不属于 GoF,但非常有用)、单例模式、工厂方法模式、抽象工厂模式、构造者模式、原型模式等。

分析一下代码 6-9 可以发现,在其客户端——测试主函数的代码中有一部分代码来描述对象的生成方法或过程。这就要求客户对两个具体产品的创建方法必须了解。这一方面违背了 DIP 原则;另一方面也违背了按照迪米特法则,因为它要求客户端代码对 3 个图形类都要有较多的了解。

正像任何一种产品都有使用和生产两个方面一样,如果要将一种产品的生产方法混杂到使用过程中,那对于生产者和使用者都是非常不好的。因为用户感兴趣的只是使用特性——产品的功能和操作方法,对于其生产过程,用户并不感兴趣,而且,生产厂家也往往不希望将生产过程暴露。在面向对象的程序设计中,也会有这样的问题。一个对象有创建的细节,也有使用的细节,将二者混杂在一起,一旦创建对象的细节发生一些改变,将会直接影响用户的使用。

工厂模式的基本思想是将创建对象的具体过程屏蔽隔离起来,使对象实例的创建与其使用相分离,并达到可维护、可扩展、提高灵活度的目的。

工厂模式分为工厂方法(factory method)模式和抽象工厂(abstract factory)模式两个抽象级别。为了便于理解,本书从工厂方法模式的一种特例——简单工厂(simple factory)模式开始介绍。

7.2.2 简单工厂模式

简单工厂模式(simple factory)也称为静态工厂方法(static factory method)模式,其基本思想是将客户端的与对象生成有关的代码分离出去,交给一个 DrawFactory 工厂类。客户端代码只有对象的使用部分。就像现实生活中的产品生产交给工厂,使用者只要了解它们的使用即可。这样,通过产品的生产与使用的分离,实现了模块职责的单一化。图 7.8 为本例采用简单工厂模式后的类层次结构。

作为画图器工厂,DrawFactory 类应承担原来包含在客户端代码中的生成画图实例对象的职责。这部分职责包含了用户确定动态绑定类的选择逻辑。具体要求如下。

(1)可以指向 Draw 的引用,并具体绑定在一个实现类上。

(2)含有基于用户选择的判断逻辑和业务逻辑。

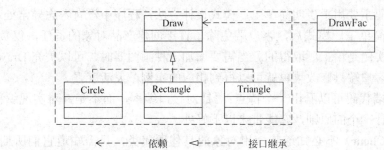

图 7.8 采用简单工厂模式的计算图形面积类结构

代码 7-10 DrawFactory 类的定义。

```
class DrawFactory {
public:
    static Draw* getInstance(int choice) {
        Draw* pd = NULL;
        switch(choice){
            case 1:pd = Circle();  break;
            case 2:pd = Rectangle();break;
            case 3:pd = Triangle(); break;
        }
        return pd;
    }
};
```

说明：用 static 修饰成员属类的全体对象共有，应当使用类名和域运算符 "::" 调用。

代码 7-11 客户端代码。

```
int main() {
    int choice = 0;
    do {
        cout <<"1:画圆;2:画矩形;3:画三角形。请选择（1~3）";
        cin >> choice;
    }while (choice < 1 || choice > 3);
    DrawFactory::getInstance(choice) -> doDraw();   //通过工厂取得接口的实例类的实例
                                                    //并以动态绑定方式调用实例类的画图方法
    return 0;
}
```

程序运行时有关对象间的交互过程，用 UML 描述如图 7.9 所示。

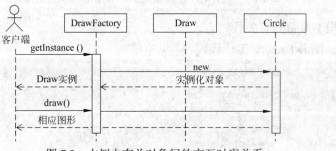

图 7.9 本例中有关对象间的交互时序关系

(1) 这些代码主要用于说明简单工厂模式设计方法，程序中没有考虑异常处理等。

(2) 使用了简单工厂模式后，客户端免除了直接创建产品对象的责任，仅负责使用产品。接口对象的实例是由工厂取得的。当需要增加一种画图器时，可以扩充 Draw 的子类，并修改工厂类，客户端只修改菜单就可以得到相应的实例，灵活度强。

(3) 从客户端代码可以看出一个特点："针对接口编程，而不是针对实现编程"。这是面向对象程序设计一个的原则，它能带来以下好处。

- 客户端（Client）不必知道其使用对象的具体所属类，只需知道它们所期望的接口即可。
- 一个对象可以很容易地被（实现了相同接口的）另一个对象所替换。
- 对象间的连接不必硬绑定（hardwire binding）到一个具体类的对象上。
- 系统不应当依赖于产品类实例如何被创建、组合和表达的细节。

(4) 在服务器端，需要增加一种画图器产品时，只要在类 Draw 下派生一个相应的子类，再在 DrawFactory 类中进行相应的业务逻辑或者判断逻辑修改即可，在一定程度上符合了 OCP 原则，但仍不太理想。但是，在工厂部分还是不符合 OCP 原则，特别是当产品种类增多或产品结构复杂时，将会使工厂 DrawFactory 类难承其重。

7.2.3 工厂方法模式

在简单工厂模式中，产品部分符合了 OCP 原则，但工厂部分不符合 OCP 原则。工厂方法模式使得工厂部分也能符合 OCP 原则。

工厂方法模式又称多态性工厂（polymorphic factory）模式或虚拟构造器（virtual constructor）模式。它去掉了简单工厂模式中的静态性，使得它可以被扩展或实例化。这样在简单工厂模式里集中在工厂方法上的压力变得可以由工厂方法模式里不同的工厂子类来分担。图 7.10 为采用工厂方法模式的画图程序结构。

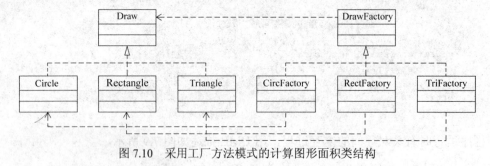

图 7.10 采用工厂方法模式的计算图形面积类结构

由这个结构不难得到有关代码。

代码 7-12 DrawFactory 工厂代码。

```
class DrawFactory{
public: virtual Draw* MakeDrawer ()= 0;
};


class CircFactory : public DrawFactory {
public: Draw* MakeDrawer(){
```

```cpp
        return &(Circle());
    }
};

class RectFactory : public DrawFactory {
public: Draw* MakeDrawer(){
        return &(Rectangle ());
    }
};

class TriFactory : public DrawFactory {
public: Draw* MakeDrawer(){
        return &(Triangle ());
    }
};
```

代码 7-13 客户端代码。

```cpp
int main() {
    int choice = 0;
    DrawFactory* pdf = NULL;           //定义接口的引用

    cout << "1:画圆\n";
    cout << "2:画矩形\n";
    cout << "3:画三角形\n";
    cout << "请选择（1~3）:";
    cin >> choice;
    switch(choice){                    //根据用户选择，生成工厂实例
      case 1: pdf = &CircFactory ();break;
      case 2: pdf = &RectFactory ();break;
      case 3: pdf = &TriFactory ();break;
    }

    pdf -> MakeDrawer () -> doDraw ();  //调用工厂方法，生成画图对象画图
    return 0;
}
```

测试结果如下。

```
1：画圆
2：画矩形
3：画三角形
请选择(1~3):1↵
画圆
```

（1）在简单工厂模式中，产品部分符合了 OCP 原则，但工厂部分不符合 OCP 原则。工厂方法模式使得工厂部分也能符合 OCP 原则。

（2）简单工厂模式的工厂中包含了必要的判断逻辑，而工厂方法模式又把这些判断逻辑移到了客户端代码中。这似乎又返回到没有采用模式的情况，而且还多了一个中间环节。

但是，这正是工厂方法与没有采用模式的不同之处。它暴露给客户的不是如何生产对象的方法，而是如何去找工厂的方法。

（3）工厂方法模式会形成产品对象与工程方法的耦合。这是其一个缺点。

（4）工厂方法模式适合于下面的情况。

- 客户程序使用的产品对象存在变动的可能，在编码时不需要预见创建哪种产品类的实例。
- 开发人员不希望将生产产品的细节信息暴露给外部程序。

习 题 7

开发实践

1. 一个计算机系统由硬件和软件两部分组成。因此，一个计算机系统的成员是硬件和软件，而硬件和软件又各有自己的成员。请先分别定义硬件和软件类，再在此基础上定义计算机系统。

2. 电子日历上显示时间，又显示日期。请设计一个电子日历的C++程序。

3. 定义一个Person类，除姓名、性别、身份证号码属性外，还包含一个生日属性，而生日是一个Date类的数据。Date类含有年、月、日3个属性。

4. 某图形界面系统提供了各种不同形状的按钮，客户端可以应用这些按钮进行编程。在应用中，用户常常会要求按钮形状。图7.11所示是某同学设计的软件结构。请重构这个软件，使之符合开闭原则。

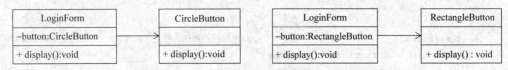

图7.11 某个同学设计的图形界面系统结构

5. 某信息系统需要实现对重要数据（如用户密码）的加密处理。为此，系统提供了两个不同的加密算法类：CipherA和CipherB，以实现不同的加密算法。在这个系统中，还定义了一个数据操作类DataOptator。在DataOptator类中可以选择系统提供的一个实现的加密算法。某位同学设计了图7.12 所示的结构。请重构这个软件，使之符合里氏代换原则。

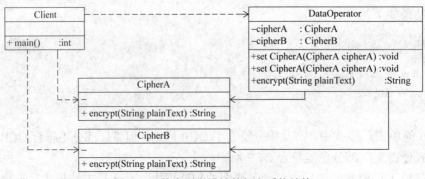

图7.12 某个同学设计的加密系统结构

6. 某信息系统提供一个数据格式转换模块，可以将一种数据格式转换为其他格式。现系统提供的源数据类型有数据库数据（DatabaseSource）和文本文件数据（TextSource），目标数据格式有XML文件（XMLTransformer）和XLS文件（XLSTransformer）。某位同学设计的数据转换模块结构如图7.13所示。请重构这个软件，使之符合依赖转换原则。

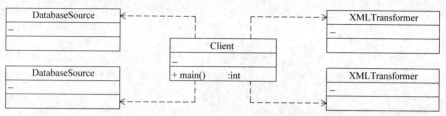

图 7.13　某个同学设计的数据转换模块结构

7. 假如有一个Door，有lock、unlock功能，另外，可以在Door上安装一个Alarm，使其具有报警功能。用户可以选择一般的Door，也可以选择具有报警功能的Door。请设计一个符合接口分离原则的程序。先用UML描述，再用C++描述。

8. 一个电脑可以让中年人用于工作，可以让老年人用于娱乐，也可以让孩子用于学习。请设计一个符合接口分离原则的程序。先用UML描述，再用C++描述。

9. 手机现在有语音通信功能，还有照相功能、计算器功能、上网功能等，而且还可能增添新的功能。请设计一个模拟的手机开发系统。

探索验证

1. 帮助王彩分析他的设计还有哪些不足，应如何改进。
2. 分析GoF 23种设计模式，指出它们分别符合面向对象程序设计原则中的哪些原则。

第 3 篇　泛型程序设计

　　数据类型已经成为现代程序设计语言的重要机制之一。它可以提供数据及其操作的控制和安全性检查，并降低与实现的复杂性。

　　面向对象的基本动因则是从代码重用和抽象通用的角度，提高程序设计的效率，以便于组织大型程序设计。

　　但是面向对象扩展了数据类型，程序员可以在 C++本来就十分丰富的类型基础上增添没有数量限制的自定义类型，这反而在程序设计中极大增添了代码的数量。

　　针对这一现象，C++开发出了独立于类型的代码设计机制——泛型程序设计（generic programing）。泛型程序设计就是编写适合各种类型的代码，而把类型作为这些代码的参数，所以也称类属编程和模板（template）编程。这种模板特性也被称为参数化类型（parameterized types），是面向对象程序设计的进一步提升。

第3章　反応器の設計

第 8 单元　模　　板

C++提供有两种模板机制：函数模板（function templates）和类模板（class templates）。按照类模板，编译器可以生成一些相似的类声明。从函数模板可以产生出多个处理过程相似或相同，仅数据类型（参数以及返回）不同的函数定义。这不仅是更高层次上的多态性，同时也提高了代码重用（code reuse）性——使用一个软件系统的模块或组件来构建另一个系统的能力，从而提高了程序设计的效率和可靠性。

8.1　算法抽象模板——函数模板

8.1.1　从函数重载到函数模板

函数重载实现了一个名字的多种解释。这种静态多态性为程序设计带来了很大的方便。但是，在设计具有重载程序的过程中，可以发现，这些重载函数实际上是处理方法相同仅数据类型不同而已。例如，两个数据交换的程序，可以具有如下一些原型。

```
void swap(int&,int&);
void swap(double&,double&);
void swap(char&,char&);
void swap(std::string&,std::string&);
void swap(aClass&,aClass&);
```

这些函数还需要在程序中分别进行定义。显然，这是非常烦琐的。人们于是就会想：能否用一组代码写出这些函数，而在程序中根据调用语句再形成相应的函数定义呢？C++实现了这个想法。这就是函数模板，它抽象了参数类型，是一种算法抽象模板。

代码 8-1　单个对象（变量）的交换函数模板。

```
template <typename T>        //模板前缀，告诉编译器，T 为模板参数
void swap0 (T& a,T& b){      //模板定义
    T temp;
    temp = a;
    a = b;
    b = temp;
}
```

代码 8-2　上述模板的测试主函数。

```
#include <iostream>
#include <string>
using namespace std;

int main() {
```

```
    int i1 = 3,i2 = 5;
    double d1 = 1.23,d2 = 3.21;
    char c1 = 'a',c2 = 'b';
    string s1 = "abcde", s2= "12345";

    swap0 (i1,i2);                              //用 int 参数调用
    cout << "i1 = " << i1 << ";i2 = " << i2;
    swap0 (d1,d2);                              //用 clouble 参数调用
    cout << "\nd1 = " << d1 << ";d2 = " << d2;
    swap0 (c1,c2);                              //用 char 参数调用
    cout << "\nc1 = " << c1 << ";c2 = " << c2;
    swap0 (s1,s2);                              //用 string 参数调用
    cout << "\ns1 = " << s1 << ";s2 = " << s2;
    cout << "\n";

    return 0;
}
```

测试结果如下。

```
i1 = 5;i2 = 3
d1 = 3.21;d2 = 1.23
c1 = b;c2 = a
s1 = 12345;s2 = abcde
```

说明：

（1）早期的 C++版本，没有关键字 typename，而是使用关键字 class。

（2）T 还可以实例化为其他一些类对象。

（3）函数模板允许有多个类型参数。这时，模板前缀应当写成如下格式：

> **template \<typename T1,typename T2,...>**

（4）这里使用的 T 仅仅是一个类型参数的名字。实际上，C++允许类型参数使用任何其他名字。

（5）函数模板定义不可以单独编译，但可以写在一个头文件中。

8.1.2 函数模板的实例化与具体化

函数模板并不是函数，而只作为一个 C++编译器指令，用来告诉编译器生成函数的方案。因此，模板不能单独编译，必须与特定的具体化（specialization）请求或实例化（instantiation）请求一起使用，才可以参加编译。

1. 函数模板实例化

函数模板实例化是编译器提取调用表达式中类型信息，自动生成函数实例的过程。根据调用表达式中提供数据类型的方式又可以分为隐式实例化和显式实例化。

1）隐式实例化

只要调用表达式中所含的信息，足以令编译器生成具体函数原型和函数定义，就可以

不需要任何实例化请求，称之为隐式实例化（implicit instantiation）请求。例如在代码 8-2 中，对于函数调用表达式 swap (i1,i2)，编译器将会自动生成如下函数原型和函数定义。

```
void swap0 (int&,int&);              //函数原型
```

和

```
void swap0 (int& a,int& b) {         //函数定义
    int temp;
    temp = a;
    a = b;
    b = temp;
}
```

2）显式实例化

有时，编译器无法根据调用表达式推断出该用什么实际类型对函数模板进行具体化。

代码 8-3　一个对 U 类型参数进行类型制转换、并输出 T 类型的模板函数。

```
template <typename T,typename U>T convert (U const & arg) {
    return static_cast<T> (arg);
}
```

对于这个函数模板，如果用下面的调用，编译器就无法推断出该用什么类型具体化参数 T。

```
double d = 65.78;
convert (d);
```

有效办法就是采用显式实例化（explicit instantiation）请求，直接指示编译器创建特定的实例。显式实例化的格式是在函数名后面用尖括号"<>"向编译器提示用什么类型替换模板参数。例如本例中的测试主函数可以写成：

```
#include <iostream>
using namespace std;

int main() {
    double d = 65.78;
    scout << convert <int> (d) << endl;    //显式实例化
    cout << convert <char> (d) << endl;    //显式实例化
    return 0;
}
```

执行结果：

2. 函数模板具体化

函数模板具体化也称函数模板特化，是向编译器提供一个函数定义的样板——模板函

数（template function），来告诉编译器对于调用表达式如何编译，根据具体情况又可分为显式具体化和部分具体化。

1）显式具体化

显式具体化（explicit specialization）是在有函数模板定义的编译单元中，用模板函数给出对于各类型参数的显式限制。

代码 8-4 将代码 8-3 改为显式具体化方式。

```
#include <iostream>
using namespace std;

template <typename T,typename U>T convert (U const & arg) {
    return static_cast<T> (arg);
}

template <> char convert <char> (double const & arg) {    //显式具体化，注意 const 的使用
    return static_cast <char> (arg);
}

int main(){
    double  d = 65.78;
    cout << convert <char> (d) << endl;
    return 0;
}
```

运行结果：

说明：

（1）有些编译器不支持使用 template<>前缀。编译时对这个具体化部分给出出错信息时，可以将该前缀注释掉试试。

（2）在同一编译单元中，同一类型的显式实例化和显式具体化不能同时出现。

2）部分具体化

部分具体化（partial specialization）即部分限制模板的通用性。例如：

```
template <typename T,typename U> T convert (U const &arg) {
    return static_cast<T> (arg);
}

template <typename U> convert <char, U> (U& arg) {    //部分具体化
    return static_cast<char> (arg);
}
```

说明：调用时，当有多个部分具体化模板可供选择时，编译器将首先选择具体化程度最高的模板。

8.2 数据抽象模板——类模板

类是一种抽象数据结构。它将与某种事物有关的数据以及施加在这些数据上的操作封装在一起。定义的类中不能包含已经初始化的数据成员。数据成员的初始化表明生成一个类的实例——对象。

有一些类之间存在着相似性。它们具有相同的操作——成员函数，而数据成员的类型不相同。例如，堆栈类是一种数据容器类（data container class），它可以存储 int 型数据，也可以存储 double 型数据、string 类数据、学生类数据……。对于这类情形，C++采用类模板机制来定义通用容器，可以像函数模板一样，用类型作为参数，按照具体应用生成不同类型的容器。

8.2.1 类模板的定义

代码 8-5 一个类属数组类——一个定义类模板和介绍容器的例子（注意，这个例子仅仅为了演示。尚无数组概念的读者，请参考 8.3.1 节）。

```cpp
//文件名：code0807.h
#ifndef _CODE0807_H
#define _CODE0807_H
#include <iostream>
#include <stdedcept>
using namespace std;

//类界面定义
template <typename T,int size> class ArrayT {
private:
    T*  element;
public:
    ArrayT () {}                            //默认构造函数
    Explicit ArrayT (const T& V);           //构造函数
    ~ArrayT () {delete[] element;}          //析构函数
    T& operator[] (int index);              //"[]"重载：输出元素值
};

//成员函数定义
template <typename T,int size> ArrayT<T,size>
::ArrayT (const T& v) {                     //构造函数
    for (int i = 0;i < size;i ++)
        element[i] = v;                     //元素初始化为 v
}

template <typename T,int size>
T& ArrayT<T,size>::operator[](int index){   //"[]"重载：给出元素值
    if (index <= 0 && index > size) {       //发现异常，并抛出
        std::string es = "数组越界！";
```

```
        throw std::out_of_range (es);
    }
    return element[index];
}
#endif
```

说明：

（1）将一个容器用模板定义为通用容器时，采用模板定义代替原来的具体定义，并用模板成员函数替代原来的成员函数。与模板函数一样，模板类及其成员函数，也都要用关键字 template 或 class 告诉编译器，将要定义一个模板，并用尖括号告诉编译器要使用哪些类型参数，具有形式

```
template <typename T1,typename T2,…>
```

或

```
template <class T1, class T2,…>
```

在本例中，模板前缀为 template <typename T,int size>，具有一个类型参数 T 和一个已经具体化的参数 int size。这样，在生成一个对象时，将对 T 进行具体化。例如，执行语句

```
ArrayT <double,10> dObj ;
```

时，将向类型形参传递类型实参 double，并传递一个 int 类型参数 10。

（2）类模板和成员函数模板不是类和成员函数的定义，它们仅仅是一些 C++编译器指令，用于说明如何生成类和成员函数的定义，因此不能单独编译。通常可以把有关的模板信息放在一个头文件中。当后面的文件要使用这些信息时，应当用文件包含语句包含该头文件，并使用项目（工程）进行组织。

（3）在类声明之外（非内嵌）定义成员时，必须在使用类名之处使用参数化类名，并带有类模板前缀。

（4）out_of_range 定义在命名空间 std 中，属于运行时错误——如果使用了一个超出有效范围的值，就会抛出此异常，也就是越界访问，使用时须包含头文件#include<stdexcept>。它继承自助 logic_error，而 logic_error 的父类是 exception。

8.2.2　类模板的实例化与具体化

类模板也称类属类或类产生器。在构造对象时，类模板将类型作为参数，告诉编译器，类将创建一个具体化的类声明，并用这个定义创建对象。与函数模板一样，类模板也可以有隐式实例化、显式实例化、显式具体化和部分具体化等具体化方式，并且允许定义默认具体化。

1. 显式实例化

类模板的显式实例化与函数模板的显式实例化基本相似，需要用 template 打头。例如：

```
template class ArrayT<int,10>;
```

当生成对象时，编译器将按照这个声明生成一个类声明。

注意：显式声明必须位于类模板定义所在的名称空间中。

2. 隐式实例化

类模板的隐式实例化与函数模板的隐式实例化不同。函数模板的隐式实例化是在函数调用时，编译器根据实参的类型自动生成具体函数定义的，而类模板则需要直接给出类型，有点像显式实例化。例如，在代码 8-5 中，可以采用如下语句声明一个对象。

```
ArrayT<int,10> iObj;            //声明一个大小为10的int类型数组
ArrayT<std::string,10> iObj;    //声明一个大小为10的string类型数组
```

注意：编译器在生成对象之前，不会隐式实例化地生成类的具体定义。例如：

```
ArrayT<int,10>* iPA;            //仅声明一个指针，不生成对象
iPA = new A<int,10>;            //生成对象时才生成具体类声明
```

3. 显式具体化

显式具体化就是给出类的具体定义，并且用 **template<>** 打头。这种方式用于非这样不可的特殊情况。例如，对于代码 8-5，可以写为：

```
template <> class ArrayT<double,10> {…};
```

4. 部分具体化

代码 8-5 中的类模板定义有两种说法：一种认为其就是一个部分具体化的例子；另一种认为它是包含了类型参数（即 typename T）和非类型参数（即 int size）的类模板，因为这里的非类型参数没有别的选择。严格地说，部分具体化是通过声明来限制已经定义了的类模板的通用性。其具体用法参考前面介绍的函数模板的部分具体化。

5. 默认具体化

默认具体化是在模板定义时，给出一个默认类型参数。例如，代码 8-5 中的类模板定义可以写成：

```
template <typename T = double,int size>   //给出默认类型参数
class ArrayT {
    …
};
```

这样，当类模板被应用时，如果没有显式说明，则默认类型参数为 double。

8.2.3 类模板的使用

由类模板 ArrayT 可以生成针对不同类型的向量。

代码 8-6 代码 8-5 定义的类模板的应用主函数。

```cpp
#include <iostream>
#include <string>
#include "code0807.h"                   //包含定义类模板的头文件

int main(){
    ArrayT<int,10> iObj (0);            //定义类属类 ArrayT 对象
    try {
        for (int i = 0; i < 10; i ++)
            iObj[i] = i * 3;
        for (int j = 0; j < 10; j ++)
            cout << "iObj[" << j << "] = " << iObj[j] << ";\t" ;
        cout << endl;
    }catch (std::out_of_range& excp) {
        cout << "数组越界" << excp.what () << endl;
    }
    return 0;
}
```

执行结果如下。

```
iObj[0] = 0;    iObj[1] = 3;    iObj[2] = 6;    iObj[3] = 9;    iObj[4] = 12;
iObj[5] = 15;   iObj[6] = 18;   iObj[7] = 21;   iObj[8] = 24;   iObj[9] = 27;
```

说明：

（1）声明语句

```cpp
ArrayT<int,10> iObj;
```

显得比较冗长，特别是当程序中具有这样的多个声明时，这是很麻烦的。一个变通的办法是，使用关键字 typedef 为这个类型（类）另外起一个名字。例如，对于本例，可以改写为：

```cpp
typedef ArrayT<int,10> IntArray;
IntArray iObj;
```

（2）语句

```cpp
iObj[i] = i * 3;
```

只单纯地调用"[]"的操作符重载函数

```cpp
T& oprator[] (const int index);
```

并未调用操作符"="的重载函数，因此被解释为

```cpp
(iObj[] (i)) = i * 3;
```

由于操作符"[]"的重载函数位于赋值号的左方，所返回的值必须是一个可修改左值，所以它的返回值被定义为引用类型。

8.2.4　类模板实例化时的异常处理

异常处理用于处理不能按例行规则进行一般处理的情况。与函数模板一样，类模板被实例化时也会出现某部分的成员函数无法适应某个数据类型的异常情况。在这种情况下可以用下面的一种方法解决。

1. 特别成员函数

为需要异常处理的数据类型重设一个新的特别成员函数。如对 ArrayT 类中的 char*类型的异常处理成员函数可以重设为

```
void ArrayT <char *> :: operator= ( char* temp )
{...}
```

2. 特别处理类

可以为类模板重设一个特别的类进行异常处理。

代码 8-7　重设一个专门处理 char *类型数据的 ArrayT 类。

```
class ArrayT <char *> {
    friend ostream& operator<< (ostream &os,Array<char*> &array);
private:
    char *element;
    int size;
public:
    ArrayT (const int size);
    ~ ArrayT ();
    char& operator[] (const int index);
    void operator= ( char* temp );
};
```

说明：

（1）为类模板重设异常处理类时，template 关键字与类型参数序列不必再使用，但类名后必须加上已定义的数据类型，以表明此类是专门处理某型态的特殊类。

（2）特殊类的定义不必与原来 template 类中的定义完全相同。一旦定义了处理某类型特殊类，则所有属于该类对象的数据成员与成员函数的定义和使用便都将由该特殊类负责，不可以再引用任何原来 template 类中定义的数据成员与成员函数。

代码 8-8　特殊类的定义与应用。

```
template < class T >
class Temp {
private:
    T val;
public:
    Temp (T v);
    friend ostream& operator << (ostream& os,Temp<T>&temp);
};
```

```cpp
class Temp<char> {                      //Temp 类的特殊类，用以处理类型 char
private:
    char val;
public:
    Temp (char v);
    void operator= (char v);
};
```

测试程序如下：

```cpp
using namespace std;
int main(){
    Temp<int> T1 (30);
    Temp<char> T2 ('C');
    cout << T1;             //正确
    cout << T2;             //错误！
    return 0;
}
```

注意：上述最后一条输出语句是错误的，因为 T2 是由特殊类 Temp < char >所定义的，该类中并未提供插入操作符 "<<" 的重载函数。

8.2.5 实例：MyVector 模板类的设计

1. 模板类 MyVector 的声明

为了支持泛型编程，可以设计一个 MyVector 模板类。

代码 8-9 MyVector 模板类声明。

```cpp
//文件名：myvector.h
template <typename T>
class MyVector{
private:
    int size;                                              //用于定义向量大小
    T *V;                                                  //类型参数定义
public:
    void create(int);                                      //动态内存分配函数
    MyVector(int);                                         //用向量大小初始化构造函数
    MyVector (int n,T*);                                   //MyVector 的复制构造函数
    ~MyVector();                                           //析构函数
    MyVector<T> operator=(const MyVector <T>& );           //赋值操作符重载
    inline void check( bool ErrorCondition, const string message = "操作失败！"){
                                                           //发出需求失败信息
        if(ErrorCondition)
            throw message;
    }

    void display() ;                                       //显示向量内容
    MyVector<T> operator+(const MyVector <T>&);            //算术加操作符重载
```

```
//其他成员函数
};
```

说明：
（1）由于多个成员函数要进行动态内存分配，所以单独设计了一个 create(int)。
（2）check()函数在某些操作有可能失败时，发出有关信息。

2. 模板类 MyVector 的成员函数设计

代码 8-10 MyVector 模板类的动态内存分配函数。

```
template <typename T>
void MyVector<T> :: create(int n){
  if(n < 1){
    size = 0;
    V = 0;
  }
  else{
    size = n;
    V = new T[size + 1];        //开辟 n + 1 个 T 类型存储空间
  }
}
```

说明：习惯上向量元素从 1 开始到 n，为此申请 $n+1$ 个 T 类型存储空间。

代码 8-11 MyVector 模板类的初始化构造函数。

```
template <typemane T>
MyVector<T> :: MyVector (int n){
  create(n);
}
```

代码 8-12 MyVector 模板类的析构函数。

```
template <typemane T>
MyVector<T> :: ~MyVector (){
  delete [] V;
}
```

说明：当用一个既有对象初始化一个新对象时，需要调用复制构造函数。为此，把原来的构造函数称为初始化构造函数。

代码 8-13 MyVector 类的复制构造函数。

```
template <typemane T>
MyVector<T> :: MyVector (int n,T* oldV){
  create(n);
  for(int i = 1; i <= size; i ++)
    V[i] = oldV[i-1];
}
```

代码 8-14 MyVector 模板类的赋值操作符重载函数 operator = ( )。

```
template <typemane T>
MyVector<T> MyVector<T> :: operator = (const MyVector<T>& V2){
  if(size != V2.size)
    create(v2.size) ;
  for(int i = 1; i <= size; i ++)
    V[i] = V2.V[i];
  return *this ;
}
```

代码 8-15 MyVector 模板类的显示函数。

```
#include <iomanip>
using namespace std;
template <typemane T>
void MyVector<T>::display(){
  for(inr i = 1; i <= size; i ++)
    cout << setiosflags(ios::right)            //字段内右对齐
         << setiosflags(ios::fixed)            //使用一般浮点数表示法
         << setiosflags(ios::showpoint)        //预设浮点数为 6 位有效数字
         << setprecision(4)                    //浮点数精度设置
         << setw(10)                           //字段宽度为 10
         << V[i]<<",";                         //一个元素内容
  cout << endl;
}
```

说明：在这个函数中使用了 5 个格式操作符，意义见代码中的注释，详见 13.3 节。

代码 8-16 MyVector 模板类的加操作符重载函数 operator + ( )。

```
template <typemane T>
MyVector<T> MyVector<T> :: operator+ (const MyVector<T>& V2){
  check(size != V2.size,"向量长度不同，不可相加！");
  MyVector<T> temp(size) ;                     //设置一个中间对象
  for(int i = 1; i <= size; i ++)
    temp.V[i] = V[i] + V2.V[i];
  return temp ;
}
```

通过代码 8-15、8-16、8-17 和 8-18 可以看出，在对数组和向量这样的数据结构进行操作时，很多地方要用到从前一个数据引导出下一个数据的操作过程。在第 3 单元中已经对此做过说明，这种操作过程称为迭代。所以说迭代是数据结构中的一个最基本的操作过程。

3. MyVector 模板类的测试

测试前可以把 MyVector 模板类声明以及一些不涉及内容分配的函数合起来以头文件 myvector.h 形式存放，把其他成员函数作为源代码文件 vector.cpp 存放。并设置一个项目进行管理。

代码 8-17 MyVector 模板类的测试代码。

```
#include "myvector.h"
```

```cpp
#include <iostream>
using namespace std;

int main(){
    double dA1 [] = {1.222,2.333,3.555};
    double dA2 [] = {2.111,3.222,5.333};

    try{
        MyVector<double> dV1(3,dA1) ;
        MyVector<double> dV2(3,dA2);
        MyVector<double> dV3(3) ;

        cout << "----------------------------------------------------"<< endl;
        cout << " dV1 的值: "<< endl;
        dV1.display();
        cout << " dV2 的值: "<< endl;
        dV2.display();
        cout << "----------------------------------------------------"<< endl;
        cout << " dV1+dV2 的值: "<< endl;
        dV3=dV1 + dV2;
        dV3.display();
    }
    catch(string s){
        cout << s << endl;
    }
    return 0;
}
```

测试结果如下。

```
dV1的值:
   1.2220,    2.3330,    3.5550,
dV2的值:
   2.1110,    3.2220,    5.3330,
---------------------------------
dV1+dV2的值:
   3.3330,    5.5550,    8.8880,
```

4. 带有非类型模板参数的 MyVector 模板类

类模板不仅可以使用类型参数，还可以带有非类型参数。但一般说来，非类型模板参数只能是整数类型或指针。

代码 8-18　带有非类型模板参数的 MyVector 模板类部分代码。

```cpp
template <typemane T>
void MyVector<T> :: create(int n){
    if(n < 1){
        size = 0;
        V = 0;
    }
```

```
    else{
        size = n;
        V = new T[size + 1];        //开辟 n + 1 个 T 类型存储空间
    }
//其他代码
```

8.3 知识链接：数组

8.3.1 数组的特点

数组（array）是系统定义的一种构造数据类型，它有如下特点。

（1）数组用一个名字组织多个同类型数据。这个名字称为数组名，组成数组的数据称为数组元素。

（2）数组元素可以是原子的（基本类型的），也可以是组合的、对象的，但必须类型相同。"类型相同"意味着每个元素都具有相同的存储空间，并可以进行同样的运算。这个类型称为数组的基类型。

（3）数组中的数据元素在逻辑上和物理上都是顺序的，在逻辑上，每个元素要顺序编号（从 0 开始），这个顺序号称为下标，所以数组元素被称为下标变量；在物理上，下标元素在内存中也是按照逻辑顺序依次存放的。

例如，54 张扑克牌用简单变量存储需要 54 个变量，但是如果用数组 card 来存储，一个名字 card 代表了 54 个扑克牌数据的整体，也代表了 54 个变量。这 54 个变量分别用数组名加上写在方括弧中的序号（称下标），即 card[0]、card[1]、…、card[53]表示；在物理上，这 54 个下标变量依次相邻地存放。

8.3.2 数组的定义与泛化常量表达式

1. C++数组定义的一般规则

与 C++中的任何标识符一样，数组名必须先定义才可以使用。数组的定义格式如下。

类型 数组名 [整型常量表达式]；

例如，声明语句

```
int card[54];
```

告诉编译器要为数组 card 连续地开辟可以存放 54 个 int 类型数据的空间。图 8.1 为数组 card 定义后，编译器为其分配内存的示意图。从这个图中可以看出，下标变量与地址的关系。在一个数组中；各个下标变量占用的存储空间相同，都是一个数组基类型的大小。当基类型为 int 时，每个下标变量都占用 4B 的存储空间，于是下标增 1，下标变量的地址增 4。

说明：

（1）定义数组时，方括号内的整型常数表达式用于表示数组的大小，即数组中元素的个数。

（2）一个数组在程序中只能定义一次，不可以重复定义。

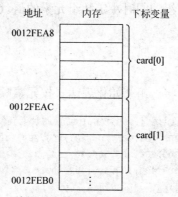

图 8.1　编译器为数组 card 分配内存的示意图

2. C++11 的泛化常量表达式

在 C++ 程序中，有一些地方要求必须使用常量表达式，例如在数组定义中，数组的大小必须用常量表达式指定。例如下面的代码是合法的：

```
int a[ 2 + 3];
```

但是，在 C++ 中，常量表达式的概念是比较窄的，它要求这种表达式能在编译器和运行时都得到相同的结果。例如不允许含有函数调用，因为在编译时没有办法知道一个函数是不是常量。因此，对于函数

```
int getTwo() {return 2};
```

下面的代码是非法的：

```
int b[ getTwo() + 3];    // 非法
```

C++11 引入一个关键字 constexpr，程序员可以用其对一个函数的行为加以限制，保证一个函数是一个编译期常量。因此，在 C++11 中，下面的代码是合法的：

```
constexpr int getTwo() {return 2};
int b[ getTwo() + 3];    // 合法
```

注意：

使用 constexpr 关键字修饰函数有 3 个要点：

（1）这个函数的返回值类型不能是 void。

（2）在函数体中不能声明变量或新类型。

（3）函数体内只能包含声明语句、空语句和单个 return 语句，且 return 语句中的表达式也必须是常量表达式。

8.3.3 数组的初始化规则

数组初始化就是在定义数组的同时决定数组元素的值。C++关于数组初始化有如下几项规则。

1. 数组初始化的基本形式

数组初始化的基本形式是将一组初始化表达式按元素顺序依次写在一对花括号内。

```
int card[54] = { 101,102,103,104,105,106,107,108,109,110,111,112,113,
                 201,202,203,204,205,206,207,208,209,210,211,212,213,
                 301,302,303,304,305,306,307,308,309,310,311,312,313,
                 401,402,403,404,405,406,407,408,409,410,411,412,413,
                 501,502,};
```

2. 数组初始化的缺省形式

（1）数组初始化时，可以省略数组大小由编译器根据初始值的个数自动确定。如上述使用过的声明语句：

```
int card[] = {
              101,102,103,104,105,106,107,108,109,110,111,112,113,
              201,202,203,204,205,206,207,208,209,210,211,212,213,
              301,302,303,304,305,306,307,308,309,310,311,312,313,
              401,402,403,404,405,406,407,408,409,410,411,412,413
              501,502,};
```

（2）允许省略为 0 的初始化值。如语句

```
int a[] = {1,2,0,3,0};
```

可以写成

```
int a[] = {1,2,,3,};
```

注意，中间的逗号不能缺少。

（3）当最后的几个元素初始化值为 0 时，可以只写出前面的数列，但数组体积不可省略。如语句

```
int a[8] = {1,2,3,0,0,0,0,0};
```

可以写成

```
int a[8] = {1,2,3};
```

或

```
int a[8] = {1,2,3, , };
```

或

```
int a[] = {1,2,3,,,,,};
```

但不能写成

```
int a[] = {1,2,3};
```

（4）C++11 允许初始化数组时省略赋值号。例如：

```
int a[3] {1,2,3};
```

（5）C++11 允许花括号内为空，这意味着将把所有元素都初始化为 0。例如：

```
unsigned int a[30] = {};        //将所有元素初始化为 0
unsigned int b[50] {};          //将所有元素初始化为 0
float c[80] {};                 //将所有元素初始化为 0.0
```

3. 数组初始化的约束

（1） 数组初始化只能在数组定义时进行，否则就是非法的。例如：

```
int a[5];
a = {1,2,3,4,5}.               //非法
```

（2）不可以用一个数组名去初始化另一个数组或者用一个数组给另一个数组赋值，例如：

```
int a[5] {1,2,3,4,5};
int b[5] = a;                   //非法
```

（3）列表初始化不支持窄化转换，例如：

```
long a[ 3 ] = {1,2,3};          //不合法，因为数组 a 被定义为 long 而初始化列表为 int
```

8.3.4 对象数组

1. 对象数组的定义

类 Student 定义之后，似乎定义该类型的数组非常简单。

代码 8-19 定义 Student 数组的主函数。

```
int main(){
  Student studGroup[10];
  return 0;
}
```

但是编译这个程序时却出现了如下错误。

```
error C2512: 'Student' : no appropriate default constructor available
```

即找不到可用的默认构造函数。因为，在类 Student 中只定义了一个有参构造函数，编译器不再生成默认的构造函数了。为此，在类 Student 中增加一个如下的无参构造函数。为了说

明该无参构造函数的作用，在其函数体中加了一句输出。

```
Student(){std::cout << "调用一次无参构造函数。\n";}
```

然后进行测试。结果为：

调用10次无参构造函数

程序在执行对象数组的定义语句时，要根据该对象数组元素的个数，调用无参构造函数。也就是说，定义对象数组时，就创建了数组中所有的对象。

为了进一步说明对象数组定义以及初始化过程发生的现象，将测试用例改为部分初始化。

```
Student studGroup[10]={ Student (20081206,"Zhang",88.23),
                        Student (20120907,"Cai",78.35),
                        Student (20090511,"Wang",99.63)};
```

同时，为了说明有参构造函数的执行情况，将构造函数改为：

```
Student (int sd, std::string nm, double sc): studID (sd),studName (nm),studScore (sc)
{ std::cout << "调用一次有参构造函数。\n";}
```

测试结果如下。

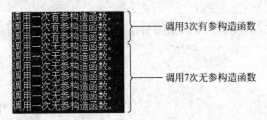
调用3次有参构造函数

调用7次无参构造函数

结论：定义一个对象数组时，将创建对象数组中的所有对象，并同时调用构造函数。其中，调用有参构造函数的次数由要求初始化的元素数决定，其余则调用无参构造函数。显然，为了定义对象数组，无参构造函数最好不要缺省。

2. 对象数组元素的访问

数组元素的访问，实际上是访问数组元素的成员。要访问对象数组中对象的成员，可以用下面的格式进行。

下标变量.对象成员

例如：

```
cout << studGroup[1].getstudName() << endl;
```

8.3.5 数组存储空间的动态分配

1. 动态分配数组存储空间的格式

对于基本数据类型的数组,为:

> 指针变量 = **new** 数据类型 [元素个数];

例如

```
int n = 5;
double *v = new double [n];
```

会为指针 v 分配 5 个 double 大小的存储空间。

要回收这个存储空间,应当使用语句:

```
delete [ ]v;
```

表明回收的是一个数组的空间,并且该数组的首元素由指针 v 指向。

2. 对象数组的动态内存分配

要为 5 个 Student 对象动态分配存储,可以采用下面的语句:

```
Student *ps = new Student [ 5 ];
```

注意:由于必须在类型后面跟[元素个数],没有给出初始化数据,所以这时只能调用无参构造函数,而不能调用有参构造函数。也就是说,在类中必须定义有无参构造函数,或者不定义任何构造函数。

习 题 8

概念辨析

1. 从备选答案中选择下列各题的答案。

(1) 模板可以用来自动创建_____。

  A. 对象   B. 类   C. 函数   D. 程序

(2) 模板函数的代码形成于_____。

  A. 程序运行中执行到调用语句时   B. 函数模板定义时

  C. 函数模板声明时   D. 调用语句被编译时

(3) 函数模板_____。

  A. 是一种函数   B. 是一种模板

  C. 可以重载   D. 是用关键字template定义的函数

(4) 函数模板的参数_____。
　　A. 有类型参数，也有普通参数　　B. 只能有类型参数，不能有普通参数
　　C. 不能有类型参数，只能有普通参数　　D. 类型参数和普通参数只能有一种

(5) 函数模板可以重载，条件是两个同名函数模板必须有_____。
　　A. 不同的参数表　　B. 相同的参数表
　　C. 不同的返回类型　　D. 相同的返回类型

(6) 模板类可以用来创建_____。
　　A. 数据成员类型不同的对象　　B. 数据成员类型不同的类声明
　　C. 成员函数参数类型不同的类声明　　D. 成员函数数目不同的类声明

(7) 类模板的模板参数_____。
　　A. 只可以作为数据成员的类型　　B. 只可以作为成员函数的返回类型
　　C. 只能有类型参数，不能有普通参数　　D. 只可以作为成员函数的参数类型

(8) 下列模板的声明中，正确的是：_____。
　　A. template <typename T1,T2>　　B. template <T1,T2>
　　C. template < typename T1, typename T2>　　D. emplate <T>

(9) 下列有关模板的描述中，错误的是：_____。
　　A．模板参数除模板类型参数外，还有非类型参数
　　B．类模板与模板类是同一概念
　　C．模板参数与函数参数相同，调用时按位置而不是按名称对应

(10) 对于

```
template <typename T,int typename = 8>
class apple (…);
```

定义类模板apple的成员函数的正确格式是_____。

　　A. T apple <T,size>::Push (T object)

　　B. T apple ::Push (T object)

　　C. template < typename T; int size = 8> T apple <T,size>::Push (T object)

　　D. template < typename T; int size = 8> T apple::Push (T object)

2. 判断。

(1) 函数模板可以根据运行时的数据类型，自动创建不同的模板函数。　　(　　)
(2) 类模板的成员函数是模板函数。　　(　　)
(3) 类模板描述的是一组类。　　(　　)
(4) 类模板的模板参数是参数化的类型。　　(　　)
(5) 类模板只允许一个模板参数。　　(　　)

❋代码分析

1. 阅读下列各题中的代码，从备选答案中选择合适者。

(1) 下列函数模板中，定义正确的是_____。

A. template< typename T1, typename T2> T1 fun(T1,T2) {retuan T1 + t2;}

B. template< typename T > T fun(T a) {retuan T1 + a;}

C. template< typename T1, typename T2> T1 fun(T1 a,T2 b) {retuan T1 a + T2 b;}

D. template< typename T > T fun(T a,T b) {retuan a + b;}

（2）下列函数模板中，定义正确的是_____。

A.
```
template<typename T1, typename T2> class A: {
    T1 b;
    int fun( int a) {return T1 + T2;}
};
```

B.
```
template<typename T1, typename T2> class A : {
    int T2 ;
    T1 fun( T2 a) {return a + T2 ;}
};
```

C.
```
template<typename T1, typename T2> class A : {
    T2  b; T1 a ;
    A<T1>(){}
    T1 fun( ) {return a ;}
} ;
```

D.
```
template<typename T1, typename T2> class A : {
    T2  b;
    T1 fun( doube a) {b = (T2) a; return (T1) a ;}
} ;
```

（3）对于下面的sum模板定义：

```
template <typename T1, typename T2, typename T3 > T1 sum( T2, T3 );
```

指出下面的哪个调用有错？如果有，指出哪些是错误的，并对每个错误，解释错在哪里。

```
double dobj1, dobj2;
float fobj1, fobj2;
char cobj1, cobj2;
```

A. sum (dobj1, dobj2);

B. sum< double, double, double > (fobj2, fobj2);

C. sum<int> (cobj1, cobj2);

D. sum < double, , double > (fobj2, dobj2);

（4）下面哪些模板实例化是有效的？解释为什么实例化无效？

```
template <typename T, int size> class Array { };
template< int hi, int wid > class Screen { };
```

   A. const int hi = 40, wi = 80; Screen< hi, wi + 32> sObj;

   B. const int arr_size = 1024; Array< string, arr_size > a1;

   C. unsigned int asize = 255; Array< int, assize > a2;

   D. const double db = 3.1415;

2. 写出下面各程序的输出结果。

（1）

```
#include <iostream>
using namespsce std;
template <T a, T b> T Max(T a,T b) {
    cout << "TemplateMax" << endl;
    return 0;
}
double Max( double a, double b){
    cout << "MyMax" << endl;
    return 0;
}
int main(){
    int i = 3, j = 5;
    Max(1.2,3.4); Max(i, j);
    return 0;
}
```

（2）

```
#include <iostream>
Template <typename T>
T max (T x,T y){
    return (x > y ? x : y);
}
void main(){
    std::cout << max (2,5) << "," << max (3.5,2.8) << std::endl;
}
```

（3）

```
#include<iostream.h>
template <typename T> T abs (T x) {
    return (x > 0 ? x : -x);
}
void main(){
    std::cout << abs (-3) << "," << abs (-2.6) << std::endl;
}
```

3. 填空。

C++语言本身不提供对数组下标越界的判断。为了解决这一问题，在下面的程序中定义了相应的类模板，使得对于任意类型的二维数组，可以在访问数组元素的同时，对行下标和列下标进行越界判断，并给出相应的提示信息。

请在程序的空白处填入适当的内容。

```cpp
#include <iostream>
template <typename T> class Array;
template <typename T> class ArrayBody {
    friend _ _ (1)_ _;
    T* tpBody;
    int iRows, iColumns, iCurrentRow;
    ArrayBody (int iRsz, int iCsz) {
        tpBody = _ _ (2)_ _;
        iRows = iRsz; iColumns = iCsz; iCurrentRow = -1;
    }
Public;
    T& operator[] (int j) {
        bool row_error, column_error;
        row_error = column_error = false;
        try {
            if (iCurrentRow < 0 || iCurrentRow >= iRows)
                row_error = true;
            if (j < 0 || j >= iColumns)
                column_error = true;
            if (row_error == true || column_error == true)
                _ _ (3)_ _;
        }
        catch (char) {
            if (row_error == true)
                cerr << "行下标越界[" << iCurrentRow << "]";
            if (column_error = true)
                cerr << "列下标越界[" << j << "]";
            cout << "\n";
        }
        return tpBody[iCurrentRow * iColumns + j];
    }
    ~ArrayBody () {delete[]tpBody;}
};

template <typename T> typename Array {
    ArrayBody<T> tBody;
Public:
    ArrayBody<T> & operator[] (int i) {
        _ _ (4) _;
        return tBody;
    }
    Array (int iRsz, int iCsz):_ _ (5) _ { }
};

void main(){
```

```
    Array<int> a1(10,20);
    Array<double> a2(3,5);
    int b1;
    double b2;
    b1 = a1[-5][10];        //有越界提示,行下标越界[-5]
    b1 = a1[10][15];        //有越界提示,行下标越界[10]
    b1 = a1[1][4];          //没有越界提示
    b2 = a2[2][6];          //有越界提示,列下标越界[6]
    b2 = a2[10][20];        //有越界提示,行下标越界[10],列下标越界[20]
    b2 = a2[1][4];          //没有越界提示
}
```

4. 指出下面各程序的运行结果

(1)

```
#include<iostream.h>
template <typename T> class Sample {
    T n;
public:
    Sample (T i){ n = i;}
    void operator++ ();
    void disp(){std::cout << "n=" << n << endl;}
};

    template <typename T> void Sample<T>::operator++ () {
       n += 1;    //不能用n++
    }

    void main() {
       Sample <char> s ('a');
       s ++;
       s.disp ();
    }
```

(2)

```
#include<iostream.h>
template<typename T> class Sample {
    T n;
public:
    Sample (){}
    Sample (T i) {n = i;}
    Sample <T>& operator+ (const Sample<T>&);
    void disp(){std::cout << "n = " << n << std::endl;}
};

template<typename T> Sample<T>&Sample<T>::operator+ (const Sample<T>&s) {
    static Sample<T> temp;
    temp.n = n + s.n;
    return temp;
}
```

```
void main(){
    Sample<int>s1 (10),s2 (20),s3;
    s3 = s1 + s2;
    s3.disp ();
}
```

开发实践

1. 编写一个对一个有 n 个元素的数组 x[ ] 求最大值的程序，要求将求最大值的函数设计成函数模板。
2. 编写一个函数模板，它返回两个值中的较小者。
3. 编写一个使用类模板对数组进行排序、查找和求元素和的程序。
4. 完善8.3.2节的MyVector，使它能进行加、减、乘、除计算。
5. 设计一个数组类模板Array<T>，其中包含重载下标操作符函数，并由此产生模板类Array<int>和Array<char>，最后使用一些测试数据对其进行测试。

第 9 单元 STL 编程

9.1 STL 概述

STL（Standard Template Library，标准模板库）是 C++98 标准增加的一个特别重要的部分。它提供了 4 类高层次的模板：容器（container）模板、迭代器（iterator）模板、函数对象（functor）模板和算法（algorithm）模板，提供了一种新的编程模式——面向对象程序设计与泛型程序设计相结合。

9.1.1 容器

1. 容器及其分类

容器是容纳、包含一组群体的对象。这组群体可以由 oop 意义上的对象组成，也可以由 C++内置类型的值组成。为了支持泛型编程，STL 提供了一组具有不同特性的容器类模板，并也将它们简称为容器。这些容器可以分为 3 大类。

（1）序列容器：vector、deque、list、string。

（2）关联容器：set、multiset、map、multimap、hash_set、hash_map, hash_multiset, hash_multimap。

（3）容器适配器：stack、queue、priority_queue、valarray、bitset 等。

1）序列容器

序列（sequence）容器也称顺序容器。序列容器的主要特点是所有元素都严格地按线性顺序排列，即存在一个首元素和一个尾元素，除此之外，其他元素的前后都分别有并且只有一个元素。基于这个共同的特点，所有序列容器都有一些共同的成员函数。

表 9.1 列出了 3 种基本的序列容器的特征。

表 9.1 STL 中 3 种重要的序列容器特征

容器名称	存储特征	操作特征	
	内部数据结构	访问	插入/删除时间
向量（vector）	连续	索引查找，随机访问	尾部快速，其他线性
双端队列（deque）	连续	索引查找，随机访问	头尾快速，其他线性
列表（list）	链表	不支持随机访问	全部快速

（1）vector 与普通数组很为相似，如图 9.1(a)所示。其元素在内存中连续存放，并可以使用下标进行任何元素的随机访问。它相对于数组的优越之处是，容量可以根据元素的个数自动调整。但是，只有在末端可以直接进行元素的增删，在其他位置进行元素增减，需要移动其他元素。

（2）deque（double-ended queue，双端队列）也是一种线性结构，如图 9.1(b)所示。其元素也是连续存放，也可以用下标进行随机访问，但是它允许在两端进行元素的增删。

（3）list 是一种链表结构，如图 9.1(c)所示。它存储了前向和后向指针。可以在任意位置进行元素增删，只需改变指针即可，效率比较高，适合在序列中间进行频繁增删的应用。

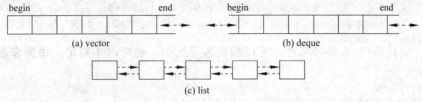

图 9.1　3 种基本序列容器内存结构模型

2）关联容器

关联容器（associative container）将值与键（key）关联在一起，并使用键查找值，实现了对元素的快速访问。

表 9.2 列出了 4 种关联容器的特征。

表 9.2　4 种关联容器

容器名称	存储内容	存储条件
集合（set）	只存键，	键-值一一对应，键不可重复
多重集合（multiset）	键（key）	一键对多值，支持键重复
映射（map）	键-值组合，	键-值一对一映射，键不可重复
多重映射（multimap）	键-值组合	键-值一对多映射，允许键重复

通常关联容器是元素按键值每行升序排列的，并使用二叉树实现的，相对于链表，查找速度更快。C++11 新增了一种无序关联容器，它采用了基于哈希表的数据结构。

3）容器适配器

在上述两类基本容器的基础上，屏蔽一部分功能，突出或增加另一些功能，就得到了容器适配器（container adapter）。

- stack 是一种先进后出容器，基于 deque 实现。
- queue 是一种先进先出容器，一端进，另一端出，可以基于 deque 实现，也可以基于 list 实现。
- 基于 vector 或 deque 建立优先队列（priority queue）。

下面是用实例化的方法基于 deque 建立 int 类型的 stack 的代码。

```
stack<deque<int> > intStack;    //通过套用模板，实例化 deque 类为 stack 类
```

注意：必须在两个相邻的尖括号 ">" 之间插入一个空格，以免编译器理解为 ">>" 操作符。

2. 容器的实例化

容器的实例化非常简单，只需要注意以下 2 点。

（1）包含合适的头文件。
（2）将需要存储的对象类型作为模板格式的参数。
例如：

```
#include <vector>
vector<int> intVector;              //创建 vector 对象 intVector
vector<double> doubVectro (8);      //创建 vector 对象 doubVector
```

注意：创建 STL 容器对象时，可以指定容器大小，也可以不指定。因为容器本身可以管理容器大小。

3. 容器对象的操作

程序中要真正使用的是容器对象。
从实现的目的看，对容器对象的操作有如下几种。
（1）容器的构造和析构。
（2）关系运算：= =、!=、<、>、<=、>=。
（3）大小和容量计算。
（4）容器元素的访问。
（5）元素的插入、删除。
从实现的手段看，对容器对象的操作有如下几种。
（1）迭代器。
（2）成员函数。
（3）算法——非成员的函数。
（4）函数对象。
下面分别进行概要介绍。

9.1.2 迭代器

1. 迭代器及其基本类型

迭代器(iterator)是指向序列元素指针的抽象，它指向容器对象中的一个元素，并利用递增操作符实现向下一个元素的移动，获取下一个元素，从而实现在容器对象中的漫游遍历，并可以提供比下标操作更通用的方法，也更加安全。现代 C++ 程序更倾向于使用迭代器而不是下标操作访问容器元素。标准库为每一种标准容器定义了一种迭代器类型。这些迭代器可以分为如下一些类型。
1）按照容器的性质分类
从所遍历的容器性质看，迭代器可以分为如下 3 类。
（1）iterator：可以在容器中遍历，并修改所指向元素的值。
（2）const_iterator：可以在容器中遍历，但只可读取，不可修改所指向元素的值。
（3）const iterator：必须初始化它。一旦被初始化，就只能用它来改变所指元素，不能使它指向其他元素。

2）按照漫游方式分类

按照漫游方式，迭代器可以分为如下 5 类。

（1）input iterators（输入迭代器）：程序从容器读取数据，用"++"实现正向移动并只读一次。

（2）output iterators（输出迭代器）：程序向容器写数据，用"++"实现正向移动并只写一次。

（3）forward iterators（正向迭代器）：可读、可写，只能用"++"遍历。

（4）bidirectional iterators（双向迭代器）：可读、可写，可用"++"，也可用--移动指针。

（5）random access iterators（随机访问迭代器）：双向迭代器加上在常量时间里向前或者向后跳转一个任意的距离。

不同的容器获取迭代器的特性不同。表 9.3 列出了常用标准容器支持的迭代器类型。

表 9.3 常用标准容器支持的迭代器类型

STL 容器	支持的迭代器类型	STL 容器	支持的迭代器类型
vector	随机访问迭代器	map	双向迭代器
deque	随机访问迭代器	multimap	双向迭代器
list	双向迭代器	stack	不支持迭代器
set	双向迭代器	queue	不支持迭代器
multiset	双向迭代器	Priority_queue	不支持迭代器

2. 迭代器的操作

一个类型要能作为迭代器，就必须提供一组适当的操作。表 9.4 对 5 类迭代器的能力进行了比较。

表 9.4 5 类迭代器的能力比较

操作类型		输出迭代器	输入迭代器	正向迭代器	双向迭代器	随机访问迭代器
构造函数	无参构造函数			√	√	√
	复制构造函数	√	√	√	√	√
写	operator*、operator=,（形式：*p =）	√		√	√	√
读	operator*、operator=,（形式：= *p）		√	√	√	√
访问	operator[]					√
	operator->		√	√	√	√
迭代	operator++	√	√	√	√	√
	operator--				√	√
	operator+、operator-、operator+=、operator-=					√
比较	operator<、operator>、operator<=、operator>=					√
	operator==、operator!=		√	√	√	√

说明：从该表可以得出以下结论

（1）所有的迭代器都支持正向迭代（即++），唯双向迭代器和随机访问迭代器支持逆向迭代（即--）。

（2）所有迭代器都支持迭代器之间的比较（operator==）。如果两个迭代器指向同一元素，那么返回 true；否则返回 false。operator != 与之相反。

（3）所有迭代器都支持访问容器元素（operator*）。假如迭代器 it 指向容器的一个元素，那么解引用*it 就是该元素的值。

（4）只有随机访问迭代器可以加、减整数，取得相对地址。

（5）每种容器都定义了一对命名为 begin( )和 end( )的函数，用来对迭代过程进行控制。begin 返回的迭代器指向第一个元素，end 返回的迭代器指向最后一个元素的下一个位置（实际上是一个不存在的元素），所以迭代序列为[begin( ), end( )]。如果容器为空，那么 begin( )返回与 end( )一样的迭代器。注意，不能对 end( )进行解引用和比较。

3. 迭代器的使用

使用一个迭代器，不需要包含特别的头文件，但先要用操作的容器类型和关键字 iterator 对其进行声明，格式为：

> 容器名<容器类型>::**iterator** 迭代器名

代码 9-1 一个输出迭代器应用示例。

```cpp
#include <iostream>
#include <algorithm>
#include <list>

int main(){
  char a[] = "abcdefghijk";
  std::list<char> aList;

  for (int i = 0; i < 11; ++ i)
    aList.push_back (a[i]);

  std::list<char>::iterator iter;          //声明一个输出迭代器
  for (iter = aList.begin (); iter != aList.end ();iter ++)
    std::cout << *iter << ",";
  std::cout << "\n";

  return 0;
}
```

程序执行结果：

```
a,b,c,d,e,f,g,h,i,j,k,
```

9.1.3 容器的成员函数

成员函数分为 4 个层次。
（1）所有容器。
（2）顺序容器和关联容器。
（3）一类容器。
（4）具体容器。

下面仅介绍前 3 类成员函数。具体容器的成员函数在介绍具体容器时再做介绍。

1. 所有容器都有的成员函数

这里先介绍所有容器类都具有的成员函数。表 9.5 列出了对于所有容器都适用的一些成员函数。当然，对于特定的容器，还会有自己特定的成员函数。

表 9.5 所有容器共有的成员函数

成员函数名	说　　明
无参构造函数	初始化一个空容器对象
有参构造函数	用参数进行某种初始化
复制构造函数	当容器对象作为参数或用同一类型容器对象声明并初始化新容器对象时调用
==、!=、<、>、<=、>=	相当于按照词典序比较两个同类型容器对象
int size ()	返回容器对象大小——元素数目
bool empty ()	返回容器对象是否为空（为空，则返回 true）
int max_size ()	返回容器对象可能的最大尺寸
void swap()	与另外一个同类容器对象交换内容
int capacity()	返回容器对象容量——当前已分配存储数量（可容元素数量）
int reserve(int n)	空出 n 个元素空位

注意：

（1）容器对象的容量和大小是两个不同概念。通常，容量指当前容器可存储的元素数量，大小指已经存储的元素数量。

（2）类型相同的顺序容器、关联容器、stack 和 queue 对象，可以使用 "<"、"<="、"=="、">="、">"、"!=" 进行词典式比较。

"=="：元素个数相同且对应元素都相等时，为 true。

a < b 为 true 发生在如下两种情况。
- 依次逐个比较每个元素，最先发生的 a 中元素小于位置对应的 b 中元素。
- 没有发生 a 中元素小于位置对应的 b 中元素，但 a 中元素少于 b 中元素。

（3）关系操作符有如下一些等价关系。

a != b ⇔ !(a == b)
a > b ⇔ b < a
a <= b ⇔ !(b < a)

a >= b ⇔ !(a < b)

2. 序列容器和关联容器中都有的成员函数

表 9.6 所列为所有序列容器和关联容器中都有的常用成员函数。这类成员函数主要分为返回迭代器和删除两类。

表 9.6 所有序列容器和关联容器中共有的常用成员函数

成员函数名	说　明
iterator begin()	返回指向容器对象中首元素的迭代器
iterator end()	返回指向容器对象中尾元素后面的位置的迭代器
reverse_iterator rbegin()	返回指向容器对象中尾元素的反向迭代器
const_reverse_iterator rend()	返回指向容器对象中首元素前面位置的反向迭代器
iterator erase(...)	从容器对象中删除一个或多个元素，其参数容后介绍
void clear()	删除容器对象中所有元素

注意：begin、end、rbegin 和 rend 概念的不同，如图 9.2 所示，begin 和 end 指正向迭代的起点和终点，rbegin 和 rend 指反向迭代的起点和终点，二者并不完全重合。

图 9.2　begin、end、rbegin 和 rend 概念辨析

3. 仅在序列容器中共有的常用成员函数

表 9.7 所列为仅在序列容器中共有的常用成员函数。

表 9.7 仅在序列容器中共有的常用成员函数

成员函数名	说　明
T& front()	返回指向容器对象中首元素的引用
T& back()	返回指向容器对象中尾元素的引用
void push_back()	在容器对象末尾加入新元素
void pop_back()	删除容器对象末尾的元素
void insert(...)	在容器对象中插入一个或多个元素，其参数容后介绍

代码 9-2　成员函数的应用实例。

```
#include <iostream>
#include <vector>
using namespace std;

int main(){
    vector<int> intVector1;              //创建 vector 对象 intVector1
    vector<int> intVector2;              //创建 vector 对象 intVector2
```

```cpp
    intVector1.push_back (1);              //在容器底部压入值
    intVector1.push_back (3);
    intVector1.push_back (5);
    intVector1.push_back (7);
    intVector1.push_back (9);

    intVector2.push_back (2);              //在容器底部压入值
    intVector2.push_back (4);
    intVector2.push_back (6);
    intVector2.push_back (8);
    intVector2.push_back (10);

    cout << "intVector1: ";
    for (int i = 0; i < 5; i ++)
        cout << '\t' << intVector1[i];
    cout << endl;

    cout << "intVector2: ";
    for (int i = 0; i < 5; i ++)
        cout << '\t' << intVector2[i];
    cout << endl;

    cout << "\nintVector1 == : intVector2: " << (intVector1 == intVector2) << sendl;

    cout << "\n交换 intVector1 与 intVector2:\n";
    intVector1.swap(intVector2);

    cout << "intVector1: ";
    for (int i = 0; i < 5; i ++)
        cout << '\t' << intVector1[i];
    cout << endl;

    cout << "intVector2: ";
    for (int i = 0; i < 5; i ++)
        std::cout << '\t' << intVector2[i];
    cout << endl;

    return 0;
}
```

程序执行结果:

```
intVector1:     1       3       5       7       9
intVector2:     2       4       6       8       10

intVector1 == : intVector2:0

交换intVector1 与intVector2:
intVector1:     2       4       6       8       10
intVector2:     1       3       5       7       9
```

9.1.4 STL 算法

1. STL 算法及其类型

算法实际上是一些处理容器对象的非成员函数。由于它们是以采用函数模板的方式实现的，所以能够通用于各种类型的数据。STL 提供了大约 100 个实现算法的函数模板。按照功能和目的以及是否会改变数据元素的内容，可以将它们分为如下 4 类。

（1）不可修改类序列算法（nonmodifying algorithm）。执行这类算法，并不改变区间内数据元素的值和次序，如计数（count）、查找（find/search）、比较（equal）、求最大元素（max_element）、逐一进行（for_each）等。

（2）可修改类序列算法（modifying algorithm）。执行这类算法，可以修改容器的内容，包括数值、个数等。这些修改可能发生在原来的区间，也可能发生在由于复制旧区间而得到的新区间，如复制（copy）、转换（transform）、替换（replace）、替换-复制（replace_copy）、填充（fill）、去除（remove）、取出-复制（remove_copy）等。

（3）排序及相关类算法（sorting algorithm）。执行这类算法，对区间内元素进行排序，或对已经排序区间进行操作，如排序（sort）、稳固排序（stable_sort）、偏排序（partial_sort）、堆排序（heap_sort）、折半查找（binary_search）、区间合并（interval_combining）、逆序（sequence_inverting）、旋转（rotate）、分隔（partition）等。

（4）数值类算法（numeric algorithm）。执行这类算法，将对区间内的元素进行数值运算，例如累加（accumulate）、两个容器内部乘积（internal product）、小计（subtotal）、相邻对象差（adjacent objects difference）、转换绝对值（absolute value）和相对值（relative value）等。

注意：使用算法必须包含头文件<algorithm>。

2. 算法参数

STL 算法参数有 3 种用途。
1）操作对象在一个区间时决定算法作用区间的起点和终点
代码 9-3 用 sort 算法对一个区间的对象排序。

```
#include <iostream>
#include <algorithm>              //算法定义头文件

int main() {
  int a[] = {2,9,3,6,8,5,1,7,4};
  size_t n = sizeof (a) / sizeof (*a);

  std::cout << "排序前的序列: ";
  for (int i = 0; i < n; a ++)
    std::cout << a[i] << ",";
  std::cout << "\n";

  std::sort (a,a + n);            //区间为[a,a + n]
```

```
    std::cout << "排序后的序列: ";
    for (int i = 0; i < n; a ++)
        std::cout << a[i] << ",";
    std::cout << "\n";

    return 0;
}
```

程序执行结果:

```
排序前的序列: 2,9,3,6,8,5,1,7,4,
排序后的序列: 1,2,3,4,5,6,7,8,9,
```

说明：a 是一个数组名，其类型是 int []，所以 sizeof(a)计算的是数组 a 的字节数；由于 a 是指向数组 a 的首元素的指针，即*a 实际上就是数组 a 的首元素，即 sizeof(*a)计算的就是数组 a 的首元素的字节数。所以，sizeof (a) / sizeof (*a)就是数组 a 的元素个数。size_t 是在 cstddef 头文件中用 typedef 定义的一个变量类型，在一般系统中为 unsigned int 类型，在 64 位系统中为 long unsigned int 类型。在 C++中，设计 size_t 的目的是为了适应多个平台。

2）操作对象在多个区间时指定算法作用区间

如源区间的起点、终点、目的区间的起点等。

代码 9-4 search ( )算法的应用。它可以在一个容器中查找另一个容器指定序列的顺序值。

```
#include <iostream>
#include <algorithm>

int main(){
    int a[] = {2,9,3,6,8,5,1,7,4};
    int b[] = {8,5,1};

    size_t na = sizeof (a) / sizeof (*a);
    size_t nb = sizeof (b) / sizeof (*b);

    int* ptr;
    ptr = std::search (a,a + na,b,b + nb);    //在 a 中找 b 序列出现的顺序值

    if (ptr == a + na)                         //找到 a 的末尾
        std::cout << "找不到!\n";
    else
        std::cout << "出现位置为: " << (ptr - a) << std::endl;
    return 0;
}
```

程序执行结果:

```
出现位置为: 4
```

3）可以用不同的策略执行操作时决定操作的方式

例如排序是升序还是降序等。

代码 9-5 两种排序策略。

```cpp
#include <iostream>
#include <algorithm>
#include <functional>

int main(){
    int a[] = {2,9,3,6,8,5,1,7,4};
    size_t n = sizeof (a) / sizeof (*a);

    std::sort (a,a + n,std::less<int> ());        //指定升序策略
    std::cout << "升序排序后的序列：";
    for (int i = 0; i < n; i ++)
        std::cout << a[i] << ",";
    std::cout << "\n";

    std::sort (a,a + n,std::greater<int> ());     //指定降序策略
    std::cout << "降序排序后的序列：";
    for (int j = 0; j < n; j ++)
        std::cout << a[j] << ",";
    std::cout << "\n";

    return 0;
}
```

程序执行结果：

```
升序排序后的序列：1,2,3,4,5,6,7,8,9,
降序排序后的序列：9,8,7,6,5,4,3,2,1,
```

说明：less<>( )和 greater<>( )称为函数对象，用它们来表示策略。使用系统定义的函数对象，需要包含头文件<functional>。

3. 迭代器匹配算法

迭代器连接了算法和容器。于是就有一个哪些迭代器适合于哪些容器和算法的问题。表 9.4 已经给出了哪些迭代器适合于哪些容器，表 9.8 则表明了典型算法需要的迭代器的类型。

表9.8 迭代器对容器和算法的匹配

算法类型	输入迭代器	输出迭代器	正向迭代器	双向迭代器	随机访问迭代器
for_each	√				
find	√				
count	√				
copy	√				
replace			√	√	
unique				√	
reverse				√	

续表

算法类型	输入迭代器	输出迭代器	正向迭代器	双向迭代器	随机访问迭代器
sort					√
nth_element					√
Merge	√	√			
accumulate	√				

9.1.5 函数对象

1. 函数对象的概念

函数对象又称仿函数（Function Object 或者 functor），顾名思义就是能够以函数调用形式出现的任何对象。如果一个类或结构体重载操作符 operator ( )，则该类产生的对象就是一个函数对象。

代码 9-6 函数对象示例。

```
#include <functional>
template<class T> class AbsoluteLess : public std::binary_function<T,T,bool> {
public:
  bool operator ( ) (T x ,T y) const
  { return abs (x) > abs (y); }
};
```

说明：

（1）binary_function 是一个内定义的函数对象。使用内定义的函数对象要包含头文件 <function>。

（2）自定义的函数对象 AbsoluteLess 重载了 binary_function 的 operator ()。

函数对象是比函数更加通用的概念。使用函数对象可以完成普通函数完成不了的工作。传统的函数只能使用不同的名字来提供对不同类型参数的处理，而函数对象可以用相同的名字来提供对不同类型对象的处理。这也是泛型编程的特点。例如，要为不同类型的容器提供排序算法，只要编写一个支持不同类型容器的函数对象就可以了。函数对象可以有自己的成员函数和成员变量，利用这一点可以让同一个函数对象在不同的时候有不同的行为，也可以在使用它之前对它进行初始化。因此说函数对象是一种"聪明的函数"（smart functions）。此外，函数对象被编译器更好地优化了，使用它还会带来效率的提升。

代码 9-7 代码 9-6 所定义的函数对象的应用。

```
#include <iostream>
#include <functional>

//定义函数对象
template<typename T> class AbsoluteLess : public std::binary_function<T,T,bool> {
public:
  bool operator ( ) (T x ,T y) const
  { return abs (x) > abs (y); }
```

```cpp
};

//定义气泡排序函数模板
template<class T,class CompareType>
void Bubble_Sort (T* p,int size,const CompareType& Compare) {
    for (int i = 0; i < size; ++ i) {
        for (int j = i + 1; j < size; ++ j){
            if (Compare (p[i],p[j])) {
                const T temp = p[i];
                p[i] = p[j];
                p[j] = temp;
            }
        }
    }
}

//定义显示函数模板
template<typename T>void Display (T* p1,T* p2) {
    for (T* p = p1; p < p2; ++ p)
        std::cout << *p << ",";
    std::cout << std::endl;
}

//测试函数
int main(){
    double a[7] = {-7.77,-8.88,55.5,33.3,77.7,-11.1,22.2};
    int size = sizeof (a)/sizeof (double);
    Bubble_Sort (a, size, std::greater<double> ());  //使用预定义函数对象
    std::cout << "按照自然值排序: ";
    Display (a, a + size);

    Bubble_Sort (a, size, AbsoluteLess<double> ());  //使用自定义函数对象
    std::cout << "按照绝对值排序: ";
    Display (a, a + size);
    return 0;
}
```

测试结果如下。

```
按照自然值排序: -11.1,-8.88,-7.77,22.2,33.3,55.5,77.7,
按照绝对值排序: -7.77,-8.88,-11.1,22.2,33.3,55.5,77.7,
```

2. 预定义函数对象

很多 STL 算法需要一个函数对象类型的参数来传递额外信息，如执行操作的方式和策略。为此，STL 内定义了各种函数对象。其中包括与所有内置的算术、关系和逻辑操作符，等价的函数对象，见表 9.9。这些预定义函数对象都是自适应的。

表 9.9 内置操作符与等价的 STL 函数对象

操作符	等价的函数对象	操作符	等价的函数对象	操作符	等价的函数对象
+	plus	–	negate	>=	greater_equal
–	minus	==	equal_to	<=	less_equal
*	multiplies	!=	not_equal_to	&&	logical_and
/	divides	>	greater	||	logical_or
%	modules	<	less	!	logical_not

3. 函数对象配接器

函数对象配接器是一种特殊的类，用来特殊化或者扩展一元和二元函数对象，例如，能够把一个函数对象与另一个函数对象（或值、或普通函数）组合成一个新的函数对象。它们定义于 C++标准头文件<functional>中，并可以被分成表 9.10 所示的 3 类。

表 9.10 STL 常用函数配接器

函数配接器及其形式		说 明
绑定器	bind1st (op,val)	把函数对象 op 的第 1 个参数绑定为 val，即等价于 "op (val,param);"
	bind2nd (op,val)	把函数对象 op 的第 2 个参数绑定为 val，即等价于 "op (param, val);"
否定器	not1 (op)	对一元函数对象 op 的调用表达式求反，即等价于 "! (op (param));"
	not2 (op)	对二元函数对象 op 的调用表达式求反，即等价于 "! (op (param1,param2));"
适配器	ptr_fum (op)	把普通函数 op 转换成函数对象 op (param)或 op (param1,param2)，以便与其他函数对象再次配接
	mem_fun_ref (op)	对区间中的对象元素调用 const 成员函数 op
	mem_fun (op)	对区间中的对象指针元素调用 const 成员函数 op

说明：

（1）绑定器（binder）用于绑定一个函数参数。C++标准库提供了两种预定义的 binder 配接器：bind1st 和 bind2nd。它们的区别在于把值绑定到二元函数对象的不同参数上。例如，为了计数容器中所有小于或等于 10 的元素个数，可以这样向 count_if ( )传递：

```
count_if (vec.begin (),vec.end (),bind2nd (less_equal<int> (),10));
```

（2）否定器（negator）用于否定谓词对象。STL 标准库提供了两个预定义的 negator 配接器 not1 和 not2。它们的区别是，其所反转的函数对象的参数个数分别是一元和二元。例如，在计数容器中所有不小于等于 10 的元素个数时，可以这样取反 less_equal 函数对象：

```
count_if (vec.begin (),vec.end (),not1 ( bind2nd (less_equal<int> (),10)));
```

9.1.6 基于范围的 for 循环

C++11 扩展了 for 语句的语法，新添了一种基于范围（rangc-based）的 for 循环，可以用简洁的形式遍历容器中的元素。其基本格式为：

```
for (元素类型 元素 : 容器) {
    操作元素
}
```

基于范围的 for 循环经常会与 auto 关键字配合使用,并允许在循环中修改容器元素的值。

代码 9-8 基于容器的 for 与 auto 配合应用示例。

```cpp
#include <iostream>
#include <vector>
using namespace std;

int main(){
    int a[10] = { 11, 12, 13, 14, 15, 16, 17, 18, 19, 20 };

    for( auto x : a ) {              //用 auto 关键字推断元素类型
        cout << x << " ";
    }
    cout << endl;

    for( auto &x : a ) {             //使用引用以修改元素的值
        x -= 10;
    }
    cout << endl;

    for(auto &x : a ) {
        cout << x << " ";
    }
    return 0;
}
```

输出如下:

```
11 12 13 14 15 16 17 18 19 20
1 2 3 4 5 6 7 8 9 10
```

9.1.7 STL 标准头文件

STL 几乎所有的代码都采用了模板类和模板函数的方式,这相比于传统的函数库和类库提供了更好的代码重用机会。为了很好地使用它们,除了要深刻地理解它们的有关属性外,还需要注意以下两点。

(1) 它们所有的标识符都声明于标准命名空间 std 中。

(2) 它们的每一个定义都存在于相应的头文件中,并分布于表 9.11 中介绍的 14 个 STL 标准头文件中。了解这些头文件,对于正确地使用 STL 也非常重要。

表 9.11 STL 标准头文件

头文件类型	头文件名称	内 容 说 明
函数对象	functional	算术运算、关系运算和逻辑运算类函数对象和函数配接器

续表

头文件类型	头文件名称	内 容 说 明
算 法	Algorithm	常用算法函数模板
容 器	vector	vector 容器及其常用操作
	list	list 容器及其常用操作
	deque	deque 容器及其常用操作
	set	set/multiset 容器及其常用操作
	map	map/multimap 容器及其常用操作
	stack	stack 容器配接器及其常用操作
	queue	queue 容器配接器及其常用操作
	string	C++字符串类及其常用操作
迭 代 器	iterator	各种类型迭代器及其常用操作
其 他	numeric	常用数字算法
	memory	内存分配与管理的全局函数、auto_ptr 类及其常用操作
	utility	pair 类型及其常用操作，其他工具函数

9.2 扑克游戏——vector 容器应用实例

这一节以扑克游戏为例，介绍 vector 容器的应用。

9.2.1 vector 容器的特点

vector 容器是一个模板类，它具有如下特点。

（1）可以存放任何同一类型的对象，并且在逻辑上严格按照线性序列排序，并在物理上被连续存储。因此，不仅可以使用迭代器（iterator）按照不同的方式遍历容器，还可以使用指针的偏移方式访问。

（2）vector 容器使用动态数组存储、管理对象。因此，它不仅能提供和数组一样的性能，用下标随机访问个别元素，而且能很好地调整存储空间大小，在运行时在容器的末尾高效地添加元素。

（3）实现向量容器的类名是 vector（容器是类模板）。包含 vector 类的头文件名是 vector。所以，如果要在程序里使用向量容器，就要在程序中包含下面的命令：

```
#include <vector>
```

9.2.2 扑克游戏对象模型

考虑用类 PokerGame 描述一般的扑克游戏。下面分析这个类的组成。

1. 数据成员分析

扑克（poker）是一种纸牌游戏（card game）。一个扑克游戏可以用下面的一些数据描述。

1）扑克牌

一般的扑克牌有 54 张牌（card），每张牌内容不同。为了简化问题，可以用下面一些整数来描述。

101，102，…，113：分别表示红桃 A~红桃 K。

201，202，…，213：分别表示方块 A~方块 K。

301，302，…，313：分别表示梅花 A~梅花 K。

401，402，…，413：分别表示黑桃 A~黑桃 K。

501、502，分别表示大、小王。

考虑采用 int 类型的 vector 描述一副扑克牌，可以记为：

```
vector< int > poker;
```

2）玩家人数

一般，玩家（players）人数为 4、6、8 人等，用 playerNumber 存储，即 PokerGame 需要数据成员：

```
int playerNumber;
```

3）每人牌数

每人手中发牌数可以表示为：

```
int eachCards;
```

2. 扑克游戏的成员函数分析

在扑克游戏中需要下列成员函数：

- 构造函数；
- 洗牌（shuffle）；
- 整牌（cardsSort）；
- 发牌（sendCards）。

3. 初步的 CardGame 模型

根据上述分析，可以得到一个初步的 CardGame 模型，如图 9.3 所示。

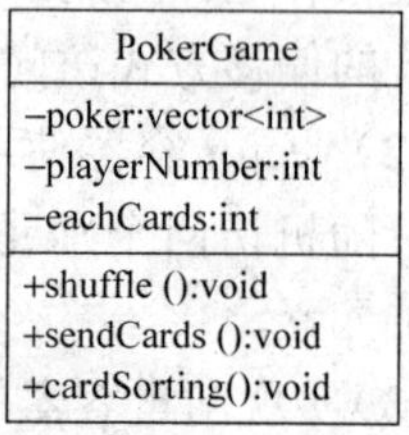

PokerGame
−poker:vector<int>
−playerNumber:int
−eachCards:int
+shuffle ():void
+sendCards ():void
+cardSorting():void

图 9.3 初步的 CardGame 类结构

9.2.3 用 vector 容器对象 poker 存储 54 张扑克牌

1. vector 的构造函数及其应用

创建扑克游戏实例，首先要创建一副扑克，所以设计的 PockerGame 的构造函数中，必然包括对 vector 对象 poker 的初始化，即必须调用 vector 构造函数。表 9.12 为声明和初始化向量容器的方法的一览表。

表 9.12　各种声明和初始化向量容器的方法

语　句	作　用
vector<elementType> poker;	创建一个没有任何元素的空向量 poker（使用默认构造函数）
vector<elementType> poker(otherVecList);	创建一个向量 poker，并使用向量 otherVecList 中的元素初始化该向量。向量 poker 与向量 otherVecList 的类型相同
vector<elementType> poker(size);	创建一个大小为 size 的向量 poker，并使用默认构造函数初始化该向量
vector<elementType> poker(n,elem);	创建一个大小为 n 的向量 poker，该向量中所有的 n 个元素都初始化为 elem
vector<elementType> poker(begin,end);	创建一个向量 poker，并初始化该向量（begin,end）中的元素，即，从 begin 到 end-1 之间的所有元素

注：vector 容器内存放的所有对象都是经过初始化的。如果没有指定存储对象的初始值，那么对于内置类型将用 0 初始化，对于类类型将调用其默认构造函数进行初始化（如果有其他构造函数而没有默认构造函数，那么此时必须提供元素初始值才能放入容器中）。

举例如下。

```
vector<string> v1;                              //创建 string 类型空向量
vector<int> ivector = {1, 2, 3, 4, 5, 6};       //创建用 6 个整数初始化的 int 类型向量
auto p = new vector<double>{1,2,3,4,5};         //创建用 5 个数初始化的 double 类型向量
vector<string> v2(10);                          //创建可容 10 个空串的 string 类向量
vector<string> v3(5, "hello");                  //创建用 5 个"hello"初始化的 string 类向量
vector<string> v4(v3.begin(), v3.end());        //创建与 v3 相同的向量 v4（完全复制）
```

为了了解在本题中如何创建一副扑克，首先看一个例子。

代码 9-9　poker 对象的创建以及测试。

```cpp
#include <iostream>
#include <vector>
using namespace std;

int main(){
    auto poker = new vector<int>
                {101,102,103,104,105,106,107,108,109,110,111,112,113,
                 201,202,203,204,205,206,207,208,209,210,211,212,213,
                 301,302,303,304,305,306,307,308,309,310,311,312,313,
                 401,402,403,404,405,406,407,408,409,410,411,412,413,
                 501,502
                };
    cout<<"利用下标运算符遍历容器元素："<<endl;
    for(int i = 0;i < poker.size();i ++)
        cout << poker [i] << " ";
    cout << endl;

    cout << "利用迭代器遍历容器元素：" << endl;
    for(vector<int>::iterator it = poker.begin();it != poker.end();it ++)
        cout << *it << " ";
    cout << endl;

    cout << "利用迭代器函数随机访问容器元素：" << endl;
```

```
    cout << "at(" << 15 << ")= " << poker.at(15) << endl;
    return 0;
}
```

测试结果如下。

```
利用下标运算符遍历容器元素：
101 102 103 104 105 106 107 108 109 110 111 112 113 201 202 203
204 205 206 207 208 209 210 211 212 213 301 302 303 304 305 306
307 308 309 310 311 312 313 401 402 403 404 405 406 407 408 409
410 411 412 413 501 502
利用迭代器遍历容器元素：
101 102 103 104 105 106 107 108 109 110 111 112 113 201 202 203
204 205 206 207 208 209 210 211 212 213 301 302 303 304 305 306
307 308 309 310 311 312 313 401 402 403 404 405 406 407 408 409
410 411 412 413 501 502
利用迭代器函数随机访问容器元素：
at(15) = 203
```

2. PokerGame 实例的构建

从代码 9-9 中可以看出，创建一副扑克对象，需要以下两个基本环节。

（1）先定义一个 int 类型数组，存储一副扑克的数据。

（2）用构造函数 vector(InputIterator first, InputIterator last)，创建一个 vector 容器对象 poker。

那么，如何在 PokerGame 类的构造函数中体现上述两点呢？

对于第 1 个环节，可以在类 PokerGame 中定义一个数组 cards[]。由于这个数组不属于哪个对象，为此可以声明其为静态成员，并在类外初始化。同时定义的 int 类型的 vector 容器对象也要声明成静态的。

对于第 2 个环节，由于每个类成员对于其他成员都是可以访问的，所以在类 PokerGame 的构造函数中，完全可以使用前面的 vector 构造函数。

由此，可以得到修改的 PokerGame 类声明以及部分实现。

代码 9-10　PokerGame 类声明。

```cpp
//文件名：pokergame.h
#include <vector>

class PokerGame {
private:
    static vector<int> poker;      //静态数据成员
    int playerNumber;
    int eachCards;
public:
    PokerGame(int,int);            //用玩家数、每人牌数作为参数的构造函数
    void shuffle ();
    void cardsSort();
    void sendCards ();
    void pokerDisplay();           //依次显式扑克中的各张牌
};
```

代码 9-11　PokerGame 类的部分实现代码。

```
#include "pokergame.h"
#include <iostream>
#include <vector>
using namespace std;

vector<int> PokerGame::poker = { 101,102,103,104,105,106,107,108,109,110,111,112,113,
                                 201,202,203,204,205,206,207,208,209,210,211,212,213,
                                 301,302,303,304,305,306,307,308,309,310,311,312,313,
                                 401,402,403,404,405,406,407,408,409,410,411,412,413,
                                 501,502};
PokerGame::PokerGame(int pn, int ec){
    playerNumber = pn;
    eachCards = ec;
}

void PokerGame::pokerDisplay(){                    //依次显示扑克牌
    cout << "扑克中各牌依次为: \n";
    for(vector<int>::iterator it = poker.begin();it != poker.end();it ++)
        cout << *it << " ";
    cout << endl;
}
//其他将陆续实现
```

注意: 静态数据成员要在类体外初始化。

代码 9-12 PokerGame 类构造函数测试。

```
#include "pokergame.h"
#ifndef _IOSTREAM_H
#include <iostream>
#endif
#include <vector>
using namespace std;

int main(){
    PokerGame pokergame1(4,12);
    pokergame1.pokerDisplay();
    return 0;
}
```

测试情况如下。

```
扑克中各牌依次为:
101  102  103  104  105  106  107  108  109  110  111  112  113  201  202  203
204  205  206  207  208  209  210  211  212  213  301  302  303  304  305  306
307  308  309  310  311  312  313  401  402  403  404  405  406  407  408  409
410  411  412  413  501  502
```

9.2.4 洗牌函数设计

洗牌(shuffle)是扑克游戏中最常见的操作。洗牌就是将一副扑克中的每张牌都按照随机方式排列。为此要使用随机数。

1. 随机数与伪随机数

随机数最重要的特性是，在一个随机数序列中后面的那个随机数与前面的那个随机数毫无关系。产生随机数有多种不同的方法，这些方法被称为随机数发生器。不同的随机数发生器所产生的随机数序列是不同的，可以形成不同的分布规律。真正的随机数是使用物理现象产生的，比如掷钱币、骰子、转轮、使用电子元件的噪声、核裂变等。这样的随机数发生器称为物理性随机数发生器。它们的缺点是，技术要求比较高。计算机不会产生绝对随机的随机数，如，它产生的随机数序列不会无限长，常常会形成序列的重复等。这种随机数称为"伪随机数"（pseudo random number）。

有关如何产生随机数的理论有很多。不管用什么方法实现随机数发生器，都必须给它提供一个名为"种子"的初始值。例如，经典的伪随机数发生器可以表示为：

$$X(n+1) = a * X(n) + b$$

显然给出一个 $X(0)$，就可以递推出 $X(1)$、$X(2)$，……不同的 $X(0)$ 就会得到不同的数列。$X(0)$ 就称为每个随机数列的种子。因此，种子值最好是随机的，至少是伪随机的。

2. C++的随机数产生函数

C++中产生随机数一般要使用 C 函数库<stdlib.h>中声明的两个函数：
- int rand();
- void srand(unsigned int seed);

rand()可以返回一个[0,RAND_MAX]间的随机数，并且这个区间中的每个数字被选中的机率是相同的。RAND_MAX 的值最小为 32 767，最大为 2 147 483 647，具体视机器字长而定。

srand()用来设置 rand()产生随机数时的随机数种子。参数 seed 必须是个整数，如果每次 seed 都设成相同值，rand()所产生的随机数值就会每次都一样。通常使用时间函数 time()来产生随机种子。time()的原型声明在头文件<tine.h>中。

3. 洗牌算法

下面是一个洗牌的算法：
先在 0～53 之间产生一个随机数 rdm，将 poker[0]与 poker [rdm]交换；
在 1～53 之间产生一个随机数 rdm，将 poker [1]与 poker [rdm]交换；
⋮
在 i～53 之间产生一个随机数 rdm，将 poker[i]与 poker [rdm]交换；
⋮
图 9.4 描述了这个洗牌过程。

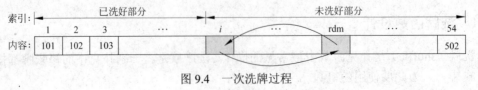

图 9.4　一次洗牌过程

这个过程可以表示为：

```
for (int i = 0; i < 54; i ++) {
    在 i 到 53 之间产生随机数 rdm;
    将 poker[i] 与 poker[rdm] 交换;
}
```

这里，需要进一步解决下面两个问题。

（1）交换两个数组元素的值：poker[*i*]与 poker[rdm]。交换算法可以使用 swap()函数。

（2）rand()函数产生的随机数在[0,RAND_MAX]之间，而现在需要[*i*, poker.end()]之间的随机数。为此，就要将[0,RAND_MAX]之间的随机数转换为[*i*, poker.end()]之间的随机数。参照图 9.5，可以得到如下代码。

```
rdm = rand() % (poker.end()-it) + it)
```

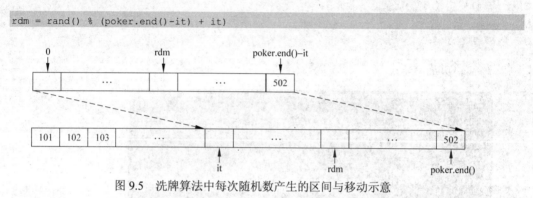

图 9.5　洗牌算法中每次随机数产生的区间与移动示意

4. 洗牌函数

代码 9-13　shuffle()函数的实现。

```cpp
#include "pokergame.h"
#include <stdlib.h>
#include <time.h>

void PokerGame::shuffle(){
    srand((int)time(0));              //用时间作为随机数种子
    vector<int>::iterator it,iend,rdm;
    iend = poker.end();
    for ( it = poker.begin(); it != iend; ++it ) {
        rdm = rand() % (iend - it) + it;
        swap(*it,*rdm);
    }
}
```

5. 洗牌函数测试

将洗牌函数加入到 PokerGame 类的实现文件中，并用下面的程序测试。

代码 9-14　shuffle()函数的测试。

```cpp
#include "pokergame.h"
#ifndef _IOSTREAM_H
#include <iostream>
#endif
#include <vector>
using namespace std;

int main(){
    PokerGame pokergame1(4,12);
    cout << "洗牌前的扑克牌排列：\n";
    pokergame1.pokerDisplay();
    pokergame1.shuffle ();
    cout << "洗牌后的扑克牌排列：\n";
    pokergame1.pokerDisplay();
    return 0;
}
```

测试结果如下。

```
洗牌前的扑克牌排列：
扑克中各牌依次为：
101  102  103  104  105  106  107  108  109  110  111  112  113  201  202  203
204  205  206  207  208  209  210  211  212  213  301  302  303  304  305  306
307  308  309  310  311  312  313  401  402  403  404  405  406  407  408  409
410  411  412  413  501  502
洗牌后的扑克牌排列：
扑克中各牌依次为：
203  205  301  302  401  206  212  410  101  211  208  108  412  502  201  405
311  310  313  409  304  207  112  109  103  413  303  202  213  204  403  104
307  111  113  309  105  209  102  408  110  402  210  407  308  411  306  107
305  501  404  406  106  312
```

9.2.5　整牌函数设计

整牌就是将杂乱无章的扑克牌再按照原来的顺序进行排序。使用算法可以使代码变得非常简单。参照代码 9-3，很容易写出对 poker 容器中的元素进行排序的函数。

代码 9-15　caedsSort ( )函数的实现。

```cpp
#include "pokergame.h"
#include <algorithm>              //算法定义头文件
using namespace std;
void PokerGame::cardsSort () {
    sort (poker.begin(),poker.end());         }
```

将整牌函数加入到 PokerGame 类的实现文件中，并用下面的程序测试。

代码 9-16　cardsSort ()函数的测试。

```cpp
#include "pokergame.h"
#ifndef _IOSTREAM_H
#include <iostream>
#endif
#include <vector>
using namespace std;
```

```cpp
int main(){
    PokerGame pokergame1(4,12);
    cout << "洗牌前的扑克牌排列: \n";
    pokergame1.pokerDisplay();

    pokergame1.shuffle();
    cout << "洗牌后的扑克牌排列: \n";
    pokergame1.pokerDisplay();

    pokergame1.cardsSort();
    cout << "整牌后的扑克牌排列: \n";
    pokergame1.pokerDisplay();

    return 0;
}
```

测试结果如下。

```
洗牌前的扑克牌排列:
扑克中各牌依次为:
101  102  103  104  105  106  107  108  109  110  111  112  113  201  202  203
204  205  206  207  208  209  210  211  212  213  301  302  303  304  305  306
307  308  309  310  311  312  313  401  402  403  404  405  406  407  408  409
410  411  412  413  501  502
洗牌后的扑克牌排列:
扑克中各牌依次为:
408  501  301  207  204  312  111  310  411  306  108  202  405  413  110  209
103  308  203  401  201  205  406  403  410  109  107  101  412  404  208  104
102  309  303  211  313  502  105  311  402  210  112  302  409  213  407  305
212  307  206  113  106  304
整牌后的扑克牌排列:
扑克中各牌依次为:
101  102  103  104  105  106  107  108  109  110  111  112  113  201  202  203
204  205  206  207  208  209  210  211  212  213  301  302  303  304  305  306
307  308  309  310  311  312  313  401  402  403  404  405  406  407  408  409
410  411  412  413  501  502
```

9.2.6 发牌函数设计

1. 用 vector 容器存储玩家手中的牌

发牌就是把从洗好的牌发到每一位玩家手中。如果也用 vector<int>容器 inHand 表示每位玩家手中的牌，则发牌就是把 poker 中的牌一张一张地添加到 inHand 中。那么，inHand 是一个什么样的容器呢？

首先，看每个玩家手中的牌如何存储。按照约定，每人手中将有 eachCards 张牌。所以，可以用 vector<int>类型、大小为 eachCards 的向量存储每位玩家手中的牌。

现在有 playerNumber 位玩家。若再用 vector 存储这 playerNumber 位玩家手中的牌，则其元素类型应当为 vector<int>类型。这样，将形成图 9.6 所示的存储结构。这种结构称为二

304	307	213	210	502	309	404	109	205	308	413	306
106	212	409	402	313	102	412	410	103	103	402	411
113	305	302	311	211	104	101	403	209	209	202	310
206	407	112	105	303	208	107	406	110	110	108	111

图 9.6　二维向量

维向量。

所以，该容器 inHand 应当声明为：

```
vector<vector<int> > inHand(playerNumber,eachCards);
```

注意："vector<vector<int>>"中的两个后尖括号之间要用空格分开，否则会与提取操作符混淆。

代码 9-17 二维 vector 容器的迭代框架。

```
//外层迭代
for(vector<vector<int> >::iterator iti = inHand.begin();iti != inHand.end();iti ++) {
    //内层迭代
    for(vector<int >::iterator itj = iti -> begin();itj != iti->end();itj ++)
        cout << *it1 << " ";
    cout << endl;
}
```

2. 发牌算法

发牌就是把洗好的牌，按照约定张数（eachCards），逐一发送到玩家（hand）手中。图 9.7 为有 4 位玩家时的发牌情况。

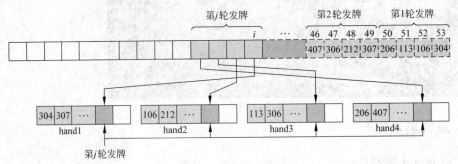

图 9.7 发牌过程

这个发牌算法要点如下。

（1）一张一张地并且从上面开始发牌，即从向量 poker 的尾部开始发牌，并且发一张，从向量 poker 的尾部删除一个元素（在图 9.7 中，已经删除的元素用虚线框表示）。

（2）发牌共进行 eachCards 轮，每一轮发 playerNumber 张。所以，迭代控制由 eachCards 和 playNumber 两个数据控制。

代码 9-18 根据图 9.7 和代码 9-17，可以得到发牌函数。

```
#include "pokergame.h"
#include <algorithm>
using namespace std;

void PokerGame::sendCards(){
    vector<vector<int> > inHand(playerNumber,eachCards);
    vector<vector<int> >::iterator iti;
```

```
    vector<int>::iterator itj;

    for(int i=0; i != eachCards; i ++){
        for( iti = inHand.begin(); iti != inHand.end(); iti ++) {
            iti->push_back(poker.back());
            poker.pop_back();
        }
    }

    cout << "各位玩家手中的牌如下：\n";
    for( iti = inHand.begin(); iti != inHand.end(); iti ++) {
        for(itj = iti -> begin(); itj != iti->end(); itj ++)
            cout << *itj << " ";
        cout << endl;
    }

    cout << "\n底牌为：\n";
    for( itj = poker.begin(); itj != poker.end(); itj ++) {     //外层迭代
        cout << *itj << " ";
    }
    cout << endl;
}
```

3. 发牌函数测试

将发牌函数加入到 PokerGame 类的实现文件中，并用下面的程序测试。

代码 9-19 sendCards ()函数的测试。

```
#include "pokergame.h"
#include <iostream>
#include <vector>
using namespace std;

int main(){
    PokerGame pokergame1(4,12);
    cout << "洗牌前的扑克牌排列：\n";
    pokergame1.pokerDisplay();

    pokergame1.shuffle ();
    cout << "洗牌后的扑克牌排列：\n";
    pokergame1.pokerDisplay();

    pokergame1. sendCards ();

    return 0;
}
```

测试结果如下。

```
洗牌前的扑克牌排列:
扑克中各牌依次为:
101  102  103  104  105  106  107  108  109  110  111  112  113  201  202  203
204  205  206  207  208  209  210  211  212  213  301  302  303  304  305  306
307  308  309  310  311  312  313  401  402  403  404  405  406  407  408  409
410  411  412  413  501  502
洗牌后的扑克牌排列:
扑克中各牌依次为:
309  209  204  103  406  208  303  413  502  402  308  212  310  113  108  404
105  410  210  101  109  311  207  408  111  110  407  306  304  201  202  401
205  104  301  501  213  206  106  107  307  305  312  412  411  405  102  409
302  112  211  403  313  203
各位玩家手中的牌如下:
203  112  405  305  206  104  201  110  311  410  113  402
313  302  411  307  213  205  304  111  109  105  310  502
403  409  412  107  501  401  306  408  101  404  212  413
211  102  312  106  301  202  407  207  210  108  308  303
底牌为:
309  209  204  103  406  208
```

9.2.7 vector 操作小结

这一小节将列出除了构造函数和析构函数外，对于 vector 对象进行的各种操作。假设容器对象为 poker。

1. 对 vector 容器对象中元素的有关操作

表 9.13 列出了对 vector 容器对象中的元素进行的各种操作。

表 9.13 向量容器中元素的有关操作

表达式	作用
poker.clear()	从容器中删除所有元素
poker.erase(position)	删除由 position 指定的位置上的元素
poker.erase(beg,end)	删除从 beg 到 end-1 之间的所有元素
poker.insert(position, elem)	将 elem 的一个副本插入到由 position 指定的位置上，并返回新元素的位置
poker.inser(position, n, elem)	将 elem 的 n 个副本插入到由 position 指定的位置上
poker.insert(position, beg, end)	将从 beg 到 end-1 之间的所有元素的副本插入到 poker 中由 position 指定的位置上
poker.push_back(elem)	将 elem 的一个副本插入到 List 的末尾
poker.pop_back( )	删除最后元素
poker.resize(num)	将元素个数改为 num。如果 size()增加，默认的构造函数负责创建这些新元素
poker.resize(num, elem)	将元素个数改为 num。如果 size()增加，默认的构造函数将这些新元素初始化为 elem
poker.at(index)	返回由 index 指定的位置上的元素
poker[index]	返回由 index 指定的位置上的元素
poker.front()	返回第一个元素（不检查容器是否为空）
poker.back()	返回最后一个元素（不检查容器是否为空）

2. 在向量容器中声明迭代器

vector 类包含了一个 typedef iterator。这是一个 public 成员。通过 iterator，可以声明向量容器中的迭代器。使用 iterator 时，必须使用容器名（vector）、容器元素类型和作用域符。

例如语句：

```
vector<int>::iterator intVeciter;        //将 intVeciter 声明为 int 类型的向量容器迭代器。
```

在定义了一个容器的迭代器后，可以对其施加"++"或"*"操作。
- 表达式++intVeciter 是将迭代器 intVeciter 加 1，使其指向容器中的下一个元素。
- 表达式*intVeciter 是返回当前迭代器位置上的元素。

3. 关于向量容器大小的操作

表 9.14 列出了关于向量容器大小的各种操作。

表 9.14　向量容器大小的有关操作

表 达 式	作　　用
poker.capacity( )	返回不重新分配空间可以插入到容器 poker 中的元素个数的最大值
poker.empty( )	容器 poker 为空，返回 true；否则，返回 false
poker.size( )	返回容器 poker 中当前元素的个数
poker.max_size( )	返回可以插入到容器 poker 中的元素个数的最大值

9.3　list 容器及其应用实例

list 是一种序列式容器。list 中的数据元素是通过链表指针串连成逻辑意义上的线性表，其结点并不要求在一段连续的内存中。其只能通过"++"或"--"操作，将迭代器移动到后继/前驱结点元素处，进行+n 或–n 的操作，所以 list 不支持快速随机访问。

使用 list 容器之前必须加上<vector>头文件，即使用语句"#include<list>;"。

名字 list 属于 std 命名域的内容，因此需要通过命名限定"using std::list;"，也可以直接使用全局的命名空间方式"using namespace std;"。

9.3.1　构建 list 对象及其迭代器

创建 list 对象，要使用 list 构造函数。常用的 list 构造函数如表 9.15 所示。

表 9.15　常用的 list 构造函数

表 达 式	作　　用
list( )	创建一个空 list 对象
list(size_type n)	创建一个元素个数为 n 的 list 对象
list(size_type n,const &t t)	创建一个元素个数为 n，且元素都为 t 的 list 对象
list(const deque&)	创建一个 list，并用一个已存在的 list 里的元素去初始化
list(const_iterator,const_iterator)	创建一个 list，用 const_iterator~const_iterator 范围内的元素初始化

举例如下。

```
list<int> c0;            //空链表
list<int> c1(3);         //创建一个含 3 个默认值为 0 的元素的链表
list<int> c2(5,2);       //创建一个含 5 个元素的链表，其值都是 2
```

```
list<int> c4(c2);                    //创建一个 c2 的 copy 链表
list<int> c5(c1.begin(),c1.end());   //c5 含 c1 一个区域的元素[_First, _Last)
```

迭代器是容器与算法之间的桥梁。因此，一个容器对象被创建后，往往还要为其定义相应的迭代器。list 中与迭代器相关的成员函数如表 9.16 所示。

表 9.16 list 中与迭代器相关的成员函数

表达式	作用
iterator begin( )	返回 list 的头指针
iterator end( )	返回 list 的尾指针
const_iterator begin( )const	返回 list 的常量头指针
const_iterator end( )const	返回 list 的常量尾指针
reverse_iterator rbegin( )	返回反向 list 的反向头指针
reverse_iterator rend( )	返回反向 list 的反向尾指针
const_reverse_iterator rbegin( )const	返回反向 list 的反向常量头指针
const_reverse_iterator rend( )const	返回反向 list 的反向常量尾指针

代码 9-20 list 容器的创建与迭代器的测试。

```
#include <list>
#include <iostream>
using namespace std;

int main(){
    list<int> c1(10);            //定义一个大小为 10 的 int 类型 list 容器
    list<int>::iterator it;      //定义一个 list<int>迭代器
    int i = 1;
    it = c1.begin();

    while(it!=c1.end()){
        *it++ = i++;
    }

    it = c1.begin();
    while(it!=c1.end()){
        cout << *it++ << "\t";
    }
}
```

测试结果如下。

1 2 3 4 5 6 7 8 9 10

9.3.2 操作 list 对象

对容器对象的操作包括对容器中个别元素的操作和对容器元素的整体操作。

1. 面向个别元素的操作

list 中面向个别元素操作的成员函数如表 9.17 所示。

表 9.17 list 中面向个别元素操作的成员函数

表 达 式	作 用
reference front()	返回第一个元素（以变量形式返回）
reference back( )	返回最后一个元素（以变量形式返回）
const_reference front( )const	返回第一个元素（以常量形式返回）
const_reference back( )const	返回最后一个元素（以常量形式返回）
void push_back(const T& t)	在 list 尾部插入一个元素值为 t
void push_front(const T& t)	在 list 头部插入一个元素值为 t
void pop_back( )	在 list 尾部删除一个元素
void pop_front( )	在 list 头部删除一个元素
void swap(list&)	交换两个 list 里面的元素
void swap(list&，const T&t)	交换两个 list 里面的元素
iterator insert(iterator pos,const T& t)	在 pos 前插入 t
void insert (iterator pos,size_type n,const T & t)	在 pos 前插入 n 个 t
void insert (iterator pos,const_iterator first,const_iterator last);	在 pos 位置前插入[first,last]区间内的元素
iterator erase(iterator pos)	删除 pos 位置的元素
iterator erase(iterator first,iterator last)	删除从 first 开始到 last 为止区间内的元素
void assign (const_iterator first, const_iterator last)	将[first,end)区间内的元素数据赋值给 list
void assign (size_type n, const T& x = T( ))	将 n 个 x 的副本赋值给 list
void resize(size_type n, T x = T( ));	重新指定队列的长度为 n，元素值为 t
void clear( )	删除所有元素
void splice(iterator pos, list& x);	把 x 中的元素转移到现有 list 中的 pos 位置
void splice(iterator pos,list& x,iterator first)	把 x 中 first 处的元素转移到现有 list 中的 pos 处
void splice(iterator pos,list& x, iterator first, iterator last)	把 x 中 first 到 last 之间的元素转移到现有 list 中的 pos 处
void remove(const T& x)	删除链表中匹配值的元素（匹配元素全部删除）
void remove_if (binder2nd<not_equal_to<T> > pr)	删除条件满足的元素（会遍历一遍链表）
void unique( )	删除相邻重复元素（断言已经排序）
void unique(not_equal_to<T> pr)	删除相邻重复元素（断言已经排序）

代码 9-21 list 容器中元素操作测试。

```
#include <list>
#include <iostream>
using namespace std;

int main(){
    int a[5] = {1,2,3,4,5}, b[8] = {3,7,2,8,6,4,9,5};
    list<int> a1,b1;
    list<int>::iterator pos = b1.begin(),first = a1.begin(),last = a1.begin(),it;
```

```cpp
    a1.assign(5,5);                                 //用5填充a1
    cout << "a1中填充5后：\n";
    for(it = a1.begin();it != a1.end();it ++){      //输出a1的内容
        cout << *it << " ";
    }
    cout << endl;

    a1.assign(a,a+5);                               //用a填充a1
    cout << "\na1用a内容赋值后：\n";
    for(it = a1.begin();it != a1.end();it ++){      //输出a1的内容
        cout << *it << " ";
    }
    cout << endl;

    b1.assign(b,b+8);                               //用b填充b1
    cout << "\nb1用b内容赋值后：\n";
    for(it = b1.begin();it != b1.end();it ++){      //输出b1的内容
        cout << *it << " ";
    }
    cout << endl;

    for(int i = 0; i < 1; i ++, first ++);          //将first移动1个元素
    for(int i = 0; i < 4; i ++, last ++);           //将last移动4个元素
    for(int i = 0; i < 3; i ++, pos ++);            //将pos3移动3个元素

    b1.splice(pos,a1,first,last);                   //元素在容器间移动
    cout << "\na1中2~4移动到b1后：\n";
    for(it = a1.begin();it != a1.end();it ++){
        cout << *it << " ";
    }
    cout << endl;
    cout << "\nb1中位置3填充a1的3个元素后：\n";
    for(it = b1.begin();it != b1.end();it ++){
        cout << *it << " ";
    }
    cout << endl;
}
```

测试结果如下。

```
a1中填充5后：
5 5 5 5 5
a1用a内容赋值后：
1 2 3 4 5
b1用b内容赋值后：
3 7 2 8 6 4 9 5
a1中2~4移动到b1后：
4 5
b1中位置3填充a1的3个元素后：
3 7 1 2 3 2 8 6 4 9 5
```

2. 面向容器的操作

list 中面向全体元素操作的成员函数如表 9.18 所示。

表 9.18 list 中面向容器全体元素操作的成员函数

表 达 式	作 用
size_type size( )const	返回 list 的元素个数
size_type max_size( )const	返回最大可允许的 list 元素个数值
bool empty( )const	判断 list 是否为空
void merge(list& x)	合并 x 到当前链表中的合适位置，使部分呈升序
void merge(list& x, greater<t> pr)	合并 x 到当前链表的合适位置，使部分呈降序
void sort( )	对链表排序，升序排列
void sort(greater<t> pr)	对链表排序，降序排列
void reverse( )	反转链表中元素的顺序

3. 重载的操作符

重载的操作符包括：operator==、operator!=、operator<、operator<=、operator>、operator>=。

代码 9-22 在代码 9-21 的基础上加入面向容器的操作代码后的测试。

```
#include <list>
#include <iostream>
using namespace std;

int main(){
  //其他代码
    a1.merge(b1);                     //合并 b1 到 a1
   cout << "\n合并 b1 到 a1 后：\n";
   for(it = a1.begin();it != a1.end();it ++){
       cout << *it << " ";
   }
    cout << endl;

   a1.sort();                         //排序
   cout << "\n对于合并后的 a1 排序：\n";
   for(it = a1.begin();it != a1.end();it ++){
       cout << *it << " ";
   }
    cout << endl;

   a1.unique() ;                      //删除相邻重复元素
   cout << "\na1 中删除相邻重复元素后：\n";
   for(it = a1.begin();it != a1.end();it ++){
       cout << *it << " ";
   }
   cout << endl;
}
```

测试结果如下。

```
a1用a内容赋值后：
1 2 3 4 5
b1用b内容赋值后：
3 7 2 8 6 4 9 5
a1中2~4移动到b1后：
4 5
b1中位置3填充a1的3个元素后：
3 7 1 2 3 2 8 6 4 9 5
合并b1到a1后：
3 4 5 7 1 2 3 2 8 6 4 9 5
对于合并后的a1排序：
1 2 2 3 3 4 4 5 5 6 7 8 9
a1中删除相邻重复元素后：
1 2 3 4 5 6 7 8 9
```

9.3.3 基于 list 容器的约瑟夫斯问题求解

1. 问题描述与初步分析

提图斯·弗拉维奥·约瑟夫斯（Titus Flavius Josephus，公元 37 年—公元 100 年，见图 9.8）原名约瑟·本·马赛厄斯（Joseph ben Matthias），是 1 世纪时期著名的犹太历史学家。他曾有过以下的故事。在罗马人占领乔塔帕特后，39 个犹太人与 Josephus 及他的朋友躲到一个洞中，决定宁死也不要被敌人抓到，于是决定了一个自杀方式：41 个人排成一个圆圈，由第 1 个人开始报数，每当报到第 3 个人时，该人就必须自杀，然后再由下一个重新报数，直到剩下一个人为止。然而 Josephus 和他的朋友并不认可这种死亡游戏，但又十分无奈。经过思考，他和朋友选择了两个合适位置——16 和 31，最终得以保留性命。

图 9.8 Titus Flavius Josephus

首先，这个问题由一个数的序列组成，所以应当采用序列模拟。其次，删除不是在序列的两端进行，而是在中间的某个位置进行，所以应当采用链表——list。

2. Josephus 类声明

首先要定义一个类。

代码 9-23 Josephus 类的声明。

```cpp
//文件名：josephus.h
#include <list>
using namespace std;

class Josephus{
private:
    int listSize;           //元素个数
    int steps;              //报数个数
```

```
    static list<int> josephusList;      //链表
public:
    Josephus(int,int,int);              //构造函数
    void deleteElement();               //删除元素
    void disp();                        //显示全部元素
};
```

3. Josephus 类构造函数设计

代码 9-24 构造函数的声明。

```
#include "josephus.h"
#include <iostream>
#include <list>
Using namespace std;

list<int> Josephus::josephusList;              //静态成员的外部初始化

Josephus::Josephus(int ls,int st){             //构造函数
    listSize = ls;
    steps = st;
    list<int>::iterator it = josephusList.begin();
    for(int i = 1; i <= listSize; i ++)
        josephusList.push_back(i);
}

void Josephus::disp(){                         //显示全部元素
    list<int>::iterator it = josephusList.begin();
    while(it != josephusList.end())
        cout << *it++ <<" ";
    cout << endl;
}
```

代码 9-25 构造函数的测试。

```
#include "josephus.h"
#include <iostream>
#include <list>
Using namespace std;

int main(){
    Josephus jsp(41,3);
    jsp.disp();
    return 0;
}
```

测试结果如下。

```
1 2 3 4 5 6 7 8 9 10 11 12 13 14 15 16 17 18 19 20 21 22 2
3 24 25 26 27 28 29 30 31 32 33 34 35 36 37 38 39 40 41
```

4. Josephus 类 deleteElement()函数设计

现在已经知道,在链表中存有 elementNnumber 个数。要删除的数为 steps,则问题就变为:从 1 开始,一步一步地数到第 steps 个数,并将其删除;接着,重新再来一遍……直到最终只剩下一个数为止。

这一过程可以进一步细化为如下过程。

S1: 设置迭代器 itor,将其初始化为链表首元素。

S2: itor 跳 steps-1 个数,指向第 steps 个数,然后将其删除,并且指针移到下一个数。这一步不断重复,直到只剩下一个数。这一步可以用下面的代码表示。

```
while(josephusList 中的元素 != 1) {
    S2.1: itor 跳 steps-1 个数;
    S2.2: 显示要删除的元素值;
    S2.3: 记下 itor 位置;
    S2.4: 删除*itor;
    S2.5: 判断是否进入下一圈;
}
```

由于,这个链表要组织成一个环,所以,itor 每跳一个数,都要测试一下是否指向的是尾部。若是,就指向表首;否则继续跳。所以 S2.1 要进一步细化为:

```
S2.1.1: int counter = 1;      //计数器
S2.1.2  while (counter 不是 steps 并链表元素为于1)
            itor++;
            counter++;
            若到表尾则转向表头;
        }
```

这样,就可以得到删除一个符合条件的元素的函数了。

代码 9-26 删除函数。

```cpp
#include <iostream>
#include <list>
using namespace  std;

void Josephus::deleteElement() {
   cout << "删除的数依次为: \n";
   list<int>::iterator itor = josephusList.begin();           //s1
   while (josephusList.size() != 1) {                          //s2
      int counter = 1;                                         //s2.1.1
      while ((start != steps )&& (josephusList.size() != 1)) { //s2.1.2
         itor ++;
         counter ++;
         if (itor == josephusList.end()) {
             itor = josephusList.begin();
         }
      }
      cout << *itor << " ";                                    //s2.2
```

```
        itor = josephusList.erase(itor);              // s2.3、s2.4
        if (itor == josephusList.end()) {             //s2.5
            itor = josephusList.begin();
        }
    }
    cout << endl;
    cout<< endl << "最后剩余者："<< *(josephusList.begin())<<endl;
}
```

5. 对 Josephus 类的完全测试

将 deleteElement()加入到代码 9-24 中，进一步测试。

代码 9-27　完整测试程序。

```
#include "josephus.h"
#include <iostream>
#include <list>
Using namespace std;

int main(){
    Josephus jsp(41,31);
    cout << "初始的 Josephus 圈：\n";
    jsp.disp();
    jsp.deleteElement();
    cout << "最后的 Josephus 圈：";
    jsp.disp();
    return 0;
}
```

测试结果如下。

```
初始的Josephus圈：
1  2  3  4  5  6  7  8  9  10 11 12 13 14 15 16 17 18 19 20 21 22 2
3  24 25 26 27 28 29 30 31 32 33 34 35 36 37 38 39 40 41
删除的数依次为：
3  6  9  12 15 18 21 24 27 30 33 36 39 1  5  10 14 19 23 28 32 3
7  41 4  13 26 34 40 8  17 29 38 11 25 2  22 4  35 16
最后剩余者：31
最后的Josephus圈：31
```

9.4　string

　　字符串是程序中应用最多的一种数据。在 C 语言中，字符串以字符数组的形式实现，并可用声明在<string.h>中的一组函数进行操作。C++将 string 作为一个存储字符的容器，是 STL 中 basic_string 模板实例化所得到的模板类。其定义为：

```
typedef basic_string<char> string;
```

C++还为其定义了极其丰富的成员函数，使之应用更为方便。相关的声明被包含在 string

中。所以要使用 string 类，就要在代码中使用命令

```
#include <string>
```

9.4.1 字符串对象的创建与特性描述

1. 创建字符串对象

创建字符串对象的关键是调用 string 的构造函数。string 有多种构造函数，例如：

```
string(const char *s);          //用C字符串s初始化
string(int n,char c);           //用n个字符c初始化
```

表 9.19 给出了各种构造函数的应用实例。

表 9.19　string 构造函数的应用形式

构造函数应用形式	作用
string s	生成一个空字符串 s
string s(str)	用 str 复制新字符串 s
string s(str,stridx)	将字符串 str 内由位置 stridx 起的部分当作字符串 s 的初值
string s(str,stridx,strlen)	将字符串 str 内自 stridx 起长度不超过 strlen 的部分作为字符串 s 的初值
string s(cstr)	将 C 字符串 cstr 作为 s 的初值
string s(cstr,cstr_len)	将 C 字符串 cstr 的前 cstr_len 个字符作为字符串 s 的初值
string s(num,c)	生成一个字符串，包含 num 个 c 字符
string s(beg,end)	以区间[beg;end]内的字符作为字符串 s 的初值
s.~string( )	销毁 s 中的所有字符，释放内存

2. 描述字符串对象特性的成员函数

表 9.20 给出了 string 中描述字符串特性的成员函数的应用形式。

表 9.20　string 中描述字符串特性的成员函数应用形式

成员函数应用形式	作用
int capacity( )const;	返回当前容量（即 string 中不必增加内存即可存放的元素个数）
int max_size( )const;	返回 string 对象中可存放的最大字符串的长度
int size( )const;	返回当前字符串的大小
int length( )const;	返回当前字符串的长度
bool empty( )const;	当前字符串是否为空
void resize(int len,char c);	把字符串当前大小置为 len，并用字符 c 填充不足的部分

9.4.2 字符串对象的输入/输出

string 类重载了运算符 operator>>和 operator<<，允许使用 ">>" 和 "<<" 进行输入和输出操作。

函数 getline(istream &in,string &s)用于从输入流 in 中读取字符串到 s 中，以换行符'\n'

分开。

代码 9-28　string 类对象的创建与输入/输出测试。

```cpp
#include <iostream>
#include <string>
using namespace std;
int main(){
    char   s1[20] = "input a string: ";        //创建 C 字符串
    string s2("input a string again:"),s3,s4;  //创建 3 个 string 对象
    cout << s1;                                //输出 string 对象
    cin >> s3;                                 //输入 string 对象
    cout << s2;                                //输出 string 对象
    cin >> s4;                                 //输入 string 对象
    cout << "s3 is :" << s3 << endl;
    cout << "s4 is :" << s4 << endl;
    return 0;
}
```

测试结果如下。

```
input a string: abcdefgh
input a string again:hijklmnop
s3 is :abcdefgh
s4 is :hijklmnop
```

9.4.3　字符串的迭代器与字符操作

1. string 类的迭代器操作成员函数

string 类提供了向前和向后遍历的迭代器 iterator。用 string::iterator 或 string::const_iterator 声明迭代器变量。const_iterator 不允许改变迭代的内容。表 9.21 所列为 string 类的常用迭代器操作成员函数。

表 9.21　string 中的常用迭代器操作成员函数应用形式

成员函数形式	作　用
const_iterator begin( )const; iterator begin( );	返回 string 的起始位置
const_iterator end( )const;　 iterator end( );	返回 string 的最后一个字符后面的位置
const_iterator rbegin( )const;　 iterator rbegin( );	返回 string 的最后一个字符的位置
const_iterator rend( )const; iterator rend( );	返回 string 第一个字符前面的位置

2. 字符查找成员函数

迭代器提供了访问各个字符的语法。表 9.22 所列为 string 类的常用查找操作成员函数。查找成功时返回所在位置，失败则返回 string::npos 的值。

表 9.22　string 中常用字符查找操作成员函数应用形式

成员函数形式	作　用
const char &operator[](int n)const; char &operator[](int n);	返回当前字符串中第 *n* 个字符，但 at 函数提供越界检查，越界时抛出 out_of_range 异常，"[]"不做越界检查
const char &at(int n)const; char &at(int n);	

续表

成员函数形式	作用
int find(char c, int pos = 0) const;	从 pos 起查找字符 c 在当前字符串的位置
int find(const char *s, int pos = 0) const;	从 pos 起查找子串 s 在当前串中的位置
int find(const string &s, int pos = 0) const;	
int find(const char *s, int pos, int n) const;	从 pos 起查找子串 s 中前 n 个字符在当前串中的位置
int rfind(char c, int pos = npos) const;	从 pos 开始从后向前查找字符 c 在当前串中的位置
int rfind(const char *s, int pos = npos) const;	从 pos 开始从后向前查找字符串 s 中前 n 个字符组成的字符串在当前串中的位置,成功时返回所在位置,失败时返回 string::npos 的值
int rfind(const char *s, int pos, int n = npos) const;	
int rfind(const string &s,int pos = npos) const;	
int find_first_of(char c, int pos = 0) const;	从 pos 开始查找字符 c 第一次出现的位置
int find_first_of(const char *s, int pos = 0) const;	从 pos 开始查找当前串中第一个在 s 的前 n 个字符组成的数组里的字符出现的位置
int find_first_of(const char *s, int pos, int n) const;	
int find_first_of(const string &s,int pos = 0) const;	
int find_first_not_of(char c, int pos = 0) const;	从当前串中查找第一个不在串 s 中的字符出现的位置
int find_first_not_of(const char *s, int pos = 0) const;	
int find_first_not_of(const char *s, int pos,int n) const;	
int find_first_not_of(const string &s,int pos = 0) const;	
int find_last_of(char c, int pos = npos) const;	find_last_of 和 find_last_not_of 与 find_first_of 和 find_first_not_of 相似,只不过是从后向前查找
int find_last_of(const char *s, int pos = npos) const;	
int find_last_of(const char *s, int pos, int n = npos) const;	
int find_last_of(const string &s,int pos = npos) const;	
int find_last_not_of(char c, int pos = npos) const;	
int find_last_not_of(const char *s, int pos = npos) const;	
int find_last_not_of(const char *s, int pos, int n) const;	
int find_last_not_of(const string &s,int pos = npos) const;	

代码 9-29 字符串中字符查找测试。

```
#include<iostream>
#include <string>
using namespace std;
int main() {
    string s("hello world!");
    cout << "s : " << s << endl;
    cout << "'o' is at " << s.find('o');
    cout << "\n\"world\" is at " << s.find("world");
    cout << endl;
    return 0;
}
```

测试结果如下。

```
s : hello world!
'o' is at 4
"world" is at 6
```

3. string 类的字符替换成员函数

表 9.23 所列为 string 类的常用字符替代操作成员函数应用形式。

表 9.23　string 中的常用替代操作成员函数应用形式

成员函数应用形式	作用
string &replace(int p0, int n0,const char *s);	从 p0 起删除 n0 个字符，然后将串 s 插入此处
string &replace(int p0, int n0,const string &s);	
string &replace(int p0, int n0,const char *s, int n);	删除 p0 开始的 n0 个字符，然后在 p0 处插入字符串 s 的前 n 个字符
string &replace(int p0, int n0,const string &s, int pos, int n);	删除 p0 开始的 n0 个字符，然后在 p0 处插入串 s 中从 pos 开始的 n 个字符
string &replace(int p0, int n0,int n, char c);	删除 p0 开始的 n0 个字符，然后在此插入 n 个字符 c
string &replace(iterator first0, iterator last0,const char *s);	把[first0，last0)之间的部分字符替换为字符串 s
string &replace(iterator first0, iterator last0,const string &s);	
string &replace(iterator first0, iterator last0,const char *s, int n);	把[first0，last0)之间的部分字符替换为 s 的前 n 个字符
string &replace(iterator first0, iterator last0,int n, char c);	把[first0，last0)之间的部分字符替换为 n 个字符 c
string &replace(iterator first0, iterator last0,const_iterator first, const_iterator last);	把[first0，last0)之间的部分字符替换成[first，last)之间的字符串

代码 9-30　字符串中字符替换测试。

```cpp
#include <iostream>
#include <string>
using namespace std;
int main(){
    string s("hello lovely world!");
    cout << s << endl;
    s.replace(6,6,"my");              //替换"my"
    cout << s << endl;
    s.replace(6,2,"great love",5);    //替换"great love"中的前 5 个字符
    cout << s << endl;
    s.replace(6,5,3,'a');             //替换 3 个'a'
    cout << s << endl;

    return 0;
}
```

测试结果如下。

```
hello lovely world!
hello my world!
hello great world!
hello aaa world!
```

4. string 类的字符插入函数

表 9.24 所列为 string 类的字符插入操作成员函数的应用形式。

表 9.24 string 中的常用插入操作成员函数的应用形式

成员函数应用形式	作 用
string &insert(int p0, const char *s);	前 4 个函数在 p0 位置插入字符串 s 中从 pos 开始的前 n 个字符
string &insert(int p0, const char *s, int n);	
string &insert(int p0,const string &s);	
string &insert(int p0,const string &s, int pos, int n);	
string &insert(int p0, int n, char c);	此函数在 p0 处插入 n 个字符 c
iterator insert(iterator it, char c);	在 it 处插入字符 c,返回插入后迭代器的位置
void insert(iterator it, const_iterator first, const_iterator last);	在 it 处插入[first,last]间的字符
void insert(iterator it, int n, char c);	在 it 处插入 n 个字符 c

代码 9-31 字符串中字符插入操作测试。

```
#include <iostream>
#include <string>
using namespace std;
int main(){
    string s1("hello world!");
    cout << "s1 : " << s1 << endl;
    s1.insert(6,"C++ ");
    cout << "s1 : " << s1 << endl;
    string s2("program ");
    s1.insert(10,s2);
    cout << "s1 : " << s1 << endl;
    return 0;
}
```

测试结果如下。

```
s1 : hello world!
s1 : hello C++ world!
s1 : hello C++ program world!
```

5. string 类的字符删除函数

表 9.25 所列为 string 类的常用字符删除操作成员函数应用形式。

表 9.25 string 中的常用删除操作成员函数应用形式

成员函数应用形式	作 用
iterator erase(iterator first, iterator last);	删除[first,last)之间的所有字符,返回删除后迭代器的位置
iterator erase(iterator it);	删除 it 指向的字符,返回删除后迭代器的位置
string &erase(int pos = 0, int n = npos);	删除 pos 开始的 n 个字符,返回修改后的字符串

代码 9-32 基于迭代器查找字符串中字符并删除。

```
#include<iostream>
#include<cctype>
#include<string>
using namespace std;
int main(){
    string str = "this is A exaMple";
    for(string::iterator iter = str.begin();          //创建迭代器
        iter != str.end();++ iter){
        if(isupper(*iter))                             //判断当前字符是否大写
            str.erase(iter--);
    }
    for(string::iterator iter = str.begin(); iter != str.end();iter ++)
        cout << *iter;
    cout << endl;
    return 0;
}
```

测试结果如下。

```
this is exaple
```

9.4.4 两字符串间的操作

1. 两个字符串交换操作

string 有一个与另外一个字符串交换值的成员函数 void swap(string &s2);

2. 两个字符串比较操作

表 9.26 所列为 string 类的常用比较操作成员函数应用形式。

表 9.26 string 中常用的与另一字符串比较的操作成员函数应用形式

成员函数应用形式	作　　用
bool operator= =(const string &s1,const string &s2)const;	比较两个字符串是否相等的运算符">","<",">=","<=","!=" 均被重载用于字符串的比较
int compare(const string &s) const;	比较当前字符串和 s 的大小
int compare(int pos, int n,const string &s)const;	比较当前字符串从 pos 开始的 n 个字符组成的字符串与 s 的大小
int compare(int pos, int n,const string &s,int pos2, int n2) const;	比较当前字符串从 pos 开始的 n 个字符组成的字符串与 s 中 pos2 开始的 n2 个字符组成的字符串的大小

int compare(const char *s) const;
int compare(int pos, int n,const char *s) const;
int compare(int pos, int n,const char *s, int pos2) const;
	compare 函数在">"时返回 1,"<"时返回–1,"=="时返回 0

代码 9-33 字符串比较操作测试。

```
#include <iostream>
#include <string>
```

```
using namespace std;
int main(){
    string s1("hello"),s2("world");
    cout << "s1 <  s2 is ";
    cout << ((s1<s2)?"true":"false")<<endl;
    cout << "s1 >  s2 is ";
    cout << ((s1>s2)?"true":"false")<<endl;
    cout << "s1 <= s2 is ";
    cout << ((s1<=s2)?"true":"false")<<endl;
    cout << "s1 >= s2 is ";
    cout << ((s1>=s2)?"true":"false")<<endl;
    cout << "s1 != s2 is ";
    cout << ((s1!=s2)?"true":"false")<<endl;

    return 0;
}
```

测试结果如下。

```
s1 <  s2 is true
s1 >  s2 is false
s1 <= s2 is true
s1 >= s2 is false
s1 != s2 is true
```

3. 两个字符串的连接操作

表 9.27 所列为 string 类的常用连接操作成员函数应用形式。

表 9.27 string 中的常用连接操作成员函数应用形式

成员函数应用形式	作　用
string &operator+=(const string &s);	把字符串 s 连接到当前字符串的结尾
string &append(const char *s);	把 C-字符串 s 连接到当前字符串的结尾
string &append(const char *s,int n);	把 C-字符串 s 的前 n 个字符连接到当前字符串的结尾
string &append(const string &s);	同 operator+=()
string &append(const string &s,int pos,int n);	把串 s 中从 pos 起的 n 个字符连接到当前字符串的结尾
string &append(int n,char c);	在当前字符串结尾处添加 n 个字符 c
string &append(const_iterator first, const_iterator last);	把迭代器 first 和 last 之间的部分连接到当前字符串的结尾

4. 字符串间的赋值操作

表 9.28 所列为 string 类的常用赋值操作成员函数应用形式。

表 9.28 string 中的常用赋值操作成员函数应用形式

成员函数应用形式	作　用
string &operator=(const string &s);	把字符串 s 赋给当前字符串
string &assign(const char *s);	用 C 类型字符串 s 赋值
string &assign(const char *s,int n);	用 C 字符串 s 开始的 n 个字符赋值

续表

成员函数应用形式	作 用
string &assign(const string &s);	把字符串 s 赋给当前字符串
string &assign(int n,char c);	用 n 个字符 c 赋值给当前字符串
string &assign(const string &s,int start,int n);	把串 s 中从 start 开始的 n 个字符赋给当前字符串
string &assign(const_iterator first, const_itertor last);	把 first 和 last 迭代器之间的部分赋给字符串

9.5 stack 容器

9.5.1 stack 及其特点

stack（堆栈）是一种具有"先进后出（FILO）"或"后进先出（LIFO）"特点的容器，如图 9.9 所示。这种特性可以进一步进行以下描述。

- 栈是一种操作受限的线性表结构。
- 它只有一个端口——栈顶（top）。元素的插入、删除和访问只能对栈顶进行。

通常把元素的插入称为压栈（push），条件是栈未满；把元素的删除称为弹出（pop），弹出操作的条件是堆栈非空。

在 STL 中定义的 stack 容器是以 vector、list、deque 等支持 back、push_back、pop_back 运算的序列容器作为基础容器的适配器。在默认情况下采用 deque 作为基础容器。

图 9.9 stack 结构

stack 堆栈容器的标准头文件为<stack>。这个名字是定义在 std 空间里的类模板。

9.5.2 stack 的操作

表 9.29 所列为 stack 的常用成员函数。

表 9.29 stack 的常用成员函数

成 员 函 数	作 用
stack();	无参构造函数，创建一个空 stack 对象
stack(const stack&);	复制构造函数
void push(const value_type& x);	将某种类型元素压栈
bool empty();	判断堆栈是否为空，返回 true 表示堆栈已空，返回 false 表示堆栈非空
void pop();	弹出栈顶元素
value_type& top();	读取栈顶元素
size_type size()	size_type size()
==、<=、>=、<、>、!=的重载函数	

代码 9-34 stack 操作测试。

```cpp
#include <stack>                    //用双向链表作堆栈的底层结构
#include <iostream>
using namespace std;
int main(){
    stack<int> s;

    s.push(123);
    s.push(567);
    s.push(890);

    while (!s.empty()){             //栈非空,才允许元素出栈
        cout << s.top() << endl;
        s.pop();
    }

    return 0;
}
```

测试结果如下。

测试结果表明了 stack 的 FILO 特点。

9.5.3 应用举例:将一个十进制整数转换为 K 进制数

1. 问题分析

一个十进制整数转换为一个 K 进制数的基本方法是:对十进制整数连续除 K 取余,直到商为 0;所取的余数,按照先得后用的方式使用。所以,采用堆栈存储余数非常合适。

2. 代码设计

代码 9-35 用 stack 进行数制转换的类定义。

```cpp
//文件名:dtoother.h
#include <stack>                    //用双向链表作堆栈的底层结构

class DtoOther{
private:
    int decimalNumber;              //十进制数
    int numberSystem;               //进制
public:
    DtoOther(int,int);              //构造函数
    void convert();                 //转换函数
};
```

代码 9-36 DtoOther 类的实现。

```cpp
#include "dtoother.h"
```

```cpp
#include <iostream>
using namespace std;

DtoOther::DtoOther(int dn,int ns){
    decimalNumber = dn;
    numberSystem = ns;
}

void DtoOther::convert(){
    stack<int> stk;

    if(decimalNumber == 0){
        cout << 0 << endl;
        return ;
    }

    while(decimalNumber){
        stk.push(decimalNumber % numberSystem);
        decimalNumber /= numberSystem;
    }

    switch (numberSystem){
        case 16:cout << "十六进制为："<< "0x";break;
        case 8:cout << "八进制为："<< "0";break;
        case 2:cout << "二进制为：";break;
        default:  cout << numberSystem <<"进制为：";break;
    }

    while(! stk.empty() ){
        switch(stk.top()){
            case 10:cout << "A";break;
            case 11:cout << "B";break;
            case 12:cout << "C";break;
            case 13:cout << "D";break;
            case 14:cout << "E";break;
            case 15:cout << "F";break;
            default:cout << stk.top();break;
        }
        stk.pop();
    }
    cout << endl;
}
```

3. 测试

代码 9-37 测试代码。

```cpp
#include "dtoother.h"
int main(){
    DtoOther dto1(32767,16);
```

```
    dto1.convert();
    DtoOther dto2(32767,8);
    dto2.convert();
    DtoOther dto3(32767,2);
    dto3.convert();
    return 0;
}
```

测试结果如下。

```
十六进制为: 0x7FFF
八进制为: 077777
二进制为: 111111111111111
```

9.6 关联容器

关联容器提供了对元素的快速访问,也允许插入新元素,但不需程序员指定输入位置。

9.6.1 用结构体定义的 pair 类模板

关联容器的元素是键-值对。这种键-值对是用结构体定义的。

1. 结构体

通常,一个函数最多只能返回一个数据,但有时需要返回多个数据。这时,可以使用类实现。因为一个类中可以定义多个不同类型的数据。除此之外,C++程序中还常使用结构体定义由多个数据组成一个整体的类型。

结构体的定义与使用与类基本相同,区别在于以下两点。

(1) 不使用关键字 class, 而是使用 struct。

(2) 成员默认的访问属性为 public(而类的默认访问属性是 private)。

结构体的一般定义格式为:

```
struct 结构体类型名 {
    数据类型1 成员名1;
    数据类型2 成员名2;
    ...
    数据类型n 成员名n;
    成员函数1;
    成员函数2;
    ...
    成员函数;m
} 变量名1,变量名2,…变量名k;
```

对结构体的特别说明如下。

(1) 在结构体中默认成员都是公开的。
(2) 定义了一个类型后，就可以用这个类型来声明其变量了。

代码 9-38　一个简单的结构体定义。

```
struct A{
    int i;
    double d;
    char c;
}a1,a2;
```

或

```
struct A a3,a4;
```

(3) A 前必须带有 struct，不可单独使用。下面的语句是错误的。

```
A a5,a6;                            //错误
```

这也是结构体与类的一个不同之外。

(4) C++还允许使用关键字 typedef，来修改类型名。

代码 9-39　用 typedef 重命名类型名。

```
typedef struct Employee {                           //定义职工类型
    Employee(long eID, string e_Name, float e_Salary);  //Attribute
    long ID;                                        //职员 ID
    string name;                                    //职员姓名
    float salary;                                   //职员工资
}employee;
```

代码 9-39 就将类型名 struct Employee 重定义为了 employee。

2. pair 类模板

在 STL 中定义了一个由两个数据成员组成的类模板——pair 类模板。

代码 9-40　STL 中定义的 pair 类模板。

```
template <class _T1, class _T2>
struct pair {
    -T1 first;
    -T2 secnd;
    pair(): first(), second(){}
    pair(const _T1& _a, const _T2& _b): first(),second(){}
    template<class _U1, class _U2>
    pair(const pair<_U1,_U2>& _p): first(_p.first),second(_p.second){}
};
```

这样，就可以将任何类型的两个数据组织在一起，例如可以把一个值与其键一起来保存，或者可以用在函数需要返回两个数据时，如返回迭代器的两个指针值等。

9.6.2 set 和 multiset 容器

1. set 与 multiset 的异同

set 和 multiset 是两种有序容器,即当元素放入容器中时,会按照一定的排序规则自动排序。它们的共同特点如下。

(1) 不能直接改变元素值,因为那样会打乱原本正确的顺序。要改变元素值必须先删除旧元素,再插入新元素。

(2) 不提供直接存取元素的任何操作函数,只能通过迭代器进行间接存取,而且从迭代器角度来看,元素值是常数。

(3) 元素比较操作只能用于型别相同的容器(即元素和排序准则必须相同)。

如图 9.10 所示,set 和 multiset 之间的区别是:前者不允许有重复元素,后者允许。

如图 9.11 所示,set 和 multiset 内部以平衡二叉树实现。

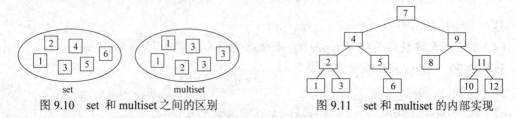

图 9.10 set 和 multiset 之间的区别　　图 9.11 set 和 multiset 的内部实现

set 和 multiset 容器的标准头文件为<setk>,并且这两个名字都是定义在 std 空间里的类模板。

2. set 构造函数

为了管理 set 的二叉树的链表数据,先要利用 set 容器的构造函数,创建一个 set 对象。set 的常用构造函数有以下几种。

- set c:创建一个空的 set 容器。
- set c(op):创建一个空的使用 op 作为排序规则的 set 容器。
- set c1(c2):创建一个已有 set 容器的复制品(包括容器类型和所有元素)。
- set c(beg, end):创建一个 set 容器,并以[beg, end)之间的元素初始化。
- set c(beg, end, op):创建一个使用 op 为排序规则的 set 容器,并且以[beg, end)范围中的元素进行初始化。
- c.~set():容器的析构函数,销毁所有的元素,释放所有的分配内存。

set 可以是下面几种形式。

- set<type>:以 less<>为排序规则的 set。
- set<type, op>:以 op 为排序规则的 set。

3. 排序规则

map 和 set 这种关联式容器,本质是一个红黑树,需要给它指定一个以仿函数作为元素的比较准则,然后在每次插入或删除数据的时候都会调用这个比较准则来决定在哪里插入或删除元素。查询的时候也会根据这个比较准则来搜寻元素。

比较准则通常用比较函数或仿函数实现。通过这些比较函数的返回或仿函数的对象值，来决定在执行插入时的计算方法。每一种排序规则都有其独特的判定方法。例如，比较操作默认为 operator<（简称 less 排序规则），对其描述如下。

- 对 operator<而言，若 $x<y$ 为真，则 $y<x$ 为假。这称为比较规则的反对称性。
- 对 operator<而言，若 $x<y$ 为真，且 $y<z$ 为真，则 $x<z$ 为真。这称为比较规则的可传递性。
- 对 operator<而言，$x<x$ 永远为假。这称为比较规则的非自反性。
- 如果两个元素都不小于对方，则它们相等。

在创建有序关联容器对象时，一般要指定排序规则。若采用 less 规则，则可以缺省指定。通常可以从以下两个地方来指定排序规则。

（1）作为模板参数。例如：

```
std::set<int, greater<int> > col1;
```

在这种情况下，排序规则本身作为容器类型的一部分。对于一个 set 或者 multiset 容器，只有当元素类型和排序规则类型都相同时，才被认为类型相同，否则就是不同类型容器。

（2）作为构造函数参数。例如：

```
std::set<int> col1(greater<int>);
```

有时，需要自定义比较函数。

代码 9-41 自定义的函数对象 strLess。

```
struct strLess {
    bool operator()(const char* s1, const char* s2) const {
        return strcmp(s1, s2) < 0;
    }
};
set<const char*, strLess> s(strLess());          //创建 set 容器对象 s
```

4. 容器参数与状态操作

表 9.30 所列为有关容器参数与遍历操作的成员函数。

表 9.30 有关容器参数与遍历操作的成员函数

成 员 函 数	作 用
size_type size( ) const	返回 set 的元素个数
size_type max_size( ) const	返回最大可允许的 set 元素个数值
bool empty( ) const	判断 set 是否为空
const_iterator begin( ) const	返回 set 的头指针
iterator end( ) const	返回 set 的尾指针
const_reverse_iterator rbegin( ) const	返回 set 的反向头指针
const_reverse_iterator rend() const	返回 set 的反向尾指针

5. 容器元素的插入与删除

表 9.31 所列为有关元素插入与删除的成员函数。

表 9.31 有关元素插入与删除的成员函数

成 员 函 数	作 用
pair<iterator, bool> insert(const value_type& x)	插入元素 x
iterator insert(iterator it, const value_type& x)	插入从 it(迭代器)后面的 x 个元素
void insert(init first, init last)	插入从 first 开始到 last 范围内的元素
iterator erase(iterator pos)	删除在位置 pos 处的元素
iterator erase(iterator first, iterator last)	删除从位置 first 开始到 last 为止区间内的元素
size_type erase(const key& key)	删除在关键字为 key 时的所有元素
void clear()	删除所有元素

6. 容器元素的查找操作

表 9.32 所列为有关容器元素查找的成员函数。

表 9.32 有关容器元素查找的成员函数

成 员 函 数	作 用
const_iterator lower_bound(const Key& key):	返回容器中小于等于 key 的迭代器指针
const_iterator upper_bound(const Key& key):	返回容器中大于 key 的迭代器指针
int count(const Key& key) const:	返回容器中元素等于 key 的元素的个数
pair<const_iterator,const_iterator> equal_range(const Key& key) const:	返回[first, last]间值等于 key 的迭代指针
const_iterator find(const Key& key) const:	返回值等于 key 的迭代器指针

代码 9-42 有关操作应用示例。

```cpp
#include <iostream>
#include <set>
using namespace std;

int main(){
    set<int> s;
    set<int>::iterator iter;

    cout << "插入顺序: ";
    for(int i = 1 ; i <= 5 ; ++i){
        s.insert(10-i);
        cout << 10-i <<" ";
    }
    cout<<endl;

    cout << "输出顺序: ";
    for(iter = s.begin() ; iter != s.end() ; ++iter){
        cout << *iter << " ";
```

```
    }
    cout << endl;

    pair<set<int>::const_iterator,set<int>::const_iterator> pr;
    pr = s.equal_range(3);
    cout << "第一个大于等于 3 的数是：" << *pr.first << endl;
    cout << "第一个大于 3的数是： " << *pr.second << endl;
    return 0;
}
```

测试结果如下。

7. 容器的交换与赋值操作

表 9.33 所列为有关容器交换与赋值操作的成员函数。

表 9.33 有关容器交换与赋值操作的成员函数

成 员 函 数	作 用
void swap(set x)	交换两个 set 里面的元素
key_compare key_comp( ) const	交换两个 set 里面的元素
value_compare value_comp( ) const	交换两个 set 里面的元素
=	赋值

8. 容器的集合操作

表 9.34 所列为有关容器集合操作的成员函数。

表 9.34 有关容器集合操作的成员函数

成 员 函 数	作 用
std::set_intersection( );	求两个集合的交集
std::set_union( );	求两个集合的并集
std::set_difference( );	求两个集合的差集
std::set_symmetric_difference( );	得到的结果是第一个迭代器相对于第二个的差集

代码 9-43 有关容器集合操作的示例。

```
struct compare{
    bool operator ()(string s1,string s2){
        return s1>s2;
    }//自定义一个仿函数
};
std::set<string,compare> s
string str[10];
```

```
//求交集，返回值指向 str 最后一个元素的尾端
string *end = set_intersection(s.begin(),s.end(),s2.begin(),s2.end(),str,compare());
//并集
end = std::set_union(s.begin(),s.end(),s2.begin(),s2.end(),str,compare());
//s2 相对于 s1 的差集
end = std::set_difference(s.begin(),s.end(),s2.begin(),s2.end(),str,compare());
//s1 相对于 s2 的差集
end = std::set_difference(s2.begin(),s2.end(),s.begin(),s.end(),str,compare());
//上面两个差集的并集
end =
 std::set_symmetric_difference(s.begin(),s.end(),s2.begin(),s2.end(),str,compare());
```

9.6.3 map 和 multimap 容器

1. map 容器

map 是一种关联容器，它包含成对数据的内容。其中，一个值是实际元素值，另外一个是用来寻找数据的键值。其键值独一无二，并且一个特定的键值只能与一个元素相联系。如图 9.12 所示，map 由一对一对的键-值对所组成的平衡二叉树排序的结构体实现，但这并非强制性规定。

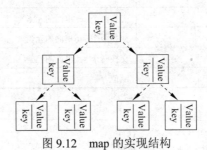

图 9.12 map 的实现结构

表 9.35 所列为 map 成员函数一览表。

表 9.35 map 成员函数一览表

成 员 函 数	描 述
explicit map(const pred& comp = pred( ), const a & al = a( ));	无参构造函数
map(const map & x);	复制参构造函数
map(const value_type *first, const value_type *last, const pred & comp = pred( ), const a & al = a( ));	区间构造函数
iterator begin( ); const_iterator begin( ) const;	返回 map 的头指针
iterator end( ); iterator end( ) const;	返回 map 的尾指针
reverse_iterator rbegin( ); const_reverse_iterator rbegin( ) const;	返回 map 的反向头指针
reverse_iterator rend( ); const_reverse_iterator rend( ) const;	返回 map 的反向尾指针
size_type size( ) const;	返回 map 的元素个数
size_type max_size( ) const;	返回最大可允许的 map 元素个数值
bool empty( ) const;	判断 map 是否为空

续表

成员函数	描述
pair<iterator, bool> insert(const value_type & x);	插入元素 x
iterator insert(iterator it, const value_type & x);	插入从 it(迭代器)后面的 x 个元素
void insert(const value_type *first, const value_type *last);	插入从 first 开始到 last 范围内的元素
iterator erase(iterator pos);	删除在位置 pos 处的元素
iterator erase(iterator first, iterator last);	删除从位置 first 到 last 区间内的元素
size_type erase(const key & key);	删除在关键字为 key 的所有元素
void clear( );	删除所有元素
void swap(map x);	交换两个 map 中的元素
key_compare key_comp( ) const;	键值比较
value_compare value_comp( ) const;	元素值比较
iterator find(const key& key);	返回第一个与 key 相等的元素的地址,
const_iterator find(const key& key) const;	如果没有，则返回容器的 end()的地址
size_type count(const key& key) const;	返回区间内与 key 相等的元素的个数
iterator lower_bound(const key& key);	返回第一个元素小于 key 元素的地址,
const_iterator lower_bound (const key& key) const;	如果没有，则返回容器的 end()的地址
iterator upper_bound(const key& key);	返回第一个元素大于 key 元素的地址,
const_iterator upper_bound(const key& key) const;	如果没有，则返回容器的 end()的地址
pair<iterator, iterator> equal_range(const key& key);	返回指定元素的上下限
pair<const_iterator, const_iterator> equal_range(const key& key) const;	

代码 9-44　map 应用示例。

```
#include <map>
#include <string>
#include <iostream>
using namespace std;

typedef struct tagStudentInfo {
    int     nID;
    string  strName;
    bool operator < (tagStudentInfo const& _A) const {
        //这个函数指定排序策略，按 nID 排序，如果 nID 相等，按 strName 排序
        if(nID < _A.nID)  return true;
        if(nID == _A.nID) return strName.compare(_A.strName) < 0;
        return false;
    }
}StudentInfo, *PStudentInfo;         //学生信息

class Sort {
public:
    bool operator() (StudentInfo const & _A, StudentInfo const & _B) const{
        if(_A.nID < _B.nID) return true;
        if(_A.nID == _B.nID) return _A.strName.compare(_B.strName) < 0;
```

```cpp
            return false;
        }
};

int main(){
    //用学生信息映射分数
    map<StudentInfo, int, Sort> mapStudent;
    StudentInfo studentInfo;
    map<StudentInfo, int>::iterator iter;

    studentInfo.nID = 1;
    studentInfo.strName = "student_one";
    mapStudent.insert(pair<StudentInfo, int>(studentInfo, 99));

    studentInfo.nID = 2;
    studentInfo.strName = "student_two";
    mapStudent.insert(pair<StudentInfo, int>(studentInfo, 88));

    for (iter=mapStudent.begin(); iter!=mapStudent.end(); iter++)
     cout<<iter->first.nID<<": "<<iter->first.strName<<", "<<iter->second<<endl;

    return 0;
}
```

测试结果如下。

```
1: student_one, 99
2: student_two, 88
```

2. multimap 容器

multimap 与 map 都是存储键-值对的容器。它与 map 的不同之处在于，它的一个关键字可以与多个元素相联系，并且 multimap 允许键值重复。它的成员函数也与 map 相同，这里不再介绍。

代码 9-45 multimap 容器用于职员管理。

```cpp
#include <iostream>
#include <string>
#include <map>
using namespace std;

typedef struct Employee {                                    //定义职工类型
public:
  Employee(long eID, string e_Name, float e_Salary);         //Attribute
public:
  long ID;                                                   //职员ID
  string name;                                               //职员姓名
  float salary;                                              //职员工资
}employee;
```

```cpp
//创建 multimap 的实例,整数(职位编号)映射员工信息
typedef multimap<int, employee> EMPLOYEE_MULTIMAP;
typedef multimap<int, employee>::iterator EMPLOYEE_IT;              //随机访问迭代器类型
typedef multimap<int, employee>::reverse_iterator EMPLOYEE_RIT;     //反向迭代器类型
Employee::Employee(long eID, string e_Name, float e_Salary)
        : ID(eID), name(e_Name), salary(e_Salary) {}

//函数名:output_multimap
//函数功能:正向输出多重映射容器里面的信息
//参数:一个多重映射容器对象
void output_multimap(EMPLOYEE_MULTIMAP employ) {
    cout << "===============正序输出==============="<< endl;
    cout << "\n职位编号" << '\t' << "员工ID" << '\t' << "姓名" << '\t' << "工资" << endl;
    EMPLOYEE_IT employit;
    for (employit = employ.begin(); employit != employ.end(); employit++) {
        cout << (*employit).first << '\t' << '\t'
            << (*employit).second.ID << '\t'
            << (*employit).second.name << '\t'
            << (*employit).second.salary << '\t' << endl;
    }
}

//函数名:reverse_output_multimap
//函数功能:逆向输出多重映射容器里面的信息
//参数:一个多重映射容器对象
void reverse_output_multimap(EMPLOYEE_MULTIMAP employ){
    cout << "===============逆序输出==============="<< endl;
    cout << "\n职位编号"<< '\t' << "员工ID" << '\t' << "姓名" << '\t' << "工资" << endl;
    EMPLOYEE_RIT employit;
    for (employit = employ.rbegin(); employit != employ.rend(); employit++) {
        cout << (*employit).first << '\t'<< '\t'
            << (*employit).second.ID << '\t'
            << (*employit).second.name << '\t'
            << (*employit).second.salary << '\t' << endl;
    }
}

int main(){
    EMPLOYEE_MULTIMAP employees;                    //多重映射容器实例
    //下面4个语句分别用于将一个员工对象插入到多重映射容器
    //注意,因为是多重映射,所以可以出现重复的键,例如下面的信息有两个职位编号为108的员工
    employees.insert(EMPLOYEE_MULTIMAP::value_type(108,
                                        employee(2015001,"张三", 8765)));
    employees.insert(EMPLOYEE_MULTIMAP::value_type(102,
                                        employee(2015002, "李四", 6543)));
    employees.insert(EMPLOYEE_MULTIMAP::value_type(103,
                                        employee(2015003, "李四", 12345)));
    employees.insert(EMPLOYEE_MULTIMAP::value_type(108,
                                        employee(2015004, "王五", 23456)));
```

```
    output_multimap(employees);                              //正序输出多重映射容器中的信息
    reverse_output_multimap(employees);                      //逆序输出多重映射容器中的信息
    cout<< "\n共有" << employees.size() << "条员工记录" << endl;    //输出容器内的记录条数
    return 0;
}
```

测试结果如下。

```
================正序输出================
职位编号        员工ID     姓名      工资
102            2015002    李四      6543
103            2015003    李四      12345
108            2015001    张三      8765
108            2015004    王五      23456
================逆序输出================
职位编号        员工ID     姓名      工资
108            2015004    王五      23456
108            2015001    张三      8765
103            2015003    李四      12345
102            2015002    李四      6543
共有4条员工记录
```

9.7　知 识 链 接

9.7.1　const_iterator

每种容器都定义了一种名为 const_iterator 的类型。该类型只能用于读取容器对象内的元素，但不能改变其值。即使用 const_iterator 类型时，将得到一个迭代器，这个迭代器自身的值可以改变（进行自增以及使用解引用操作符来读取值），但不能用来改变其所指向的元素的值。例如，若 text 是 vector<string> 类型的，程序员想要遍历它，输出每个元素时，可以这样编写程序：

```
for (vector<string>::const_iterator iter = text.begin ();
iter != text.end (); ++ iter)
    cout << *iter << endl;                               //输出文本中每个元素
```

这个循环与普通循环相似。由于这里只需要借助迭代器进行读，而不需要写，所以把 iter 定义为 const_iterator 类型。当对 const_iterator 类型解引用时，返回的是一个 const 值。不允许用 const_iterator 进行赋值，如：

```
for (vector<string>::const_iterator iter = text.begin();iter != text.end (); ++ iter)
    *iter = " ";                                         //error: *iter 是常量
```

注意：不要把 const_iterator 对象与 const 的 iterator 对象混淆起来。声明一个 const 迭代器时，必须初始化迭代器。一旦被初始化后，就不能改变它的值了，如下所示：

```
vector<int> nums (10);                                   //nums 是非常量
const vector<int>::iterator cit = nums.begin ();
*cit = 1;                                                //ok: cit 可以改变基本元素
```

```
++ cit;                                    //error：不可改变 cit 的值
```

9.7.2 分配器

1. 分配器概述

在 SDL 库中定义了多种被统称为"容器"的数据结构（如链表、集合等），这些容器的共同特征之一是其大小可以在程序的运行时改变。为了实现这一点，进行动态内存分配就显得尤为必要。分配器（allocator）就用于处理容器对内存的分配与释放请求，即用于封装 STL 容器在内存管理上的低层细节。为此，在 STL 中定义了一个模板类 Allocator。用于提供类型化的内存分配以及对象的分配和撤销。

默认情况下，C++标准库使用其自带的通用分配器，但也可以根据具体需要，由程序员自行定制分配器以替代之。

2. 分配器结构与应用

设：有一个为对象类型 T 所设定的分配器为 A，则 A 必须包含如下成员函数。

1）分配函数

形式：A::pointer A::allocate (size_type n, A<void>::const_pointer hint = 0);

其中，n 为需要分配的对象个数；hint 为 A 所分配的指向某一对象的指针，用于分配过程中指定新数组所在的内存地址。

2）解除分配函数

形式：void A::deallocate (A::pointer p, A::size_type n);

其中，p 为需要解除分配的对象指针（以 A::allocate 函数所返回的指针做参数）；n 为对象个数，调用该函数时，将以 p 起始的 n 个元素解除分配。

3）最大个数函数

形式：A::max_size ( );

功能：返回调用一次分配函数 A::allocate 所能成功分配的元素的最大个数。

4）地址函数

形式：A::pointer A::address (reference x);

功能：返回一个指向 x 的指针。

5）构造函数和析构函数

形式：A::construct( ) 与 A::destroy;

功能：分别用于对象构造时的分配与析构解除分配。

6）operator = =和 operator !=

功能：当一个 allocator 分配的内存可以被另一个 allocator 释放时进行判断。

此外，分配器应是可复制构造的。

3. 分配器应用实例

allocator<T> a：定义名为 a 的 allocator 对象，可以分配内存或构造 T 类型的对象。

a.allocate (n)：分配原始的构造内存，以保存 T 类型的 n 个对象。

a.deallocate (p, n)：释放内存，在名为 p 的 T*指针中包含的地址处，保存 T 类型的 n 个对象。

a.construct (p, t)：在 T*指针 p 所指向的内存中构造一个新元素。运行 T 类型的复制构造函数用 t 初始化该对象。

a.destroy (p)：运行 T*指针 p 所指向的对象的析构函数。

习 题 9

概念辨析

1. 从备选答案中选择下列各题的答案。

（1）类模板_____。

    A. 是一种类   B. 是一种模板

    C. 能处理容器类型的类   D. 是用关键字template定义的类

（2）STL用于_____。

    A. 编译C++程序   B. 在内存中组织对象

    C. 以合适方法存储元素，以便快速访问   D. 保存基类对象

（3）STL算法_____。

    A. 是对容器进行操作的独立函数   B. 实现成员函数与容器的连接

    C. 是适合容器类的友元函数   D. 是适合容器类的成员函数

（4）代表迭代器的操作符是_____。

    A. &   B. <   C. *   D. +

（5）函数对象_____。

    A. 是行为类似函数的对象，必须带有若干参数

    B. 不能改变操作的状态

    C. 不能由普通函数定义

    D. 可以不需要参数，也可以带有若干参数

（6）向量容器_____。

    A. 的大小不固定，是动态结构的   B. 可以用来实现队列、栈、列表等数据结构

    C. 不具有自动存储功能   D. 有一个成员函数reserve ()

（7）STL算法的参数表示_____。

    A. 操作对象在一个区间   B. 以不同的策略执行操作

    C. 被操作的对象类型   D. 操作对象在多个区间

2. 判断。

（1）pop_back ( )可以用于 vector。   (　　)

（2）pop_front ( )可以用于 vector 和 deque。   (　　)

（3）可以将数组算法用于 vector 和 deque。   (　　)

（4）deque 和 list 允许随机访问。 （ ）
（5）算法是成员函数。 （ ）
（6）迭代器一般都传给算法。 （ ）
（7）STL 包括 6 大组件：算法、容器、迭代器、函数对象、配接器和配置器。 （ ）
（8）STL 迭代器分为 5 种类型：输入迭代器、输出迭代器、前向迭代器、双向迭代器和随机访问迭代器。 （ ）

✳ 代码分析

1. 阅读下列各题中的代码，从备选答案中选择合适者。

（1）对于下列初始化，指出哪些是错误的，并分析错误原因。

```
int ia[7] = { 0, 1, 1, 2, 3, 5, 8 };
string sa[6] = {
  "Fort Sunter", "Manassas", "Perryville", " Vicksburg", "Meridian", "Chancellorsville"
};
```

  A. vector<string> svec(sa, sa+6);

  B. list<int> ilist(ia + 4, ia + 6);

  C. vector<int> ivec(ia, ia + 8);

  D. list<string> slist (sa + 6, sa);

（2）下列迭代器的用法哪些是错误的？

```
const vector< int > ivec ( 10 );
vector < string > svec ( 10 );
list< int > ilist( 10 );
```

  A. vector<int>::iterator it = ivec.begin( );

  B. list<int>::iterator it = ilist.begin( ) + 2;

  C. vector<string>::iterator it = &svec[0];

  D. for (vector<string>::iterator

2. 判断下面的程序是否有错。如果有，请改正之。

（1）
```
vector<int> vec; list<int> lst; int i;
while ( cin >> i )
lst.push_back(i);
copy( lst.begin(), lst.end(), vec.begin() );
```

（2）
```
vector<int> vec;
vec.reserve( 10 );
fill_n ( vec.begin(), 10, 0 );
```

开发实践

1. 设计一个数组类模板Array<T>，其中包含重载下标操作符函数，并由此产生模板类Array<int>和Array<char>，最后使用一些测试数据对其进行测试。

2. 利用STL提供的容器和算法，在一组单词中求以字母Z开始的单词个数。

3. 利用STL提供的容器和算法，对一组学生的成绩进行处理，找出最高分和最低分。

4. 利用STL提供的容器和算法，进行艺术类表演评奖计分。计分的规则是：在N位评委中去掉一个最高分，去掉一个最低分，然后进行平均。

5. 一群猴子都有编号，编号是1，2，3，…，m。这群猴子（m个）按照1–m的顺序围坐一圈，从第1个开始数，每数到第N个，该猴子就要离开此圈。这样依次下来，直到圈中只剩下最后一只猴子，则该猴子为大王。

6. 用 stack 模拟 Hannoi 塔游戏。

7. 用 stack 进行表达式计算。

8. 定义一个 map 对象，其元素的键是家族姓氏，而值则是存储该家族孩子名字的 vector 对象。为这个 map 容器输入至少6个条目。通过基于家族姓氏的查询检测你的程序。查询应输出该家族所有孩子的名字。

9. 编写程序建立作者及其作品的 multimap 容器，使用 find 函数在 multimap 中查找元素，并调用 erase 将其删除。当所寻找的元素不存在时，确保你的程序依然能正确执行。

第4篇　C++深入编程

　　程序设计的核心是计算思维。如果把计算思维比喻作织锦，则程序设计语言技巧的应用可以比喻作绣花。二者结合才算是锦上添花。

　　前面几篇以计算思维训练为主，介绍了 C++语言的一些基本机制。但是对于想把自己的程序设计得更精致、更地道的人来说，这些介绍还是远远不够的。

　　一种程序设计语言就是一部虚拟机器。了解了这部机器的主要功能，仅能把它开动起来；只有掌握了这部机器的操作细节，才能加工出精美的产品来。这一章，将介绍一些常用的、作者认为重要的 C++细节。但是，这并不是 C++的全部细节，而且每个人对于重要的理解是不同的，这些介绍权当抛砖引玉，向读者传达一种思想，即：程序设计 = 计算思维 + 语言艺术。

第 10 单元 C++实体与名字

实体是程序中占有独立存储空间的可以被引用的元素，主要指对象、变量。如果把变量也看成一种特殊的对象，则实体就是对象；如果将对象也看成一种变量，则实体就是变量。实体有一个最重要的属性——生命期，即在程序执行过程中其从得到分配的存储空间到该空间被撤销一段时间。对象（变量）只有在其生命期中才存在。

名字是程序中所有被命名的元素的标识符。在 C++中，名字有两个重要属性：名字空间和名字的作用域。

声明是程序的一种机制，它有两个作用。
- 向编译器进行一个名字的注册。
- 向编译器发出一个指令，创建一个实体为其分配存储空间并将该实体与名字绑定。

10.1 C++的存储属性

标准 C++中，用存储属性来综合变量的作用域、生命期和连接性，并使用如下规则。
（1）默认分为以下 3 种情况。
- 凡定义在局部（函数内部）的变量均具有所在范围的作用域，并有自动生命期。
- 作为类成员定义的实体具有类作用域，并与对象的生命期相同。
- 凡定义在函数以及类外部的实体，都具有全局作用域和静态生命期。

（2）也可以使用存储属性关键字：auto、register、static 和 extern 进行特别定义。

由于 auto（另有他用）和 register 基本不用，下面仅介绍后二者的用法。

10.1.1 外部变量与 extern 关键字

1. 外部变量的定义

外部类型的作用域是文件作用域，它被存储在静态存储区，生命期是永久的。

外部变量定义在所有函数之外，也称全局变量。其定义的基本格式为：

> **extern** 类型关键字 变量名 = 初始化表达式；

注意：这里的"初始化表达式"是必须的。只有将关键字 extern 省略时，才可以将初始化部分省略，由编译器为变量指定默认值。如对 double 类型用 0.0 初始化，即下面的 3 个外部声明是等价的。

```
extern double d = 0.0;
double d = 0.0;
double d;
```

注意：省略关键字 extern 的定义只能放在函数外部，不省略的形式定义可以放在任何位置。

2. 用 extern 引用性声明将外部变量的作用域向前扩展——链接到当前位置

对于 C++来说，外部变量具内部链接性，当其定义位于一个文件的后部时，可以用引用性声明将其链接到前部。函数的原型声明就是一种引用性声明。相对于引用性声明，把外部类型的定义称为定义性声明。变量的引用性声明的格式为：

> **extern** 类型关键字 变量名;

定义与声明

严格地说，定义与声明是两个不相同的概念。声明的含义更广一些，定义的含义稍窄一些。定义是声明的一种形式。定义具有分配存储的功能。凡是定义都属于声明，称为定义性声明（defining declaration）。另一种声明称为引用性声明（referencing declaration），它仅仅是对编译系统提供一些信息。总之，声明并不都是定义，而定义都是声明。

对于局部变量，声明与定义合二为一；对于全局变量（外部变量），声明与定义各司其职。

在一个程序中，定义性声明只能有一个，而引用性声明可以有多个。定义性声明中可以有初始化表达式，但引用性声明中不可以有初始化表达式。

注意：在引用性声明中，关键字 extern 是必须的，并且不能有初始化部分。因为这时不承担存储分配。

代码 10-5 使用引用性声明将外部变量的作用域向前扩展。

```
#include <iostream>
void gx( ),gy( );
int main(){
    extern int x,y;           //引用性声明，将x和y的作用域扩充到主函数
    std::cout << ": x = " << x << "\t y = " << y << std::endl;
    y = 246;
    gx( );
    gy( );
    return 0;
}

void gx( ){
    extern int x, y;          //引用性声明，将x和y的作用域扩充到函数gx()
    x = 135;
    std::cout"2:x = " << x << "\t y = " << y << std::endl;
}

int x, y;                     //定义性声明，定义x,y为外部变量

void gy( ){
    std::cout"3:x = " << x << "\t y = " << y << std::endl;
}
```

运行结果如下。

```
1: x = 0        y = 0
2:x = 135       y = 246
3:x = 135       y = 246
```

说明：第一次输出"x=0"和"y=0"，是外部变量初始化的结果（不给初值便自动赋以0）。在执行gx( )函数时，只对x赋值，没对y赋值，但在main函数中已对y赋值，而x和y都是外部变量，因此可以引用它们的当前值，故输出"x=135"，"y=246"。同理，在函数gy( )中，x和y的值也是135和246。

注意：定义性声明与引用性声明除了形式不同外，外部变量的定义性声明量只能有一次，但引用性声明可以有多次。因为对一个变量，存储分配只能进行一次。

3. 用extern引用性声明将外部变量链接到当前文件中

外部变量具有外部链接性。假设一个程序由两个以上的文件组成。当一个外部变量定义在文件file1.cpp中时，在另外的文件中使用extern声明，可以通知链接器一个信息"此变量到外部去找"，或者说在链接时告诉链接器，"到别的文件中找这个变量的定义"。也就是说，使用extern声明就可以将其他源程序文件中定义的变量以及函数链接到本源程序文件中。

代码10-6 将外部变量链接到其他文件的例子。

```
/*** file1.cpp ***/
#include <iostream>
int x, y;                               //定义外部变量x,y
char ch;                                //定义外部变量ch
int main(){
  x = 12;
  y = 24;
  f1( );
  std::cout << ch;
  return 0;
}
```

```
/*** file2.cpp ***/
extern int x,y;                         //引用性声明
extern char ch;                         //引用性声明
f1( ){
  std::cout << x << "," << y << std::endl;  //引用外部变量
  ...
  ch ='a';                              //引用外部变量
  ...
}
```

说明：

（1）在file2.cpp文件中用引用性声明将file1.cpp中定义的外部变量x、y、ch链接起来，因此在file1.cpp中定义的变量在file2.cpp中也可以引用，如对ch赋值为'a'。当然要注意操作的先后顺序，只有先赋值，其后才能引用。

（2）在file2.cpp文件中不能再定义"自己的外部变量"——x、y、ch，否则就会犯"重复定义"的错误。

（3）如果一个程序包含有若干个文件，并且不同的文件中都要用到一些共用的变量，

可以在一个文件中定义所有的外部变量，而在其他有关文件中，用 extern 来声明这些变量即可。

（4）在 C++程序中，函数都是全局的，也可以加上 extern 修饰将其作用域扩展到其他文件。

10.1.2 static 关键字

static 是一个非常重要的存储属性关键字。它可以用来修饰局部变量，将其生命期延长为永久的；也可以修饰外部变量，将外部变量的外部链接性限制为内部的；还可以用于定义类的成员，使其成为该类的所有对象共享的成员。

1. 用 static 将外部变量链接性限制为内部链接性

在多文件程序中，若用 static 修饰外部变量的定义，则该外部变量的链接性将被限制在当前文件内部，使其不能链接到其他文件；而无 static 修饰的外部变量，链接性是外部的。例如，某个程序中要用到大量函数，其中有几个函数要共同使用几个外部变量时，可以将这几个函数组织在一个文件中，并将这几个外部变量定义为静态的，以保证它们不会与其他文件中的变量发生名字冲突，保证文件的独立性。

代码 10-7 利用表达式 r2 = (r1 * 123 + 59) % 65536，产生一个随机数序列。只要给出一个 r1，就能在 0～65 535 范围内产生一个随机整数 r2。

```cpp
//file1007.cpp
static unsigned int r;                //将外部变量的链接性变为内部的

int random(){
  r = (r * 123 + 59) % 65536;
  return (r);
}

/*产生 r 的初值*/
unsigned randomstart (unsigned int seed) {retrun r=seed; }
```

说明：r 是一个静态外部变量，初值为 0。在需要产生随机数的函数中先调用一次 randomstart 函数以产生 r 的第一个值，然后再调用 random 函数。每调用一次 random，就得到一个随机数。

代码 10-8 代码 10-7 的测试主函数也单独用一个文件来存储。

```cpp
//file1008.cpp
#include <iostream>

int main(){
  int i, n;
  std::cout << "Please enter the seed:";
  std::cin >> n;
  randomstart (n);
  for (i=1; i<10; i++)
```

```
    std::cout << random ( );
    return 0;
}
```

运行时能产生 9 个随机数。下面是两次运行记录：

```
Please enter the seed: 5↵
674  17425  46182  44349  15498  5769  54286  58101  3058
```

```
Please enter the seed: 3↵
428  52703  60000  40027  8180  23159  30568  24371  48572
```

说明：

（1）在代码 10-7 中，将产生随机数的两个函数和一个静态外部变量的声明组成一个文件，单独编译。这个静态变量 r 是不能被其他文件（file1008）直接引用的，即使别的文件中有同名的变量 r 也互不影响。r 的值是通过 random 函数返回值带到主函数中的。因此，在编写程序时，往往将用到某一个或几个静态外部变量的函数单独编成一个小文件。可以将这个文件放在函数库中，用户可以调用其中的函数，但不能使用其中的静态外部变量（这个外部变量只供本文件中的函数使用）。

（2）对于一个多文件程序来说，由于各文件可能是由不同的人单独编写的，这难免会出现不同文件中同名但含义不同的外部变量。这时，若采用静态外部变量，就可以避免因同名而造成的尴尬局面。所以，在程序设计时最好不用外部变量，非用不可时，也要尽量优先考虑使用静态外部变量。

代码 10-9　extern 与 static 综合应用实例。

```cpp
//code1.cpp
extern int a;                //声明变量a，外部链接
extern void f (int x);       //声明函数f，外部链接；x，局部，无链接
static int b = 999;          //定义变量b，全局，内部链接
int main(){
  f(a);
  f(b);
  return 0;
}
```

```cpp
//code2.cpp
#include <iostream>
extern int a;                //声明变量a，使其作用域向前扩展到此
void f( int b){              //定义函数f，全局，外部链接；变量b，局部，无链接
  std::cout << "a = " << a
       << ",b = " << b
       << std::endl;
}
int a = 888;                 //定义变量a，全局变量，外部链接
```

执行结果如下。

```
a = 888,b = 888
a = 888,b = 999
```

说明：

（1）关键字 extern 可以将作用域从定义域延伸到声明语句所在域。

（2）函数一般具有外部链接性，所以函数声明可以用关键字 extern 修饰，也可以将关键字 extern 缺省。

（3）函数也可以用 static 修饰为文件内部的，以限制外部引用。

2. 用 static 将局部变量的生命期延长为永久

自动变量在使用中有时不能满足一些特殊的要求，特别是在函数中定义的自动变量，会随着函数的返回被自动撤销，但是有一些问题需要函数保存中间计算结果。解决的办法是，将要求保存中间值的变量声明为静态的。这样，这些变量的生命期就成为永久的了。

代码 10-10 用于计算阶乘的程序。

```
#include <iostream>
int main(){
  for (int i = 1; i <= 3; i ++) {
    static long int fact = 1;       //fact 只在函数第一次调用时初始化，在以后调用中共用
    fact *= i;
    std::cout << i <<"! = " << fact << std::endl;
  }
  return 0;
}
```

执行结果如下。

若不对变量 fact 用 static 修饰，则得到的结果是：

讨论：

（1）所以有上述结果是因为 fact 是定义在 for 循环体中的一个自动变量。若用 static 修饰，虽然没有改变该变量局部作用域的性质，却将其生命期延长为了永久的，即每次循环都是在前次计算的结果上进行的。而去掉了 static 后，变量 fact 的生命期变为了局部的，即每进入一次 for 循环，都要重新定义并初始化一次变量 fact，使乘法在前一次累乘的结果上进行，其值只有 1*i。

（2）由于 static 会使局部变量的生命期成为永久的，遂使该变量可以为多个过程所共享。代码 10-10 实现了在各轮循环过程中的共享。还可以实现在一个函数的不同调用中的共享。

代码 10-11 用 static 实现一个函数不同调用时的共享。

```
#include <iostream>
void getFact (int n){
```

```cpp
    for (int i = 1; i <= 3; i ++) {
        static long int fact = 1;        //fact 只在函数第一次调用时初始化,在以后调用中共用
        fact *= i;
        std::cout << i <<"! = " << fact << std::endl;
    }
}

int main(){
    getFact (3);
    return 0;
}
```

测试结果仍为:

3. 静态对象

对象可以被定义为静态对象。静态对象的特点是:构造函数与析构函数只执行一次,并且析构函数的执行顺序与初始化的顺序相反。

代码 10-12　静态对象创建与撤销时,构造函数与析构函数的执行情形。

```cpp
//file1012.h
class CLASS{
private:
    char ch;
public:
    CLASS(char c);
    ~CLASS();
};
```

```cpp
//file1012.cpp
#include <iostream>
#include "CLASS.h"

void f();
void g();
CLASS A('A');

int main(){
    std::cout << "\ninside main"<< std::endl;
    f();
    f();
    g();
    std::cout << "\noutside main" << std::endl;
    return 0;
}

CLASS ::CLASS(char c):ch(c){
```

```
  std::cout << "construct for " << ch << std::endl;
}

CLASS ::~CLASS(){
  std::cout << "destruct for " << ch << std::endl;
}

void f(){
  static CLASS B('B');
}

void g(){
  static CLASS C('C');
}
```

测试结果如下。

```
construct for A
inside main
construct for B
construct for C
outside main
destruct for C
destruct for B
```

说明：

（1）这个程序执行时，在主函数中，函数f()执行两次，但构造函数只调用了一次。

（2）在主函数执行时，对象创建顺序为B、C，而析构函数的执行顺序为C、B。

4. 静态成员函数

类的成员不能使用 auto、register 和 extern 等修饰符，只能用 static 修饰符。用 static 修饰的成员称为该类的静态成员。类的静态成员有许多特殊性，主要特点是为所有实例所共享。关于静态成员变量的概念已经在 2.5 节介绍，这一节来介绍类静态成员函数的用途。

静态成员函数具有如下特性。

（1）静态成员也称类属成员，其类属关系是在编译时确定的。所以静态成员既可以通过类名引用，也可以通过对象名引用，而非静态成员只能通过对象名来调用。

（2）在静态成员函数的实现中不能直接引用类中说明的非静态成员，只能访问静态成员变量。因为静态成员函数属于类本身，在类的对象产生之前就已经存在了，先存在者无法访问后存在者。然而，在非静态成员函数中可以调用静态成员函数。因为，后出现者应当可以访问先出现者。

（3）静态成员函数若要访问非静态数据成员，可以通过传一个对象的指针、引用等参数得到对象名,然后通过对象名来访问。这是相当麻烦的。

代码10-13 静态成员函数的使用。

```
#include <iostream>

class M{
```

```
public:
  M(int a){ A=a; B+=a;}
  static void f1(M m);
private:
  int A;
  static int B;
};

void M::f1(M m){
  std::cout << "A =" << m.A << std::endl;
  std::cout << "B =" << M.B << std::endl;
}

int M::B=0;

int main(){
  M p(111),q(222);
  M::f1(p);                    //调用时不用对象名，直接用类名
  M::f1(q);
  return 0;
}
```

运行结果如下。

```
A=111
B=333
A=222
B=333
```

（4）静态成员函数的地址可用普通函数指针存储，而非静态成员函数地址需要用类成员函数指针来存储。如：

```
class base{
  static int func1();
  int func2();
};
int (*pf1)()=&base::func1;              //普通的函数指针
int (base::*pf2)()=&base::func2;        //成员函数指针
```

（5）静态成员函数不含 this 指针。所以构造函数和析构函数是不可以定义为 static 的，因为构造函数要给每一个对象一个 this 指针。若将构造函数定义为静态的，就无法构造和访问 this 指针。

（6）静态成员函数在类体中的声明前加上关键字 static，不可以同时再声明为 virtual、const、volatile 函数，它们出现在类体外的函数定义不能再加上关键字 static。

```
class base{
  virtual static void func1();          //错误
  static void func2() const;            //错误
  static void func3() volatile;         //错误
};
```

（7）静态成员函数可以定义成内联的，也可以定义成非内联的。当要定义成非内联的静态成员函数时，不可再使用关键字 static。

例 10.1 王婆卖瓜。关于王婆卖瓜的典故在中国广为流传。这里不讨论其典故的来源和寓意，仅借题发挥静态成员的用法。

根据上述关于静态数据成员和静态成员函数的特征，下面为类 WangPo 定义一个模拟显示总重与总个数的静态成员函数。

代码 10-14 WangPo 类的定义。

```cpp
#include <iostream>

class WangPo {
    float   weight;
    static int   totalNumber;        //静态数据成员：卖出个数
    static float   totalWeight;      //静态数据成员：卖出总重
public:
    WangPo (float w);                //模拟售瓜
    ~ WangPo () {}                   //析构函数
    void returnedPurchas ();         //退货
    static void   totalDisp () ;     //显示总重与总数的静态成员函数
};

float WangPo::totalWeight = 0;       //静态数据成员的定义性声明
int   WangPo::totalNumber = 0;       //静态数据成员的定义性声明

WangPo::WangPo (float w) {           //模拟售瓜
    weight = w;
    std::cout << "卖出一个瓜，重量: " << weight << std::endl;
    totalNumber ++;
    totalWeight += weight;
}

void WangPo::returnedPurchas () {    //退货
    std::cout << "退货一个瓜，重量: " << weight << std::endl;
    totalNumber --;
    totalWeight -= weight;
}

void WangPo::totalDisp () {          //显示总重与总数的静态成员函数
    std::cout<<"总计卖出个数:" << totalNumber << std::endl;
    std::cout << "总计卖出重量:" << totalWeight << std::endl;
}
```

代码 10-15 测试主函数。

```cpp
int main() {
    WangPo w1 (3.5f);                //卖出 w1
    WangPo::totalDisp ();
```

```
    WangPo w2 (6.3f);                //卖出 w2
    WangPo::totalDisp ();

    WangPo w3 (5.6f);                //卖出 w3
    WangPo::totalDisp ();

    w2.returnedPurchas ();           //退回 w2
    WangPo::totalDisp ();
    return 0;
}
```

测试结果。

```
卖出一个瓜，重量：3.5
总计卖出个数：1
总计卖出重量：3.5
卖出一个瓜，重量：6.3
总计卖出个数：2
总计卖出重量：9.8
卖出一个瓜，重量：5.6
总计卖出个数：3
总计卖出重量：15.4
退货一个瓜，重量：6.3
总计卖出个数：2
总计卖出重量：9.1
```

10.2 名字空间域

10.2.1 名字冲突与名字空间

1. 名字空间的概念

2007年7月31日，一个网站中发布了中国13亿人口中重复率最高的名字中的前50个，其中有张伟（290 607人）、王伟（281 568人）、王芳（268 268人）、李伟（260 980人）等。众多的重名现象，在某些情况下已经成为一个令人头疼的问题。但是，对于一个家庭来说，就不会出现这种现象。

在程序中同样会出现这样的问题。随着程序规模的扩大，程序中使用的具有全局作用域的名字会越来越多，例如全局变量名、函数名、类名、全局对象名等。大规模的程序一般是多人合作编写的。每一个人在自己涉及的那部分程序中可以做到名字不重，但很难保证与别人编写的那部分程序没有名字冲突。此外，一个程序往往还需要包含一些头文件，这些头文件中也有大量的名字，如 cout、cin、ostream、istream 等。含有这么多名字的程序块，其中极有可能包含有与程序的全局实体同名的实体，或者不同的块中有相同的实体名。它们分别编译时不会有问题，但是，在进行链接时，就会报告出错。因为如果在同一个程序中有两个同名的变量，就会认为是对变量的重复定义。这就是名字冲突（name clash），或称之为全局名字空间污染（global namespace pollution）。解决名字冲突的有效方法是引入名字空间（name space）机制。

名字空间的作用是将一个程序中的所有名称规范划分到不同的集合——名字空间中，确保每个名字空间中没有任何两个相同的名字定义。否则，将会引起重定义错误。

2. 名字空间的创建

名字空间用关键字 namespace 定义，格式如下：

```
namespace 名字空间名
{
    名字定义 1
    名字定义 2
    ⋮
    名字定义 n
}               //注意后面没有分号
```

在声明一个名字空间时，花括号内不仅含有变量（可以带有初始化表达式），也可能含有常量、数（可以是定义或声明）、结构体、类声明、模板以及一个嵌套名字空间。

代码 10-16　名字空间的定义。

```
namespace zhang1 {                          //名字空间定义
  const double    PI = 3.14159;             //全局常量定义
  double          radius = 2.0;             //全局变量定义
  double          getCircumference ()       //外部函数定义
  {return 2 * PI * radius;}

  class C {
      int       a;
      int       b;
  public:
      C (int aa, int bb):a (aa),b (bb) {}
      int       disp () {return (a + b);}
  };
  namespace     zhang2                      //嵌套的名字空间定义
  {int age;}
}
```

说明：

（1）namespace 是定义名字空间所必须写的关键字。zhang1 是用户自己指定的名字空间的名字。在花括号内的是声明块，在其中声明的实体称为名字空间成员（namespace member）。这里，radius、age 是全局变量名，PI 是全局常量名，getCircumference 是外部函数名，它们在程序中的作用没有变，仅仅是把它们加入在了指定的名字空间。

（2）zhang1 和 zhang2 是两个名字空间名，它们形成了嵌套结构。

（3）对于大型程序来说，名字空间定义以头文件的形式保存。本例中的 ex0518.h 就是存放这个名字空间定义的头文件。对于较小的程序则可以将上述代码与其他操作写在一起，用一个程序文件存储。

3. 标准名字空间 std

标准 C++库的所有标识符都是在一个名为 std 的名字空间中定义的，或者说标准头文件（如 iostream）中的函数、类、对象和类模板是在名字空间 std 中定义的。std 是 standard（标准）的缩写，表示这是存放标准库的有关内容的名字空间。

10.2.2 名字空间的使用

1. 名字空间的基本用法

名字空间外部的代码不能直接访问名字空间内部的元素。要在某作用域中使用其他名字空间中定义的元素，首先要将定义该元素的头文件包含在当前文件中，然后可以使用下面的 3 种方法之一将名字空间中的元素引入当前的代码空间中。

1）直接使用名字空间限定方式

代码 10-17　主函数中对每一个名字，都用域解析限定（qualified）其名字空间。

```
#include <iostream>
int main(){
  std::cout << zhang1::PI << std::endl;
  std::cout << zhang1::radius << std::endl;
  std::cout << zhang1::getCircumference () << std::endl;
  std::cout << zhang1::zhang2::age << std::endl;

  zhang1::C c1 (2,3);
  std::cout << c1.disp () << std::endl;

  return 0;
}
```

说明：作用域解析符 "::" 表明了所使用的名字来自哪个名字空间。

2）使用 using 声明，将一个名字空间成员引入当前作用域

代码 10-18　在主函数中，用 using 作为关键字，声明某个名字空间中的某个名字，使其进入当前作用域，包括了标准名字空间 std 中的 cout、cin、endl 等名字的应用。

```
#include <iostream>

int main(){
  using std::cout;
  using std::endl;

  using zhang1::PI;
  using zhang1::radius;
  using zhang1::getCircumference;
  using zhang1::C;                    //类名的引入
```

```
    using zhang1::zhang2::age;        //嵌套名字域的引入

    cout << PI << endl;
    cout << radius << endl;
    cout << getCircumference () << endl;

    C c1 (2,3);
    cout << c1.disp () << endl;       //成员函数的使用

    return 0;
}
```

说明：

（1）using 声明遵循作用域规则，超出了作用域就不再有效。这里，所引入的名字都在主函数 main( )中。如果在函数外部，则将这些名字引入到全局作用域中，并且局部变量能够覆盖同名的全局变量。

（2）对于类中的成员来说，只引入类名即可。

（3）不合理的 using 声明有时会引发名字冲突。例如代码：

```
using zhang1::val1;
using wang2::val1;
val1 = 5;
```

将导致二义性。

3）使用 using 编译预处理命令，将一个名字空间中的所有元素引入到当前作用域中

如对于代码 10-16～代码 10-18 来说，可以使用下面的语句。

```
using namespace zhang1;
//…
```

对于标准名字空间 std，则可使用下面的 using 命令。

```
#include <iostream>
using namespace std;
//…
```

说明： using 命令导入了一个名字空间中的所有名字，不需要再用名字空间限定符对单个名字进行说明，并且当其中某个名字与局部名字发生冲突时，局部名字将覆盖名字空间版本，而编译器不会发出警告。所以，不如 using 声明安全。因为 using 声明只导入指定的名字，并且，当与局部名字冲突时，编译器会发出指示。

2. 名字空间使用的指导性原则

（1）尽量使用在已命名的名字空间中声明的变量名，尽量避免使用全局变量和静态全局变量。

（2）导入名字时，优先使用名字域解析和 using 声明，尽量不用 using 命令。

（3）使用 using 声明时，首选将其作用域设置为局部，即在局部域中声明。

（4）不要在头文件中使用 using 命令。

（5）非使用 using 命令不可时，应当将其放在所有编译预处理命令之后。

10.2.3　无名名字空间和全局名字空间

1. 基本概念和用法

以上介绍的是有名字的名字空间，C++还允许使用没有名字的名字空间，即名字空间定义时不给出名字。由于该名字空间没有名字，所以在其他编译单元（文件）中无法引用，它只在本编译单元（文件）的作用域内有效，并且其成员可以不必（也无法）用名字空间名限定。

代码 10-19　无名名字空间应用示例。

```cpp
#include <iostream>

namespace {                    //定义无名名字空间
  int a = 5;
  void fun1( )
  { std::cout << "OK. " << std::endl;}
}

int fun2 (){ return a + 3;}

int main(){
  fun1 ();
  std::cout << a << std::endl;
  std::cout << fun2 () << std::endl;
  return 0;
}
```

说明：无名名字空间的成员 fun1 函数和变量 a 的作用域仅为本文件（确切地说，是从声明无名名字空间的位置开始到所在文件结束为止）。这时，使用无名名字空间的成员，无需任何限定。

2. 用无名名字空间代替 static 修饰符

由代码 10-19 可以看出，使用无名名字空间可以把一些名字限定于一个编译单元（文件）的范围内，显然与用 static 声明全局变量具有异曲同工之效。

3. 全局名字空间

全局名字空间是一个默认的名字空间，即当一个名字不被明确地声明或限定于特定名字空间时，就默认其为全局名字空间中的名字。

全局名字空间成员和无名名字空间成员都可以在没有任何限定的条件下直接使用，但两者还有表 10.1 所列出的一些明显不同。使用这种方法能使客户端在应用单例类时，不必关心单例对象的释放问题。

表 10.1 无名字空间与全局名字空间的明显不同

	定 义 形 式	作 用 域
全局名字空间	无名字空间显式定义	程序所有文件
无名字空间	有名字空间显式定义，但没有名字空间名	仅用在当前编译单元

习 题 10

概念辨析

1. 从备选答案中选择下列各题的答案。

（1）局部变量_____。
   A. 在其定义的程序文件中，所有函数都可以访问
   B. 可用于函数之间传递数据
   C. 在其定义的函数中，可以被定义处以下的任何语句访问
   D. 在其定义的语句块中，可以被定义处以下的任何语句访问

（2）全局变量_____。
   A. 可以被一个系统中任何程序文件的任何函数访问
   B. 只能在它定义的程序文件中被有关函数访问
   C. 只能在它定义的函数中，被有关语句访问
   D. 可用于函数之间传递数据

（3）使变量具有文件作用域的关键字是_____。
   A. extern   B. static   C. auto   D. register

（4）回收对象的数据成员所占用的存储空间，是在_____。
   A. 程序执行结束时，由操作系统进行的   B. 对象寿命结束时，由析构函数进行的
   C. 主函数结束时，由操作系统进行的   D. 对象的寿命结束时，由操作系统进行的

（5）在类的静态成员函数的实现体中，可以访问或调用_____。
   A. 本类中的静态数据成员   B. 本类中非静态的常量数据成员
   C. 本类中其他的静态成员函数   D. 本类中非静态的成员函数

（6）将变量定义为静态局部变量是为了_____。
   A. 使其对于一些函数可见   B. 使其仅对于一个函数可见
   C. 当函数不执行时值不变   D. 函数执行结束后使其不撤销

（7）在某文件中定义的静态全局变量（或称静态外部变量），其作用域_____。
   A. 只限于某个函数   B. 只限于本文件   C. 可以跨文件   D. 不受限制

（8）名字空间可以_____。
   A. 限制一个程序中使用的变量名过多   B. 限制一个名字太长
   C. 用来限制程序元素的可见性   D. 给不同的文件分配不同的名字

（9）用于指定名字空间时，std是一个_____。
   A. 定义在<iostream>中的标识符   B. 系统定义的关键字

C. 定义在<iostream>中的操作符　　　D. 系统定义的类名

（10）用于指定名字空间时，using是一个_____。

A. 定义在<iostream>中的标识符　　　B. 系统定义的操作符

C. 系统定义的预编译命令　　　　　　D. 系统定义的类名

（11）用于指定名字空间时，namespace是一个_____。

A. 系统定义的类名　　　　　　　　　B. 系统定义的操作符

C. 预编译命令　　　　　　　　　　　D. 系统定义的关键字

2. 判断。

（1）自动变量在程序执行结束时才释放。　　　　　　　　　　　　　　（　）
（2）声明一个全局变量，其前必须加关键字 extern。　　　　　　　　　（　）
（3）通常可以用静态变量代替全局变量。　　　　　　　　　　　　　　（　）
（4）在程序中使用全局变量比使用静态变量更安全。　　　　　　　　　（　）
（5）若 i 为某函数 func 之内说明的变量，则当 func 执行完后，i 值无定义。　（　）
（6）成员函数内的局部变量与该函数的寿命是一致的。　　　　　　　　（　）
（7）全局变量与类的寿命是一致的。　　　　　　　　　　　　　　　　（　）
（8）对象的非静态成员数据与该对象的寿命是一致的。　　　　　　　　（　）
（9）静态数据成员只能被静态函数操作。　　　　　　　　　　　　　　（　）
（10）如果在类中声明了静态数据成员，必须声明静态成员函数。　　　（　）
（11）静态成员函数为一个类的所有对象共享。　　　　　　　　　　　（　）
（12）同一个类的两个非静态成员函数，它们的函数名称、参数类型、参数个数、参数顺序以及返回值类型不能完全相同。　　　　　　　　　　　　　　　　　　　　　　　　　　（　）
（13）类的静态数据成员需要在创建每个类对象时进行初始化。　　　　（　）
（14）名字空间可以多层嵌套。类 A 中的函数成员和数据成员，它们都属于类名 A 代表的一层名字空间。　　　　　　　　　　　　　　　　　　　　　　　　　　　　　　　　　　　（　）
（15）一个名字空间不可以有多个名字空间分组。　　　　　　　　　　（　）

✹代码分析

1. 找出下面各程序段中的错误并说明原因。

（1）

```
//file1.cpp
int a = 1;
int func(){
    …
}
```

```
//file.,cpp
extern int a = 1;
intfunc();
void g(){
```

```
    a = func();
}
```

```
//file3.cpp
extern int a = 2;
int g ();
int main(){
    a = g();
    …
}
```

(2)

```
//file1.cpp
int a = 5, b = 8;
extern int a ;
```

```
//file2.cpp
extern double b;
extern int c ;
```

2. 指出下面各程序的运行结果。

(1)

```
#incude <iostream>
using std::cout;
int f (int);
int main(){
  int i;
  for (i = 0;i < 5;i ++)
    cout<< f (i) << "";
  return0;
}
int f(int i){
  static int k = 1;
  for (;i > 0;i --)
    k += i;
  return k;
}
```

```
}
namespace {
  void message();
}
int main(){
  {
    message ();
    using sally::message;
    message ();
  }
  message ();
  return 0;
}
namespace sally {
  void massage(){
    std::cout
      << "Hello from sally.\n";
  }
}
namespace {
  void message(){
    std::cout
      << "Hello from unnamed.\n";
  }
}
```

(2)

```
#include <iostream>
using namespace std;
namespace sally {
  void message ();
```

3. 解释下列各句中name的意义。

```
extern std::string name;
std::string name("exercise 3.5a");
extern std::string name("exercise 3.5a");
```

开发实践

1. 设计一个账户类为王婆卖瓜管理账目。

2. 为一个名为func的void函数写一个函数声明。该函数有两个参数：第一个参数名为a1，属于定义在space1名字空间中的C1类型；第二个参数名为a2，属于定义在space2名字空间中的C2类型。

探索验证

1. 编写一段程序，测试在自己的系统上运行一个函数返回为局部变量的引用时出现的情况，并进一步解释这种现象出现的原因。

2. 静态对象的所有成员都是静态的吗？

第 11 单元　C++字面值与常量

数据可以用变量存放，也可以用常量形式表示。常量是程序不可修改的固定值，可以分字面值和符号常量。需要说明的是，有人认为字面值不是常量，因为它们没有名字，只能叫做字面值。但是，也有人认为字面值是有名字的，例如一个字面值 5，其名字就是 "5"，值是 5，所以字面值也是常量。

11.1　字　面　值

字面值也称直接变量数，是可以从字面上直接识别值的数据形式。不同类型的字面值的表示形式是不同的。

11.1.1　整型字面值的表示和辨识

1. 书写整型字面值使用的 4 种记数制

在旧版本的 C++中，整型字面值可以使用十进制、八进制、十六进制等格式书写，C++11 新增了二进制整型字面值。表 11.1 为 4 种记数制之间的关系。

表 11.1　C++的十进制、八进制、十六进制和二进制整数的关系

进　制	记　数　符　号	前　缀	说　明
十进制	0,1,2,3,4,5,6,7,8,9	无	
八进制	0,1,2,3,4,5,6,7	0	
十六进制	0,1,2,3,4,5,6,7,8,9,a/A,b/B,c/C,d/D,e/E,f/F	0x	
二进制	0,1	0b/0B	C++11 新增

（1）合法的八进制和十六进制 C++整型字面值举例。

0177777——八进制正整数，等于十进制数 65 535。

010007——八进制负整数，等于十进制数 4 103。

0XFFFF——十六进制正整数，等于十进制数 65 535。

0xA3——十六进制负整数，等于十进制数 163。

（2）不合法的 C++八进制和十六进制整型字面值举例。

09876——非十进制数，又非八进制数，因为有数字 8 和 9。

20fa——非十进制数，又非十六进制数，因为不是以 0x 开头。

0x10fg——出现非法字符。

−5——"−"是操作符，所以-5 是一个含操作符的表达式，不是整型字面值。

2. C++整数字面值类型的确定

遇到一个整型字面值，如何区分它是 short、int、long、long logn，还是 unsigned 类型呢？

（1）默认原则。按照常数所在的范围，决定其类型。例如，在 32b 计算机中，有如下原则。

- 当一个值在十进制[−2 147 483 647, 2 147 483 647]内时，整数字面值即默认为 int 型。
- 超出上述范围的整数字面值，如 21 474 836 648 等被看作是 long int 型。

（2）后缀字母标识法。

- 用 L 或 l 表示 long 类型整数，如 12L（十进制 long int）、076L（八进制 long int）、0x12l（十六进制 long int）。
- 用 LL 或 ll 表示 long long int 类型整数，如 12LL（十进制 long long int）。
- 用 U 或 u 表示 unsigned 类型，如 12345u（十进制 unsigned int）、12345UL（十进制 unsigned long）。

11.1.2 浮点类型字面值的表示和辨识

1. 浮点类型字面值的书写格式

C 语言中的浮点类型数据常量有如下两种书写格式。

（1）小数分量（定点）形式，即一个浮点类型数由小数点和数字组成。其中的小数点是必须的，例如 3.14159、0.12345、3.、.123 等。

（2）科学记数法（浮点，即指数）形式。它把一个浮点类型数的尾数和指数并别写在一排，中间用一个字母 E 或 e 分隔，前面部分为尾数，后面的整数为指数。例如 19.345，用科学记数法可以表示为 0.19345e+2、0.19345E+2、19345e−3。

需要注意以下 2 点。

- 尾数部分可以有小数点，但指数部分一定是一个有符号整数。
- 尾数部分必须存在。

例如，1.23e5、3E−3 都是正确的科学记数法表示形式，而 E−3、1e0.3 都是不正确的科学记数法表示形式。

2. 浮点类型字面值的辨识后缀

C++将浮点类型数据分为 float、double 和 long double 三种类型，并且默认的浮点类型数据是 double 类型的。因此，对于带小数点的字面值，C 语言编译器会将之作为 double 类型看待。如果要特别说明某带小数点的字面值是 float 类型还是 long double 类型，可以使用不同的后缀字母表示。

- 用 f 或 F 表示 float 类型，如 123.45f、1.2345e+2F。
- 用 l 或 L 表示 long double 类型，如 1234.5l、1.2345E+3L。

11.1.3 字符字面值

1. char 类型：字符与小整数

char 类型是专为存储字符而设置的一种数据类型。C++对于 char 类型的要求是至少为 8b，并且要大到能够存储编译器实际使用的字符集的任何成员。

旧版本的 C++编译器多数使用 ASCII（American Standard Code for Information Interchange，美国信息交换标准代码）中的数值表示字符。

C++11 支持 3 种 Unicode（万国码）编码：UTF-8（8-bit Unicode Transformation Format）、UTF-16 和 UTF-32，并分别用 char8_t、char16_t 和 char32_t 三种类型表示和存储它们。在表示字符串字面值时，分别使用 u8、u 和 U 前缀进行区别。例如：

```
u8"I'm a UTF-8 string."
u"This is a UTF-16 string."
U"This is a UTF-32 string."
```

字符也是一种二进制编码，各种标准字符集都是通过建立二进制编码与字符之间的对应关系来表示字符的。所以，char 类型也可以用来表示小整数。例如：

```
for (char letter = 'A';letter <= 'z';letter ++)   //用 letter 表示小整数
    cout << letter;
```

2. 转义字符序列

转义字符是指字符具有另外的特定含义，不再是其字面含义。通常使用转义字符表示 ASCII 码字符集中不可打印的控制字符和特定功能的字符。表 11.2 列出了 C++定义的转义字符。

表 11.2 C++定义的转义字符序列

序列	值	字符	功能
\a	0X07	BEL	警告响铃（BEL,bell）
\b	0X08	BS	退格（BS,back space）
\f	0X0C	FF	换页（FF,form feed）
\n	0X0A	LF	换行（LF,line feed）
\r	0X0D	CR	回车（CR,carrige return）
\t	0X09	HT	水平制表（HT,horizontal table）
\v	0X0B	VT	垂直制表（VT,vertical table）
\\	0X5c	\	反斜杠（\）
\'	0X27	'	单撇号（'）
\"	0X22	"	双撇号（"）
\0	0		字符串结束符
\?	0X3F	?	问号（?）
\ddd	整数	任意	O：最多为 3 位的八进制数字串
\xhh	整数	任意	H：十六进制数字串

在 C++程序中，使用不可打印字符时，通常用转义字符表示。

注意：

（1）转义字符中只能使用小写字母。每个转义字符只能看作一个字符。

（2）"\v" 垂直制表和 "\f" 换页符对屏幕没有任何影响，但会影响打印机执行的相应操作。

（3）广义地说，C++语言字符集中的任何一个字符均可用转义字符来表示。"\ddd" 和 "\xhh" 正是为此而提出的，它们分别表示八进制和十六进制的 ASCII 代码。于是，一般字符字面值就有了数值型和字符型两大类表示方法。例如，字符 A 可以有下列表示方法。

```
65          //十进制数值表示法
0101        //八进制数值表示法
0x41        //十六进制数值表示法
'\101'      //八进制转义字符表示法
'\x41'      //十六进制转义字符表示法
'A'         //字符表示法
```

3. 字符字面值与字符串

字符字面值是用单撇号括起的字符（包括转义字符），而字符串是用双撇号括起的 0 个或多个字符。要注意二者的区别，如下所示。

" "：长度为 0 的字符串。

' '：空字符。

'a'：字符 a。

"a"：字符串。

11.1.4 bool 类型与 bool 常量

ANSI/ISO C++标准增添了 bool 类型数据，用于表示逻辑表达式（包括关系表达式和逻辑表达式）的值。bool 类型的值只有两个：true（"真"）和 false（"假"）。用这两个值可以预定义布尔（bool，逻辑）变量的初值，例如：

```
bool isSmaller = true;
```

true 和 false 虽然是两个逻辑字面量，但往往也可以作为 1 和 0 的符号。例如：

```
int tr = true;          //实际上是给 tr 赋了初值 1
int fl = false;         //实际上是给 fl 赋了初值 0
```

此外，任何非 0 的值都可以作为 true，0 则可以作为 false，例如：

```
bool isSmaller = -99;   //将 isSmaller 初始化为 true
bool noSmaller = 0;     //将 noSmaller 初始化为 false
```

11.1.5 枚举类型与枚举常量

1. 枚举类型及其定义

在现实世界中，像逻辑、颜色、星期、月份、性别、职称、学位、行政职务等这样一些事物，具有一个共同的特点，就是它们的属性是可以列举——枚举出来的一组常量，例如，逻辑{true, false}、颜色 {red,yellow,blue,white,black}、星期{sun,mon,tue,wed,thu,fri,sat}等。这些被枚举的值都是常数。若要为某种类型的事物设置一个变量，变量的取值只能是这组常量中的某一个。例如，一个 Color 类型的变量，只能在{red,yellow,blue,white,black}中取值。为了描述这类只能在一个集合中取值的数据，C++/C 设置了一种特定的用户定制数据类型——枚举（enumeration）类型。

枚举类型定义格式如下：

> **enum 枚举类型名 {枚举元素列表};**

（1）enum 为枚举类型关键字。枚举类型名是一个符合 C++标识符规定的枚举类型名字。枚举元素列表为一组枚举元素标识符。例如，声明语句

```
enum Color {red,yellow,blue,white,black};
```

定义了一个以 red、yellow、blue、white 和 black 为枚举元素的枚举类型 Color。用枚举类型名声明的变量只能在它定义的枚举元素中取值。

（2）枚举元素也称枚举常量。顾名思义，它们不是变量，而是一些常数。编译器给它们的默认值是从 0 开始的一组整数。对于上述定义的 Color 类型来说，这组值依次被默认为0、1、2、3、4，即 red、yellow、blue、white 和 black 只是这组整型数据的代表符号。

（3）根据需要，枚举元素所代表的值可以在定义枚举类型时显式地初始化。例如，对于星期，可以这样定义：

```
enum Day {sun = 7,mon = 1, tue = 2, wed = 3,thu = 4, fri = 5, sat = 6};
```

这样更符合人们的习惯，用起来也比较自然。

（4）在默认情况下，枚举元素的值是递增的。因此，当要将几个顺序书写的元素初始化为连续递增的整数时，只需要给出这部分的第一个元素的数值即可。因此，上述定义可以改写为：

```
enum Day{sun = 7,mon = 1, tue, wed,thu, fri, sat};
```

2. 枚举变量及其声明

定义枚举类型的目的是要用它去生成枚举变量，来参加需要的操作。生成变量表明系统将为其分配存储空间，存储空间的大小为一个整型数据所需的空间。生成枚举变量的方法与生成结构体变量类似，可以用 3 种方式进行：先定义类型后生成变量、定义类型的同时生成变量和直接生成变量。每一种方法都可以同时初始化。例如，要生成变量 carColor，

可以使用下面任何一种方式。

（1）先定义类型后生成变量，如：

```
enum Color {red,yellow,blue,white,black};   //定义类型
enum Color carColor = red;                  //生成变量并初始化
```

（2）定义类型的同时生成变量，如：

```
enum Color {red,yellow,blue,white,black}carColor;
```

（3）直接生成变量，如：

```
enum {red,yellow,blue,white,black}carColor;
```

或

```
enum Color {red,yellow,blue,white,black}carColor = white;
```

3. 对枚举变量和枚举元素的操作

表 11.3 对枚举变量和枚举元素所能进行的操作进行了比较。

表 11.3　枚举变量和枚举元素的操作比较

操作内容	枚举变量	枚举元素	例　　子
赋值	可以	不可以	carColor = red;　　　　　　　　//① 直接使用枚举元素赋值 carColor = (enum Color)2;　　//② 指定枚举元素序号
比较	可以	可以	if (carColor == white)printf ("My car."); if (carColor < yello) printf ("Wife's car.");
输出	可以	可以	pintf ("%d,%d",carColor,red);

说明：

（1）枚举元素在编译时会被全部求值，因此不会占用枚举变量的存储空间，并且一经定义，所有的枚举元素都将成为常数。在程序中，任何要改变枚举元素值的操作都是非法的。

（2）枚举元素只是一个符号，本身并无任何物理含义。枚举常量用来代表什么，完全由程序设计者自己设定。为了程序的可读性，一般在定名时应使其易于理解。例如：

```
enum weekday{sunday,monday,tuesday,wednesday,thursday,friday,saturday};
```

也可以写为：

```
enum weekday{sun, mon,tue,wed,thu,fri,sat};
```

究竟用 sunday 还是 sun 代表人们心目中的"星期天"，完全由设计者决定，甚至可以用别的名字，例如 a、b、c、d 等。

（3）枚举常量的隐含数据类型是整数，其最大值有限，且不能表示浮点数。在程序中，要想建立整个类的恒定常量，可以用类中的枚举常量来实现。特别是在某些不能直接使用数值的地方，可以用枚举来代替。例如：

```
class A {
    ...
    enum {size1 = 10, size2 = 20};
    int array1[size1];
    int array2[size2];
}
```

（4）枚举是一种类型，不可以用枚举元素的整型值代替枚举常量参加操作（如给枚举变量用枚举元素代表的整数赋值），因为这些整型值并非枚举元素。只有将枚举元素代表的整型值转换为枚举类型后，才可以当作枚举元素使用。

（5）枚举变量只能在枚举元素中取值。

4. 用枚举为类提供整型符号常量名称

在类中经常要使用一些常量。由于编译器不为类声明分配存储空间，所以用 const 变量作为数据成员时，仅对某个对象有效。因此，在类中定义能为类的所有对象共享的符号常量的方法有如下两种。

（1）用静态成员变量。

（2）用枚举常量。如：

```
class Year{
    enum { Months = 12};
    ...
```

说明：这里，声明的枚举类型仅仅是为了创建一个符号名称，不需要提供枚举变量名，所以不是数据成员。这个名称可以供类的所有对象共享。但是，这种形式的符号常量，仅仅适合整型常量，对于浮点常量，只能用静态成员变量方式。

11.1.6 强类型枚举

旧版 C++ 中的枚举常量的底层由一些整数承载。但是，到底是 short、int，还是 long，由实现的编译器决定，标准中并没有明确规定。所以，这种枚举是弱类型枚举。其唯一安全性就是不允许一个整数或一个枚举类型的值隐式地转换成另一个枚举类型，但在其他方面还是存在不安全性和不足之处的：

- 枚举值在枚举定义的作用域内是暴露的，使不同枚举类型间不能有同名成员。
- 可以比较两种不同类型的枚举值。
- 在不同编译器之间的枚举变量代码是不可移植的。

C++11 引入了一个没上述问题的强类型枚举（strongly-typed enums）。强类型枚举也称枚举类或枚举类型，因为它采用关键字 enum class（同义词 enum struct）来声明。例如：

```
enum class Enumeration {
    Val1,
    Val2,
    Val3 = 10,
    Val4 //= 11
```

};

强类型枚举具有如下特点。

（1）强类型枚举的枚举值不能隐式地转换成整数，所以也不可以和整数做比较。例如，表达式 Enumeration::Val4 == 11 会报一个编译错误。

（2）枚举类的底层类型总是已知的，默认为 int 型。但允许用其他整数类型覆盖它。这样就可以确定枚举占有的内存大小。如：

```
enum Enum1;                                      //错误，无法判别大小
enum class Enum2;                                //合法，默认底层为 int 类型
enum Enum3: char;                                //合法，底层为 char 类型
enum class Enum4: unsigned int;                  //合法，底层为 unsigned int 类型
enum Enum3: unsigned short;                      //错误，Enum3 已经声明为 unsigned int
enum class Enum4: unsigned int {Val1, Val2};     //合法，前置声明的定义
```

（3）C++11 还提供了一个过渡语法，让老式的枚举类型可以提供显式的作用域以及定义底层整数类型，如：

```
enum Enum3 : unsigned int {Val1 = 1, Val2};
```

这个例子中，枚举名字被定义在枚举类型的作用域内（Enum3::Val1），但是为了向下兼容，它们也会被放在直接包含在 Enum3 所在的作用域中。

11.2　const 关键字

const（constant）意为"恒定不变"。在 C++程序中，const 是一个类型限定符，用于修饰变量、指针、引用、对象，以及函数参数和函数返回值等，强制性地保护数据，防止意外的修改，有利于提高程序的可读性。此外，它还能提供类型等的错误检查（宏名是没有类型的），有利于提高程序的可靠性。因此，"Use const whenever you need"（对于 const，需要就用）是一个良好的编程习惯。这一节先介绍它的一些基本用法。

11.2.1　const 符号常量

1. const 类型符号常量

在程序中常常需要常量，例如 3.1415，并且希望用个符号来表示这个常量，例如用名字 PI 代表 3.1415。这样，不仅写起来简便，而且提高了代码的可读性，例如，可以避免将圆周率的 3.1415 与另一个测量或计算得到的 3.1415 相混淆。C++提倡用 const 定义一个符号常量，定义有以下两种等价的形式。

```
const 数据类型 常量名1 = 初始化表达式1,常量名 2 = 初始化表达式2,…
```

```
数据类型 const 常量名1 = 初始化表达式1,常量名2 = 初始化表达式2,…
```

说明：

（1）用 const 定义一个常量，必须在定义的同时初始化，不初始化将产生一个错误。例如：

```
const double PI;                      //错误，对于非外部的常对象必须初始化
```

如果用一个对象去初始化另外一个对象，则它们是不是 const 都无关紧要。例如：

```
int i = 123;
const int ci = i;                     //正确：i 的值被复制给了 ci
int j = ci;                           //正确：ci 的值被复制给了 j
```

（2）const 常量的定义形式与变量的定义形式相似。但是，用 const 修饰后，这个名字所绑定的值便具有了不可改变性。例如：

```
const double PI = 3.14159;
PI = 4.5678;                          //错误，把常对象作为左值
```

（3）const 常量占有独立的存储空间，并且也像普通变量那样，会由编译器进行类型的检测。不过，const 是 const 常量所属类型的一部分。例如，前面定义的 PI 的类型是 const double，它与 double 变量在存储上有所不同。double 变量存储在栈区，而 const double 常量被存储在常量区。double 只是指明它们采用同样的存储空间大小和存储方式。

（4）可以通过函数对常量进行初始化。例如：

```
double fun () {return 3.14159;};
const double i = fun ();              //OK
```

注意：用函数进行初始化是程序运行中的初始化，而用字面量进行初始化是编译时的初始化。

（5）全局 const 只隐含地在其所在的编译单元中起作用。这样，编译器才能有效地判断出它们的值到底有没有被改变。所以，当多个文件中出现了同名的 const 常量时，其实等同于在不同文件中分别定义了独立的常量。

有时会有这样一种 const 常量，它的初始值不是一个常量表达式，但又确实有必要在文件间共享。在这种情况下，又不希望编译器为每个文件分别生成独立的 const 常量，就只好借助关键字 extern，不管是声明还是定义都添加 extern 关键字。例如：

```
//file_1.cc 定义并初始化了一个常量，该常量能被其他文件访问
extern const int bufSize = fcn();
```

```
//file_1.h 头文件
extern const int bufSize;             //与 file_1.cc 中定义的 bufSize 是同一个
```

如上述程序所示，file_1.cc 定义并初始化了 bufSize。因为这条语句包含了初始值，所以它（显然）是一次定义。然而，因为 bufSize 是一个常量，必须用 extern 加以限定，使其能被其他文件使用。

file_1.h 头文件中的声明也由 extern 做了限定，其作用是指明 bufSize 并非本文件所独有。它的定义将在别处出现。

（6）const 是一种类型修饰符，在非引用或指针情况下，const 修饰不改变所修饰变量的类型。例如在："const int x = 3;"中，x 的类型还是 int。

2. const&类型符号常量

const 修饰引用，记作 const &类型，是对 const 对象的引用。下面介绍 const 引用的一些特点和用法。

（1）const 引用的语义表明，不会通过该引用间接地改变所指向的对象，但引用的变量（或对象）可以直接改变。例如：

```
double pi = 3.14159;
const double& rpi = pi;
rpi = 4.14159;                //错误
pi = 4.14159;                 //OK
```

（2）应当避免重新定义一个新的非 const 引用绑定到已经定义有 const 引用的变量，因为这个非 const 引用将会导致通过引用 const 对象的修改，造成混乱。

（3）const 引用可以用不可寻址的值初始化，也可以用不同类型的对象初始化。只要类型兼容，即能从一种类型转换到另一种类型。例如：

```
const double& rpi = 3.14159;  //用不可寻址的值初始化
double pi = 3.14159;
const int& irpi = pi;         //用不同类型对象初始化
```

（4）引用是对象的别名，在内部存放的是被引用对象的地址。对于不可寻址的值或不同的类型，编译器为了实现引用，必须生成一个临时对象，但用户不能访问它。例如，对于上述定义可以分别理解为：

```
double temp = 3.14159;        //生成临时对象 temp
const double& rpi = temp;     //用 temp 初始化 rpi
```

和

```
double d = 3.14159;
int tmp = d;                  //double -> int
const int &ri = d;
```

注意：这两种情况仅适合 const 引用，对于非 const 引用则不可使用。例如：

```
double & rpi = 3.14159;       //错误，用不可寻址的值初始化非 const 引用
double pi = 3.14159;
   int & irpi = pi;           //错误，用不同类型对象初始化非 const 引用
```

11.2.2 const 用于指针声明

1. 指针声明与 const 的位置

一个指针声明中涉及如下 3 种符号：

- 指针名；
- 类型名；
- 指针操作符"*"。

它们组成如下格式：

```
数据类型 * 指针名；
```

例如：

```
int * pi;
```

注意：绝不可将"*"放到数据类型前面，否则将会形成失踪的类型名问题。例如：

```
* int pi;            //错误
```

在一个指针声明中，涉及了两个对象——指针对象以及指针所指向的对象。因此，在指针定义中插入一个 const 关键字，有可能形成两种保护：保护指针本身或保护指针的间接引用——即指针指向的对象。

具体编译如何理解，同 const 与"*"之间的位置有关。通常，可以简单地进行如下判断。

（1）若 const 在"*"之前，就认为是保护指针的间接引用，即不可通过该指针修改其所指向的变量，称为常量指针。

（2）若 const 在"*"之后，就认为是保护指针本身，称为指针常量。

当然，还可以是二者都保护的组合。不过，二者都保护需要两个 const。

例如：

```
int i1 = 5,i2;
int const * pi1 = &i1;           //保护*pi1，即 i1 的值不可用 pi1 修改
const int * pi2 = &i1;           //保护*pi2，即 i1 的值不可用 pi2 修改
int * const pi3 = &i1;           //保护指针 pi3 的值不被修改
const int * const pi7 = &i1;     //正确，保护*pi1，也保护 pi1
int const * const pi8 = &i1;     //正确，保护*pi1，也保护 pi1
```

2. 顶层 const 与底层 const

1）顶层 const 与底层 const 的概念

在前面的讨论中已经看到，将 const 用于指针时会遇到这样的问题：是指针本身为常量，还是指针指向的对象是常量，或者二者都是常量。由于指针本身也是实体，它又可以指向另一个实体，因此，从关于 const 定义的直接性上看，就可以把 const 分为两个层次：把直接面对的 const 称为顶层 const（top-level const），把由指针间接引出的 const 称为底层 const（low-level const）。

代码 11-1 顶层 const 与底层 const 示例。

```
int i = 33;
```

```
int *const p1 = &i;          //不能改变 p1 的值，这是一个顶层 const
const int ci = 55;           //不能改变 ci 的值，这是一个顶层 const
const int *p2 = &ci;         //不能改变 p2 间接引用的实体，这是一个底层 const
const int *const p3 = p2;    //靠右的 const 是顶层 const，靠左的是底层 const
const int &r = ci;           //用于声明引用的 const 都是底层 const
```

2）顶层 const 与底层 const 在执行赋值操作时的不同

对于顶层 const 与底层 const，在执行对象赋值操作时有着明显的不同。

（1）顶层 const 不受什么影响。在执行对象的赋值操作时，顶层 const 不受什么影响，即执行赋值操作并不会改变被复制对象的值。因此拷入和拷出的对象是否是常量都没什么影响。例如，对于代码 11-1，下面的操作是正确的。

```
i = ci;                      //正确，复制 ci 的值，ci 是顶层 const，对此操作无影响
```

（2）底层 const 的限制不能忽略。对于指向常量的指针或引用，都有以下规则。
- 可以将一个非 const 对象的地址赋给一个指向 const 对象的指针。
- 可以将一个非 const 对象的地址赋给一个指向非 const 对象的指针。
- 可以将一个 const 对象的地址赋给一个指向 const 对象的指针。
- 不可以将一个 const 对象的地址赋给一个指向非 const 对象的指针。

因此，底层 const 进行赋值操作时，要求拷出和拷入的对象具有相同的底层 const 资格或者能转换为相同的数据类型。一般，非常量能够向常量转换，反之则不行。例如，对于代码 11-1，下面赋值操作的正确性是不同的。

```
int *p = p3;                 //错误，p3 包括底层 const 定义，而 p 没有
p2 = p3;                     //正确，p2 和 p3 都是底层 const
p2 = &i;                     //正确，int* 能转换成 const int*
int &r = ci;                 //错误，普通的 int& 不能绑定到 int 常量上
const int &r2 = i;           //正确，const int& 可以绑定到一个普通 int 上
```

下面分析一下上述的代码。在

```
int *p = p3;
```

中，p3 既是一个顶层 const，又是一个底层 const。在执行对象拷贝时，顶层 const 部分没有任何影响，完全不用考虑。但是，p3 又是一个底层 const，它要求拷入的对象有相同的底层 const 资格，而 p 没有，所以这个赋值操作是错的。在

```
p2 = p3;
```

中，p3 要求与拷入对象拥有相同底层 const 资格，p2 也是一个底层 const，故"p2 = p3"正确。在

```
p2 = &i;
```

中，&i 对 i 取地址将得到 int* 类型，p2 是 const int* 类型。前者是非常量，后者是常量。赋值语句等号右侧的类型向左侧转换，非常量能够向常量转换，故正确。在

```
int &r = ci;
```

中，绑定到 ci 上的类型是 const int &，而等号左侧的类型是 int&，但是常量不能向非常量转换，所以是错误的。在

```
const int &r2 = i;
```

中，绑定到 i 上的引用的类型是 int&，等号左侧的类型是 const int&，赋值语句等号右侧的类型向左侧转换，一般非常量可以向非常量转换，所以是正确的。

3）auto 默认忽略 top-level const，保留 low-level const 属性

auto 关键字在进行类型推导时会默认忽略 top-level const，保留 low-level const 属性。例如：

```
const int ci = i, &cr = ci;
auto b = ci;        //b 是 int 类型的(ci 中 top-level const 下降)
auto c = cr;        //c 是 int 类型的(cr 是 ci 位于 op-level const 的别名)
auto d = &i;        //d 是 int * 类型的(int 对象的&是 int *)
auto e = &ci;       //e 是 const int * 类型的(const 对象的 &是 low-level const)
```

为了实现 top-level const，需要在 auto 前面加 const，例如：

```
const auto f = ci;   //f 是 const int 类型的
```

11.2.3 const 限定类成员与对象

1. 数据成员的 const 保护

const 限定类的数据成员，可以保护该成员不被修改。其使用要点如下。

（1）const 数据成员是一种特殊的数据成员，任何函数都不能对其实施赋值操作。

（2）对于 const 数据成员，初始化不能在类声明的声明语句中进行。因为编译器不为类声明分配存储空间，所以不能保存 const 变量的值。此外，也不能在构造函数的函数体中对 const 数据成员以赋值的方式进行初始化，只能而且必须在构造函数的初始化段中进行。

代码 11-2 用 const 限定数据成员的正确与错误用法。

```
class A {
  const int aa = 10;         //错误，不能在声明语句中初始化常数据成员
  const int aa;              //正确
public:
  A (const int a) { aa = a;}  //错误
  A (const int a): aa (a) {}  //正确，在初始化段中初始化常数据成员
  //…
};
```

注意：用 const 变量作为类的数据成员时，尽管可以用初始化段的方式进行初始化，但这样的符号常量仅对某一个对象有效，而不是为所有对象共享。

2. const 成员函数

const 成员函数就是用 const 限定的类成员函数。其使用要点如下。

（1）const 成员函数只是告诉编译器，该 const 成员函数不能用于修改调用它的对象，也不能调用本类对象中的非 const 成员函数，从而保证了不能间接修改本类对象的数据成员。如果在编写 const 成员函数时，不慎修改了数据成员，或者调用了其他非 const 成员函数，编译器将指出错误。

（2）限定一个成员函数时，关键字 const 应放在函数头的最后，例如：

```
void Person::disp()const;
```

如果写在最前面就不对了。如写为

```
const void Person::disp();
```

时，const 限定的是函数的返回。

（3）const 也是函数类型的一部分。在声明和定义时，关键字 const 必不可少。两个函数名字和参数都相同时，带有 const 的函数与不带有 const 的函数，可以被看成是两个不同的函数。即 const 成员函数可以被相同参数表的非 const 成员函数重载。

代码 11-3 const 成员函数被相同参数表的非 const 成员函数重载的实例。

```
#include <iostream>

class A {
public:
    A(int x, int y) : _x(x), _y(y) {}
    int get() { return _x;}
    int get() const { return _y;}
private:
    int _x, _y;
};

int main(){
    A obj(2, 3);
    const A obj1(2, 3);
    std::cout << obj.get() << " " << obj1.get();
    return 0;
}
```

（4）类的构造函数、析构函数、复制构造函数以及赋值构造函数都属于特殊的成员函数，但都不能成为 const 成员函数。

3. 对象的 const 限定

对象是一种特殊的变量。与数据对象一样，类对象也可以被声明为 const 对象。下面介绍 const 对象的用法。

const 对象的声明格式为：

> **const** 类名 对象名（初始化值）；

例如，采用声明：

```
const Person zh("Zhang",50,'m');
```

后，对象 zh 就成为一个 const 对象了。

说明：

（1）表 11.4 给出了对象的成员函数与对象成员之间的访问关系。表明不允许非 const 成员函数引用 const 对象的数据成员。

表 11.4 对象的成员函数与对象成员之间的访问关系

数 据 成 员	非 const 成员函数	const 成员函数
非 const 数据成员	可以引用，也可以改变	可以引用，但不可以改变
const 数据成员	可以引用，但不可以改变	
const 对象的数据成员	不允许	

（2）一个对象一旦被声明为 const 对象，其所有的数据成员将自动成为 const 数据成员，即所有数据成员的值在对象的整个生命期内都不能被改变。

（3）与其他常量一样，动态创建的 const 对象必须在创建时初始化，并且一经初始化，其值就不能再修改了。由于 const 对象的所有数据成员都是 const 数据成员，因此，应采用初始化列表的方式进行初始化。但若该类提供了无参构造函数，则此对象可隐式初始化为默认值。

（4）const 对象只能调用 const 成员函数，不能调用非 const 成员函数。原因就是，const 对象由 const *this 指针指向，而不能由非 const *this 指针指向。而非 const 对象既能调用非 const 成员函数，又能调用 const 成员函数。非 const 对象能调用 const 成员函数的原因就是，this 指针可以转换为 const *this 指针。例如，对已经定义为 const 对象的 zh，若使用语句

```
zh.disp();
```

系统将会发出警告

```
Non-const function Person::disp() called for const object in function main().
```

若把 disp()声明改为

```
void Person::disp() const;
```

后，就可以合法地访问 const 对象 zh 了，即表达式 zh.disp( )就合法了。

属于例外的是构造函数与析构函数，因为 const 对象被看作了只能生成与撤销、不能访问的对象。

11.3 C++11 的右值引用

11.3.1 右值引用的概念

左值是产生永久对象的表达式，右值是产生临时对象或纯常量的表达式。所以，基于右值的引用称为右值引用（rvalue reference），基于永久对象的引用称为左值引用（lvalue reference）。前面使用的引用都是左值引用，使用一个"T&"标记。右值引用则用"T&&"作为标记。例如：

```
int && a = 10;
```

再如，若 returnRvalue( ) 返回一个右值，则可以为其声明一个名为 a 的右值引用，其值等于 returnRvalue 函数返回的临时变量的值。

```
T && a = returnRvalue();
```

不管是纯常量，还是临时对象，右值通常不具有名字，通过右值引用就可以发现和控制它的存在。例如，上述承载 returnRvalue( ) 函数返回值的右值（临时变量）在上述表达式语句结束后，其生命也就终结了（通常称其具有表达式生命期）。但通过右值引用的声明，该右值的生命由其引用延续了下来。只要 a 还"活着"，该右值临时量将会一直"存活"下去。这样一个事实颠覆了右值是不能改变的观点。右值也是可以改变的。既然可以改变，就应当可以实现右值引用。

这里还有一个问题需要说明，右值引用是左值还是右值呢？有些人可能会认为一个右值引用本身就是右值。但右值引用的设计者们采用了一个更微妙的标准：右值引用类型既可以被当作左值也可以被当作右值。判断的标准是，如果它有名字，那就是左值，否则就是右值。例如，设有类 T 并有如下定义：

```
T rvalue(){ return T(); }
T && fun();
```

则对如下右值引用表达式的判别如注释所示。

```
fun();                  //返回的是不具名的右值引用，属于 xvalue
T && ra1 = rvalue();    //ra1 是具名右值引用，属于左值
```

注意：左值引用与右值引用是不同的类型。因此，在函数重载时，左值实际参数将匹配形参为左值引用的版本；右值实际参数将匹配形参为右值引用的版本。例如有如下定义：

```
void foo(X& x);         //左值引用重载
void foo(X&& x);        //右值引用重载
X x;
X foobar();
```

会存在如下两种不同的调用：

```
foo(x);                    //参数是左值,调用 foo(X&)
foo(foobar());             //参数是右值,调用 foo(X&&)
```

11.3.2 C++11 关于左值和右值概念的深化

在 C++11 之前,表达式的一种分类是将表达式分为左值表达式和右值表达式。C++11 将这个概念进一步深化为图 11.1 所示的结构。简单解释如下。

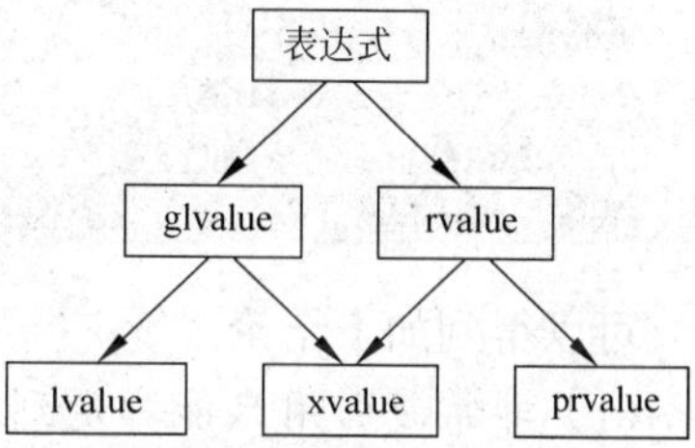

（1）lvalue：传统意义上的左值。

（2）prvalue（pure rvalue,纯右值）：传统意义上的右值,如临时对象和字面值等。

（3）xvalue（eXpiring value,将亡值,也称临终值）：生命周期即将结束的值,指某些涉及右值引用的表达式的值（An xvalue is the result of certainkinds of expressions in volving rvalue references）。例如,调用一个返回类型为右值引用的函数的返回值就是 xvalue。

图 11.1 C++11 关于表达式的分类

（4）glvalue（generalized value,广义左值）：传统的左值以及 xvalue。

（5）rvalue：传统意义上的右值以及 xvalue。

其中,lvalue 和 prvalue 的概念比较明确。对于 xvalue,C++11 标准给出了 4 种情况。对于这 4 种情况,可以简单地归纳为如下 3 点。

- 具名的右值引用（named rvalue reference）属于左值。
- 不具名的右值引用（unamed rvalue reference）属于 xvalue。
- 引用函数类型的右值引用时,不论是否具名都当作左值处理。

11.3.3 C++的引用绑定规则

右值引用的引入和 const 对引用的修饰,使 C++允许使用的引用扩展为以下 4 种。
- 非常量左值引用。
- 非常量右值引用。
- 常量左值引用。
- 常量右值引用。

在 C++中,无论是左值引用还是右值引用,都必须进行初始化,即需要绑定到相应的类型上。因为引用只是一个别名,自身并不拥有被绑定对象的内存。为了能正确地应用各种引用,C++规定了这 4 种引用类型的绑定规则,如表 11.5 所示。这些绑定规则规定了每

表 11.5 C++引用的绑定规则

引用类型　　　　　绑定类型	非常量左值	常量左值	非常量右值	常量右值
非常量左值引用（X &）	√	×	×	×
常量左值引用（const X &）	√	√	√	√
非常量右值引用（X &&）	×	×	√	×
常量右值引用（const X &&）	×	×	√	√

种引用可以使用的初始化类型。

设有下面的类以及相关定义：

```
//一个类型的定义
class T{public:T(){}};

//一些基于T的相关定义
T lvalue;                              //非const左值对象
const T const_lvalue;                  //const左值对象
T rvalue(){return T();}                //返回一个非const右值对象
const T const_rvalue(){return T();}    //返回一个const右值对象
```

可以得到如下结论。

（1）非常量引用只能绑定到对应的非常量上。即非常量引用只能用对应的非常量左值初始化。具体分为如下两种情形。

- 非常量左值引用只能绑定到非常量左值，不能绑定到常量左值、非常量右值和常量右值。即：

```
T & lvalue_reference1 = lvalue;            //OK
T & lvalue_reference2 = const_lvalue;      //error
T & lvalue_reference3 = rvalue();          //error
T & lvalue_reference4 = const_rvalue();    //error
```

- 非常量右值引用只能绑定到非常量右值，不能绑定到非常量左值、常量左值和常量右值。即：

```
T && rvalue_reference1 = lvalue;           //error
T && rvalue_reference2 = const_lvalue;     //error
T && rvalue_reference3 = rvalue();         //OK
T && rvalue_reference4 = const_rvalue();   //error
```

解释如下：

如果允许将非常量左值绑定到常量左值和常量右值，则非常量左值引用可以用于修改常量左值和常量右值，这明显违反了其常量的含义。

如果允许非常量左值绑定到非常量右值，则会导致非常危险的情况出现。因为非常量右值是一个临时对象，非常量左值引用可能会使用一个已经被销毁了的临时对象。

如果允许将非常量右值绑定到非常量左值，则可能会错误地窃取一个持久对象的数据，这是非常危险的。

如果允许非常量右值绑定到常量左值和常量右值，则非常量右值引用可以用于修改常量左值和常量右值，这明显违反了其常量的含义。

（2）常量左值引用可以绑定到任何类型上。例如：

```
const T & const_lvalue_reference1 = lvalue;            //OK
const T & const_lvalue_reference2 = const_lvalue;      //OK
const T & const_lvalue_reference3 = rvalue();          //OK
const T & const_lvalue_reference4 = const_rvalue();    //OK
```

(3) 右值引用只能绑定到右值上。具体可分为如下两种情形。
- 常量右值引用只能绑定到非常量右值和常量右值上。
- 非常量右值引用只能绑定到非常量右值上。

即

```
const T && const _rvalue_reference1 = lvalue;           //error
const T && const_rvalue_reference2 = const_lvalue;      //error
const T && const_rvalue_reference3 = rvalue();          //OK
const T && const_rvalue_reference4 = const_rvalue();    //OK
```

常量右值引用（const X&&）较少用到。

上述引用绑定规定所提到的右值，包含了纯右值与临终值（xvalue），即右值引用可以绑定到纯右值对象（隐式自动构造的对象），也可以绑定到临终值对象。

(4) 函数例外。例如：

```
void fun(){}
typedef decltype(fun)FUN;                                    //typedefvoidFUN();
FUN & lvalue_reference_to_fun = fun;                         //OK
const FUN & cons t_lvalue_reference_to_fun = fun;            //OK
FUN && rvalue_reference_to_fun = fun;                        //OK
const FUN && const _rvalue_reference_to_fun = fun;           //OK
```

以上原则可能会与以前的版本有些不同。例如，C++0X 曾经规定右值引用可以绑定到左值对象上，但 C++11 取消了这些规定。

通过上述分析，可以看到，非常量的左值引用只能绑定到非常量的左值，而非常量的右值引用只能绑定到非常量的右值。这样，就区分了永久对象与零时对象。

11.3.4　C++11 的引用折叠规则

在引用作为参数、引用作为返回值，以及在模板实例化、typedef、auto 类型推断等数据传送情况下，往往会遇到从一种引用类型（如 T&、T&&，称为初始化类型）传送到另外一种引用类型（如 TR、TR&、TR&&，称为叠加类型）的情况。这时，必须关心一个问题：这些引用最后变成了什么引用类型。

显然，它只能变成一种类型：要么左值引用，要么右值引用，不会有第三种类型，并且 C++11 标准禁止显式地对引用类型再施加引用，若书写有 "T& &"、"T&& &"、"T&& &&"，编译时将报错。这两种引用类型叠加后变成一种类型的现象称为引用折叠（reference collapsing）或引用塌缩。表 11.6 为 C++11 给出的引用折叠规则（reference collapsing rule）。其中，T 代表对于模板初始化的引用类型（以及函数调用时的实际参数类型等），TR 表示叠

表 11.6　C++11 给出的引用折叠规则

引用的初始化类型 \ 引用叠加到的类型	TR（引用不叠加）	TR&	TR&&
T&	A&+0→A&	A&+&→A&	A&+&&→A&
T&&	A&&+0→A&&	A&&+&→A&	A&&+&&→A&&

加到的类型（以及声明的形参类型等），A 表示基本类型。

由表 11.6 可以得出如下结论：

（1）引用叠加到左值引用时，都会成为左值引用。

（2）引用不叠加时，其引用类型取决于其初始化时的引用类型。

（3）引用叠加到右值引用时，其引用类型取决于其初始化时的引用类型。

（4）左值或者右值是独立于它的类型的，也就是说一个右值引用类型的左值是合法的。

这里，最有价值的是（3）。也就是说，它实际描述了 T&& 的一个特性，即，在有类型推断发生时，T&& 是一个未定的引用类型。这种类型被 Scott Meyers 称为 universal references（通用引用类型），而之后，C++社区认为叫作 forwarding reference（转换引用）更为确切。具体地说，对于推导类型 T，如果 T&& v 被一个左值初始化，那 v 就是左值引用；如果 v 被右值初始化，那它就是右值引用。

Scott Meyers 是世界顶级的 C++软件开发技术权威之一。他是 2 本畅销书 *Effective* C++和 *More Effective* C++ 的作者，以前曾经是 C++ Report 的专栏作家。他经常为 C/C++ Users Journal 和 Dr. Dobb's Journal 撰稿，也为全球范围内的客户做咨询活动。他也是 Advisory Boards for NumeriX LLC 和 InfoCruiser 公司的成员。他拥有 Brown University 的计算机科学博士学位。

11.3.5　C++11 的模板参数类型推导规则

若函数模板的模板参数为 A，模板函数的形参为 A&&，则针对右值引用的新参数推导规则可分为如下两种情况。

（1）若实参为 T&，则模板参数 A 应被推导为引用类型 T&（由引用叠加规则 T& + && = T&和 A&& = T&，可得出 A = T&）。

（2）若实参为 T&&，则模板参数 A 应被推导为非引用类型 T（由引用叠加规则 T 或 T&& + && = T&&和 A&& = T&&，可得出 A = T 或 T&&，强制规定 A = T）。

例如某函数原型为：

```
template<class TYPE, class ARG>TYPE* acquire_obj(ARG&& arg);
```

如果传递一个 ARG& arg 给 acquire_obj()，ARG 就会被推导为 ARG&。

如果传递一个 ARG&& arg 给 acquire_obj()，ARG 就会被推导为 ARG。

习　题　11

概念辨析

从备选答案中选择下列各题的答案。

（1）下面各项中，均是合法整型常量的项是_____。

　　A. 180　－0XFFFF　011　　　　　　B. －0xcdf　01a　0xe

C. -01   999,888   06688   D. -0x567a   2e5   0x

(2) 下面各项中，均是正确的八进制数或十六进制数的项是_____。

　　A. -10   0x8f   018   B. 0abcd   017   0xabc

　　C. 0010   -0x11   0xf12   D. 0a123   0x789   -0xa

(3) 下面各项中，均是合法浮点类型常量的项是_____。

　　A. +2e+1   3e-2.3   05e6   B. -.567   23e-3   -8e9

　　C. -123e   1.2e5   +2e-1   D. -e2   .23   2.e-0

(4) 下面各项中，均是合法转义字符的项是_____。

　　A. '\'   '\\'   '\n'   B. '\''   '\17'   '\'

　　C. '\018'   '\f'   '\xabc'   D. '\\0'   '\101'   '\xf1'

(5) 下面各项中，不正确的字符串是_____。

　　A. 'abcd'   B. "I Say: 'Good!'"   C. "0"   D. " "

(6) 常数10的十六进制表示为_____，八进制表示为_____。

　　A. 8   B. a   C. 12   D. b

(7) 对于定义char c;，下列语句中正确的是_____。

　　A. c='97';   B. c="97";   C. c=97;   D. c="a";

(8) 类A有一个实例化的常量对象a，那么下面的说法中，不正确的是_____。

　　A. 类A的非静态数据成员一定都是常量成员

　　B. 通过a可以直接调用类A的常量成员函数

　　C. a不能直接作为左值表达式使用

　　D. a可以是静态常量对象

(9) 对于调用者而言，常成员函数_____。

　　A. 可以改变常量或非常量成员数据   B. 只改变常量成员数据

　　C. 只改非变常量成员数据   D. 常量和非常量成员数据都改变不了

(10) 已知：print()函数是一个类的常成员函数，它无返回值。下列表示中，正确的是_____。

　　A. void print () const；   B. const void print ();

　　C. void const print ();   D. void print (const);

(11) 常量对象中的数据成员_____。

　　A. 全部都会默认为常量

　　B. 仅再用const修饰的成员才会默认为常量

　　C. 只有private成员才可以默认为常量

　　D. 只有public成员才可以默认为常量

(12) 下列不能作为类成员的是_____。

　　A. 本类对象的指针   B. 本类对象

　　C. 本类对象的引用   D. 他类的对象

(13) 常引用和常指针：_____。

　　A. 常引用所引用的对象不能被更新，常指针指向的对象也不能被更新

　　B. 常引用所引用的对象不能被更新，常指针指向的对象能被更新

C. 常引用所引用的对象能被更新，常指针指向的对象也能被更新

D. 常引用所引用的对象能被更新，常指针指向的对象不能被更新

（14）const int *p说明不能修改_____。

  A. p指针   B. p指针指向的变量

  C. p指针指向的数据类型   D. 上述A、B、C三者都不对

（15）假定变量m被定义为"int m=7;"，则定义变量 p 的正确语句为_____。

  A. int * p = &m;   B. int p = &m;   C. int & p = *m;   D. int *p = m;。

（16）对于声明"int b;"，下列声明中，两个等同的是_____。

  A. const int* a = &b;   B. const* int a = &b;

  C. const int* const a = &b;   D. int const* const a = &b;

（17）关于枚举变量，下面的叙述中不正确的说法是_____。

  A. 要将一个枚举类型中隐含的整型数赋值给枚举变量，必须将其先转换为相应的枚举类型

  B. 两个同类型的枚举变量之间可以进行关系操作

  C. 两个同类型的枚举变量之间可以进行算术操作

  D. 对一个枚举变量可以进行++或--操作。

（18）下面关于枚举类型的说法中，正确的是_____。

  A. 可以为枚举元素赋值

  B. 枚举元素可以进行比较

  C. 枚举元素的值可以在类型定义时指定

  D. 枚举元素可以作为常量使用

（19）下面关于枚举的说法中，正确的是_____。

  A. 枚举元素是整型常量   B. 枚举元素是字符常量

  C. 枚举元素是字符串常量   D. 以上都不对

代码分析

1. 阅读下列程序，选择正确答案。

（1）下面程序的输出结果为（　　）。

```
#define f(x) x * x
#include <iostream>
int main(){
    int a = 8,b = 4,c ;
    c = f (a)/f (b) ;
    std::cout << c << std::endl;
    return 0;
}
```

  A. 4   B. 8   C. 64   D. 16

（2）下面程序的输出结果为（　　）。

```
#include <iostream>
int main(){
```

```
enum e{ elm2=1,elm3,elm1};
char *ss[]= {"AA", "BB","CC" , "DD"};
std::cout << ss[elm1] << ss[elm2] << ss[elm3] << std::endl;
return 0;
}
```

  A. AABBCC   B. DDCCBB   C. CCBBAA   D. DDBBCC

（3）下面的描述中，符合C++语法的枚举定义为（　　）。

  A. enum a= {"one","two","three"} ;   B. enum a= {one,two,three};

  C. enum a {one=6+2,two= −1,three};   D. enum a {"one","two","three"};

（4）设有定义

```
enum whose {my,your=10,his,her=his+10};
```

则下面语句的输出为（　　）。

```
std::cout << my << your << his <<her << std::endl;
```

  A. 0,1,2,3   B. 0,10,0,10   C. 0,10,11,21   D. 1,10,11,21

（5）若有下面的定义

```
enum {A = 21,b = 23,C = 25}abc;
```

则下面的循环语句

```
for ( abc = A; abc < C; abc ++) std::cout << "*";
```

将（　　）。

  A. 成为死循环   B. 循环2次   C. 循环4次   D. 语法出错

（6）对于声明

```
int a = 248; b = 4;int const c = 21;const int *d = &a;
int *const e = &b;int const *f const =&a;
```

下列表达式中，会被编译器禁止的是（　　）。请说明原因。

  A. *c = 32;   B. d = &b;*d = 43;

  C. e = 34;   D. e = &a;

  E. f = 0x321f;

2. 找出下面各代码段中的错误并说明原因。

（1）

```
const A& operator= (const A& a);
```

（2）

```
int ii=0;
const int i = 0;
const int *p1i = &i;
int * const p2i = &ii;
```

```
const int * const p3i = &i;
p1i = &ii;
*p2i = 100;
```

(3)
```
class A {
    A & operate = (const A & other);
};
A a, b, c;
a = b = c;
(a = b) = c;
```

(4)
```
const int a = 10;
int i = 1;
const int *&ri = &i;
ri = &a;
ri = &i;
const int *pi1=&a;
const int *pi2=&i;
ri = pi1;
ri = pi2;
*ri = i;
*ri = a;
```

(5)
```
const int a = 10;
int i = 5;
int *const &ri = pi;
int *const &ri = &a;
(*ri) ++;
i ++;
ri = &i;
```

3. 下面各题中哪些句子是合法的？如果有不合法的句子，请说明原因？

(1)
  A. const int buf;　　　B. int cnt = 0;　　　C. const int sz = cnt;　　　D. ++cnt; ++sz;

(2)
  A. int i = –1, &r = 0;　　　　　　B. int *const p2 = &i2;
  C. const int i = –1, &r = 0;　　　D. const int *const p3 = &i2;
  E. const int *p1 = &i2;　　　　　F. const int &const r2;
  G. const int i2 = i, &r = i;

(3)
  A. int i, *const cp;　　　　　　B. int *p1, *const p2;
  C. const int ic, &r = ic;　　　D. const int *const p3;

E. const int *p;

4. 对于下面的这些语句，请说明对象被声明成了顶层const，还是底层const？

（1）const int v2 = 0;   int v1 = v2;

（2）int *p1 = &v1, &r1 = v1;

（3）const int *p2 = &v2, *const p3 = &i, &r2 = v2;

探索验证

1. 下面赋值操作符重载函数定义正确吗？

```
const A_class& operator= (const A_class& a);
```

2. 分析下面一段代码：

```
const int i = 0;
int * p = (int*)&i;
p = 100;
```

它是否说明const的常量值一定不可以被修改呢？

3. 分析下面的代码有什么实用的价值。

```
const float EPSINON = 0.00001f ;
if ((x >= -EPSINON) && (x <= EPSINON))
...
```

4. 在C++语言程序中，有些地方必须使用常量表达式，例如定义数组大小以及case后面的标记。试设计一个程序，测试const变量能不能用到这些地方。

第 12 单元　C++函数探幽

函数参数与函数返回是函数设计中最重要的两个环节。这一单元介绍它们的有关细节。

12.1　函数调用时的参数匹配与保护

12.1.1　函数调用时的参数匹配规则

函数调用时的参数匹配规则如下。
（1）在函数调用表达式中的函数名称必须与被调用函数名称的完全一致。
（2）实参的个数必须与所调用函数的形参个数相等。
（3）名实参的类型必须按顺序与对应的形参类型赋值兼容，个数与形参个数必须一致。如果类型不相同，C 编译程序将按赋值兼容的规则进行转换。如果实参和形参的类型不赋值兼容，通常并不给出出错信息，且程序仍然继续执行，只是得不到正确的结果。

代码 12-1　关于参数匹配规则的一个实例。

```
#include<iostream>
int main(){
    int a = 1,b,f(int,int);
    b = f(a,++ a);
    std::cout << b << std::endl;
    return 0;
}

int f(int x,int y){
    int z;
    if(x > y)
        z = 1;
    else
        if(x == y)
            z = 0;
        else z = -1;
    return z;
}
```

程序执行结果如下。

说明：在函数调用表达式中，当含有两个及以上实参时，实参表达式的求值顺序是 C++ 的未定义形为。这时若存在有副作用的表达式，则会影响调用表达式的值。在本例中，由于按自右至左顺序求实参值，函数调用相当于 f(2,2)，因而程序运行结果为"0"。如果在按从左到右的顺序求实参值的系统中，函数调用相当于 f (1,2)，这时程序运行结果为"-1"。为避免这种未定义行为造成的不确定性，可以用下面的方式强制性地规定调用表达式中实参的计算顺序。若希望按自右至左的顺序求实参的值，可把"b = f (a,++ a);"用以下形式代替。

```
a ++; b = f (a,a);
```

若希望按自左至右的顺序求实参的值，可把"b = f(a,++ a);"用以下形式代替。

```
b = f (a,a+1); a ++;
```

思考：在以上调用中，如果改为"b=f (++a,a);"或"b=f (a++,a);"或"b=f (a,a++);"，其结果将分别是多少？

12.1.2 形参带有默认值的函数

C++允许在定义函数时给出形参的默认值。在调用时，若给出了实参值，则使用实参值初始化形参；若没有给出实参值，则函数将使用默认值初始化形参。

代码 12-2 对于一个 Student 类。

```cpp
#include <iostream>
#include <string>
class Student{
public:
    void        setStud (std::string nm,int ag,char sx,double sc);
    void        dispStud ();
private:
    std::string studName;
    int         studAge;
    char        studSex;
    double      studScore;
};
void Student::setStud (string nm ="zhang",int ag = 18,char sx ='m',double sc = 0.0d) {
    studName = nm;              //将参数 nm 赋值给数据成员 studName
    studAge = ag;               //将参数 ag 赋值给数据成员 studAge
    studSex = sx;               //将参数 sx 赋值给数据成员 studSex
    studScore = sc;             //将参数 sc 赋值给数据成员 studScore
    return;                     //函数返回
}
void student::dispstud(){
    std::cout<<studName << "," << studAge << "," << studSet << ","<<studScore << std::endl;
```

这样，这个函数在被调用时，就可以在调用语句中将后面的一些参数或全部参数缺省。

代码 12-3 代码 12-2 的一个主函数。

```cpp
int main(){
    Student zh1,zh2,zh3;
    Zh1.setStud ();
```

```
    zh1.dispStud ();

    zh2.setStud ("zhang2");
    zh2.dispStud();

    zh3.setStud ("zhang3",19,'f',99.9);
    zh3.dispStud();

    return 0;
}
```

输出为:

```
zhang,18,m,0.0
zhang2,18,m,0.0
zhang3,19,f,99.9
```

说明:

(1) 在相同的作用域内,默认形参的说明应保持唯一。

(2) 在函数调用时,实参按照从左向右的顺序初始化形参,因此默认形参的声明只能按照从右向左的顺序进行,即在有默认值的形参右面不能出现无默认值的形参。例如,这个函数可以写为:

```
#include <string>
void Student::setStud (string nm, int ag,char sx ='m',double sc = 0.0d) {
    studName = nm;              //将参数 nm 赋值给数据成员 studName
    studAge = ag;               //将参数 ag 赋值给数据成员 studAge
    studSex = sx;               //将参数 sx 赋值给数据成员 studSex
    studScore = sc;             //将参数 sc 赋值给数据成员 studScore
    return;                     //函数返回
}
```

这样,在调用时,实际参数 nm 和 ag 就不可以缺省了。

(3) 形参默认值用常数表达式表示。这个常数表达式可以是一个函数。例如,若规定 studScore 取一个学生 3 门课程中最低一门的成绩,则上述成员函数可以定义为:

```
#include <string>
Double minScore (double,double,double);
void Student::setStud (string nm, int ag,char sx ='m',double sc = minScore (70,90,80) {
    studName = nm;              //将参数 nm 赋值给数据成员 studName
    studAge = ag;               //将参数 ag 赋值给数据成员 studAge
    studSex = sx;               //将参数 sx 赋值给数据成员 studSex
    studScore = sc;             //将参数 sc 赋值给数据成员 studScore
    return;                     //函数返回
}
```

这样,参数成绩的默认值就可以通过函数调用计算给定。

12.1.3 参数数目可变的函数

上面的函数 minScore( )用来计算一位学生 3 门课程中的最低成绩。但是，一位学生不一定只修 3 门课程。具体多少门，函数设计时还无法确定。这样的函数如何设计呢？C++ 提供的参数数目可变函数可以解决这一问题。设计这样的函数需要使用头文件 cstdsrg 中声明的下列机制。

（1）函数 va_start ( )、va_sarg ( )和 va_end ( )。
（2）类型 va_list。用于根据具体参数，向上述 3 个函数提供类型参数类型。

为了说明它们的用法，先看下面的例子。

代码 12-4 预先不知道课程门数的 minScore ( )函数。

```
#include <cstdarg>
double minScore(int num, double score1...){    //num 为参数数量，3 个点表示还有参数
    va_list ap;                                //定义下面程序段的类型变量
    double minScr = score1;                    //存放最低成绩
    va_start (ap, score1);                     //用 score 的实参初始化 ap，准备读下一个实参
    for (int i = 1;i < num; ++ i) {            //num 为参数数量
        double temp = va_arg (ap, double);     //读取一个实参，为读下一个实参做好准备
        if (temp < minScr)
            minScr = temp;                     //将更低分存入 minScr
    }                                          //迭代结束
    va_end (ap);                               //清除 ap 代表的类型，为函数返回做好准备
    return minScr;
}
```

```
//测试主函数
#include <iostream>
using namespase std;
int main(){
    double s1 = 66.6,s2 = 89.8,s3 = 99.9,s4 = 77.7;
    cout << "minScore (2,s3,s2) is:" << minScore (2,s3,s2) << endl;
    cout << "minScore (4,s3,s2,s4,s1) is:" << minScore (4,s3,s2,s4,s1) << endl;
    return 0;
}
```

测试结果：

```
minScore (2,s3,s2) is:88.8
minScore (4,s3,s2,s4,s1) is:66.6
```

12.2　参　数　类　型

12.2.1　值传递：变量/对象参数

1. 值传递及其过程

值传递调用是 C++函数虚实结合的最基本方法。这种虚实结合的过程如图 12.1 所示。

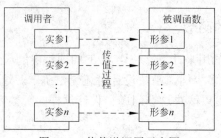

图 12.1 值传递调用示意图

值传递调用的要点如下。

（1）调用开始，系统为形参开辟一个临时存储区，形参与实参各占一个独立的存储空间，并用实际参数的值初始化对应的形式参数，这时形参就得到了实参的值。这种虚实结合方式称为"值结合"。

（2）传值过程是单向的。程序流程已经转移到了函数中，将开始执行函数规定的操作。

（3）在函数执行过程中，除非通过返回渠道，否则函数对于形式参数的操作不会对实际参数产生任何影响。

（4）函数返回时，临时存储区也同时被撤销。

2. 对象参数的值传递

代码 12-5 采用参数值传递的实例：求平面上一个点在 x 和 y 方向移动一个单位后的位置。

```cpp
#include <iostream>
using namespace std;

class Point{
  int x,y;
public:
  Point(int x, int y);
  void increment (Point p);
  void print(Point p);
};

int main(){
  Point p1(3,5);
  cout << "before increment:";
  p1.print(p1);
  p1.increment(p1);
  cout << "after increment:";
  p1.print(p1);
  return 0;
}

Point :: Point(int x, int y){
  this->x = x;
  this->y = y;
```

```cpp
}
void Point :: increment (Point p) {              //成员函数定义
  p.x ++;
  p.y ++;
}

void Point :: print(Point p){                    //成员函数定义
  cout << "x = " << p.x << ", y = " << p.y << endl;
}
```

程序执行结果如下。

```
before increment:x = 3, y = 5
after increment:x = 3, y = 5
```

讨论：函数 increment( )企图将一个点的两个坐标值都进行增量操作，但结构却未能如人意。这是因为，在函数 increment( )中进行的增量操作仅仅是在函数调用时才创建的两个临时变量 x 和 y 上进行的。尽管着两个变量与类 Point 的数据成员同名，但却不是同一对变量。它们在函数 increment( )执行时，各自占有各自的存储空间，互不牵联。也就是说，函数 increment( )不能对两个数据成员实施增量操作，并且函数 increment( )没有返回值，所以不可能改变对象 p1 的两个成员变量的值。

12.2.2 地址传递：地址/指针参数

地址参数包括指针参数、数组名参数等。

代码 12-6 使用指针参数的 increment ()函数。

```cpp
#include <iostream>
using namespace std;

class Point{
   int x,y;
public:
   Point (int x, int y);
   void increment (Point *p);
   void print (Point p);
};

int main(){
   Point p1(3,5),*pp1 = &p1;
   cout << "before increment:";
   p1.print(p1);
   p1.increment(pp1);
   cout << "after increment:";
   p1.print(p1);
   return 0;
}

//其他代码
```

```
void Point :: increment (Point *p) {              //成员函数定义
    p -> x ++;
    p -> y ++;
}
//其他代码
```

程序执行结果（请与代码 12-1 的执行结果比较）如下。

```
before increment:x = 3, y = 5
after increment:x = 4, y = 6
```

讨论：在这个例子中，函数使用了指针参数，并且在主函数中采用了指针实参来进行函数调用，传送的内容是地址参数，所以函数 increment( )的操作实际上是在主函数中的变量 p 上进行的。这种地址传递也可以使用地址直接进行。

代码 12-7 直接使用地址作为实际参数的 increment( )函数调用。

```
//其他代码
int main() {
    Point p1(3,5);
    //其他代码
    p1.increment(&p1);
    //其他代码
}
//其他代码
```

12.2.3 数组参数

1. 一维数组作参数

代码 12-8 求一组数据的平均值。

```
#include <iostream>
double getAverage (double a[],int n);                        //原型声明

int main(){
    double a[3] = {1.23,2.34,3.45};
    std::cout << "平均值为: " << getAverage (a,3) << std::endl;   //数组名作参数
    return 0;
}

double getAverage (double x[], int m) {                      //函数定义
    double sum = 0;
    for (int i = 0; i < m ; i ++)
        sum = sum + x [i];
    return sum / m ;
}
```

程序执行结果如下。

```
平均值为: 2.34
```

说明：

（1）数组作参数时，在调用语句中，只用一个数组名即可，因为这个名字已经被定义为某种类型的数组了。在函数原型和定义中，除了一个名字，还需要定义基类型，并用数组操作符表明这个名字是一个数组。

（2）如果需要，例如需要穷举全部元素时，还应传递数组的大小。

（3）由于数组名实际是一种常指针，所以用指针参数可以代替数组参数。

代码12-9　用指针作参数改写代码12-8。

```
#include <iostream>
double getAverage (double*,int);                          //原型声明

int main(){
  double a[3] = {1.23,2.34,3.45};
  std::cout << "平均值为: " << getAverage (a,3) << std::endl;  //数组名作参数
  return 0;
}

double getAverage (double* p, int m) {                    //函数定义
  double sum = 0;
  for (int i = 0; i < m ; i ++)
    sum = sum + * (p + i);
  return sum / m ;
}
```

执行结果与代码12-8相同。

2. 二维数组作参数

二维数组是基于一维数组的。一维数组的类型是某种一维数组。这种类型不仅要由其基类型决定，还要由大小（元素个数）决定。一维数组作为基类型时，若数组的类型相同而大小不同，则其为不同的类型。例如声明语句

```
int a[2][3];
int b[2][5];
```

所定义的 a 和 b 都看作一维数组时，它们的基类型是不相同的。

注意：二维数组作参数时，第 2 维的大小不可省略，并且实参与虚参的数组类型与大小必须一致。

代码12-10　二维数组作参数时，不省略第2维大小的一种办法。

```
#include <iostream>
const int Col = 3;                                        //全局常量
double getAverage (double [][Col],int);                   //原型声明

int main(){
  double a[2][Col] = {{1.23,2.34,3.45},
                     {4.56,5.67,6.78}};
```

```
    std::cout << "平均值为: " << getAverage (a,3) << std::endl;    //数组名作参数
    return 0;
}

double getAverage (double x[][Col], int m) {                      //函数定义
    double sum = 0;
    for (int i = 0; i < m ; i ++)
        for (int j = 0; j < Col; j ++)
            sum = sum + x[i][j];
    return sum / m ;
}
```

程序执行结果如下。

```
平均值为: 8.01
```

说明：在外部变量前修饰以 const，则成为全局常量。在本代码中，语句

```
const int Col = 3;                         //全局常量
```

定义了一个全局常量来表示数组的列的大小，相当于一个常数 3。用符号常量的好处是程序可读性好，一看就可以知道这个数据的意义。如果在本代码中把 Col 都换成 3，则在看程序时，还要想一下，这个 3 到底是什么意思。

12.2.4 名字传递：引用参数

这一节所使用的"引用"，仅指左值引用。

1. 左值引用参数的基本格式

在形参的类型关键字与形参名之间插入一个引用操作符"&"后，该参数就是一个左值引用参数。引用作为参数的调用称为引用传递调用，其原理如图 12.2 所示。

左值引用传递调用的过程为：调用开始，系统不为形参开辟一个临时存储区，也不进行值的传递，而是将形参作为实参的别名，可以称为"传名"。这样，当流程转移到了函数中后，函数对形参的操作实际上就是对实参的操作。

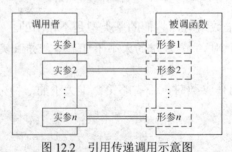

图 12.2 引用传递调用示意图

代码 12-11 采用左值引用传递调用的 increment ( )函数。

```
#include <iostream>
using namespace std;
```

```
class Point{
   int x,y;
public:
   Point (int x, int y);
   void increment (Point &p);
   void print (Point p);
};

int main(){
   //其他代码
   p1.increment(p1);
   //其他代码
}

//其他代码
void Point :: increment (Point &p) {            //成员函数定义
   p.x ++;
   p.y ++;
}
//其他代码
```

程序执行结果如下。

```
before increment:x = 3, y = 5
after increment:x = 4, y = 6
```

2. 引用参数的副作用

由于使用引用参数在函数执行过程中会对调用函数中变量的值进行操作，因而会导致一些意想不到的问题。

代码 12-12　一个企图打印 5×6 个星号的程序。

```
#include <iostream>
void print(int& i);
int main(){
   for (int i = 1; i <= 6; i ++)
      print (i);
   return 0;
}

void print(int& i){
   for (i = 1; i <= 5; i ++)
      std::cout << "*" ;
   std::cout << std::endl ;
}
```

运行结果：只打印出一排 5 个星号。

```
*****
```

讨论：得到这个结果是什么原因呢？原因就在于函数 print () 中可以修改 main () 中的变量 i。当 main () 中的 i 为 1 时，先调用了 print ()，而在 print () 打印 5 个 "*" 后，i 为 5，再执行 i++，i 为 6。经判断，退出循环，执行一个换行。返回主函数后，先执行一个 i++，i 为 7，退出循环，主函数结束。这说明，引用作为参数可能会破坏函数的封装性。

3. 左值引用参数要求左值实际参数与 const 引用参数

应当注意，左值引用参数传递的是变量的别名，即实际参数必须是左值（如变量）。因为只有初始化了的左值才能被建立左值引用。例如，在代码 12-9 中，函数 fun 的调用语句是不合理的，因为表达式 y + 2 不是变量，不具有别名。

代码 12-13　非左值的实际参数引起错误。

```
#include <iostream>
using namespace std;
int fun(int &x){
    return x;
}

int main(){
    int y = 2,z;
    cout << (z = fun(y + 2)) << endl;
    return 0;
}
```

编译这个程序，将会出现如下错误。

```
error C2664: 'fun' : cannot convert parameter 1 from 'int' to 'int &'
        A reference that is not to 'const' cannot be bound to a non-lvalue
```

但是，若函数参数是 const 引用参数，程序就可以通过编译了。

代码 12-14　将代码 12-13 改为 const 引用参数后的程序。

```
#include <iostream>
using namespace std;
int fun(const int &x){            //函数参数改为 const
    return x;
}

int main(){
    int y= 2,z;
    cout << (z= fun(y + 2)) << endl;
    return 0;
}
```

这个程序可以通过编译，执行结果如下。

4

讨论：

这是为什么呢？因为，当函数参数为 const 引用时，在下面两种情况下，编译器将会生成正确的匿名临时变量，将实际参数值传给该匿名变量，再让形式参数引用该变量。

（1）实参类型一致，但不是左值，如代码 12-14 中的情形。

（2）实参类型不一致，但可以转换为一致的类型。

代码 12-15 可以转换为正确类型的不正确实际参数。

```
#include <iostream>
using namespace std;
int fun(const int &x){
    return x;
}

int main(){
    char c='a';
    int z;
    cout << (z= fun(c)) << endl;
    return 0;
}
```

这个程序也可以通过编译，执行结果如下。

12.2.5　const 限定函数参数

用 const 限定参数的值在函数体中不被修改是 const 最广泛的一种用途。关于这一点，前面已经做过概略介绍。这里进一步加以说明。

（1）const 只能用于限制不参与输出的参数。因为一个参数输入后，又原封不动地输出是没有意义的，一定会有些修改。例如：

```
void StringCopy(char& strDestination, const char& strSource);
```

给 strSource 加上 const 修饰后，如果函数体内的语句试图改动 strSource 的内容，编译器将指出错误。

（2）const 限制对于值传递调用的参数是没有意义的，一般用于大数据的引用或指针的传递调用。因为，在值传递过程中，函数会自动产生临时变量用于复制该参数，这样的输入参数本来就无需，所以不要加 const 修饰。例如不要将函数 void func1 (int x)写成 void func1 (const int x)；也不要将函数 void func2 (AClass a)写成 void func2 (const AClass a)。

从另一方面来说，当 AClass 是一个自定义数据类型（例如类）时，void Func (AClass a) 这样声明的函数，效率一定比较低。因为在调用时，函数体内将产生 AClass 类型的临时对象，用于复制对象 a，而临时对象的构造、复制、析构过程都将消耗时间。

在传递大数据时，为了提高效率，可以将传值传递改为传引用调用，即将上述函数声明改为 void func (AClass& a)，因为引用传递不需要产生临时对象。但是，引用传递有可能直接改变调用函数中的数据，如上面的参数 a。解决这个问题很容易，只需对引用参数加以 const 修饰保护即可，即上面的函数声明进一步变为：

```
void Func (const AClass &a);
```

对于预定义类型（内部数据类型）的参数不存在构造、析构的过程，复制也非常快，其值传递和引用传递的效率几乎相当。因此，建议对于内部数据类型的输入参数，不要将值传递的方式改为 const 引用传递。否则，既达不到提高效率的目的，又降低了函数的可理解性。例如，void func (int x)不应该改为 void func (const int &x)。

（3）const 参数的一种很好替代形式是将 const 限制转移到函数内部，对外部调用者屏蔽，以免引起歧义。例如，可以将函数 void func (const int &x)改为：

```
void func(int x){
  const int& rx = x;
  rx...
  ...
}
```

12.3 移动语义与完美转发

12.3.1 移动语义

1. 移动语义的提出

在 C++程序执行中，很多情况下需要创建临时对象。前面已经看到过这样的例子，下面再看一个例子。对于函数

```
string getName(){ return "zhangsan";}
```

若有一个表达式 string name = getName()，则这个表达式的执行过程如下。
① 在函数 getName()内，用"zhangsan"构建一个局部的临时对象。
② getName()返回时，调用将 temp1 赋值给作为调用者的临时对象 temp2，遂析构 temp1。
③ 赋值操作符的重载函数，将 temp2 的内容赋值给 name，遂析构 temp2。

这样，一个简单的表达式竟一共做了 3 次内存分配，两次复制操作，但是 tmp1 和 tmp2 都马上被析构了。如果对象很大，在这个过程中，资源的浪费是很可观的。

为了解决由于临时对象造成的资源消耗问题，人们想了许多办法。例如上述步骤 2 中的临时对象问题，已经可以通过编译器的 RVO（Return Value Optimization，返回值优化）节省构建 temp2 的开销。但是，还有像上述步骤 3 这样一些临时对象开销问题还没有很好解决。这正是 C++11 引入移动语义的动因。

移动语义（move semantics）是与复制语义相关的概念。它们的关系相当于财产所有权的转移和财产的重建：甲有一个不再需要的财产，而乙需要这样一个财产，复制语义相当于乙照甲财产的样子重新建造一份，移动语义相当于甲把这份财产过户给乙。显然，过户

比重建要经济得多。C++11 移动语义的基本思路是，在进行大数据复制的时候，使用移动构造函数将动态申请的内存空间的所有权直接转让出去，不用进行大量的数据移动，既节省空间又能提高效率。

2. 移动构造函数与移动赋值操作符

那么，如何实现移动语义呢？如前所述，使用右值引用，准确地说是使用非 const && 引用，可以实现临时对象的生命延续。利用这一特点，使用非 const &&就可以实现移动语义。即对于需要动态申请大量资源的类，应该添加基于非 const &&参数的转移构造函数和转移赋值操作符，以提高应用程序的效率。

代码 12-16 添加了基于非 const &&参数的转移构造函数和转移赋值操作符的类实例。

```cpp
#include <iostream>
#include <cstring>
using namespace std;

class MyString {
public:
    MyString(const char *pszSrc = nullptr) {          //构造函数
        cout << "执行构造赋值函数" << endl;
        if (pszSrc == nullptr) {
            pData = new char[1];
            *pData = '\0';
        }
        else {
            pData = new char[strlen(pszSrc)+1];
            strcpy(pData, pszSrc);
        }
    }

    MyString(const MyString &s) {                     //复制构造函数
        cout << "执行复制构造赋值函数" << endl;
        pData = new char[strlen(s.pData)+1];          //动态分配
        strcpy(pData, s.pData);
    }

    MyString(MyString &&s) {                          //移动构造函数
        cout << "执行移动构造函数" << endl;
        pData = s.pData;                              //直接移动 s.pData 到 pData
        s.pData = nullptr;
    }

    ~MyString(){                                      //析构函数
        cout << "执行析构函数" << endl;
        delete [] pData;
        pData = nullptr;
    }
```

```cpp
    MyString &operator =(const MyString &s) {        //赋值函数
        cout << "执行赋值函数" << endl;
        if (this != &s) {
            delete [] pData;
            pData = new char[strlen(s.pData)+1];     //动态分配
            strcpy(pData, s.pData);
        }
        return *this;
    }

    MyString &operator =(MyString && s) {            //移动赋值操作符
        cout << "执行移动赋值函数" << endl;
        if (this != &s) {
            delete [] pData;
            pData = s.pData;                         //直接移动 s.pData 到 pData
            s.pData = nullptr;
        }
        return *this;
    }

private:
    char *pData;
};
```

说明:

(1) 编译器永远不会自动生成 move 版本的构造函数和赋值函数，它们需要手动显式地添加。如果提供了 move 版本的构造函数，则编译器不再生成默认的构造函数。

(2) 添加 move 版本的构造函数后，一个类就拥有了两种复制构造函数: 使用非 const && 的移动构造函数和使用 const &d 的复制构造函数。遇到需要复制的情况，编译器会判断构造函数中是左值还是右值，然后调用相应的复制构造函数或者移动构造函数来构造数据。

(3) 当给构造函数或赋值函数传入一个非常量右值时，可以依据下面的判别规则，得出是否会调用 move 版本的构造函数或赋值函数。

- 常量值只能绑定到常量引用上，不能绑定到非常量引用上。
- 左值优先绑定到左值引用上，右值优先绑定到右值引用上。
- 非常量值优先绑定到非常量引用上。

(4) 在 move 版本的构造函数或赋值函数内部，指针只用来直接"移动"其内部数据，创建开销极低的浅复制临时对象，而不用来开辟临时对象的内存空间进行深复制。

3. 强制移动与 std::move( )

移动构造函数和移动赋值操作符要求使用右值。然而，现实中常常会遇到左值。如果要让左值也使用移动构造函数和移动赋值操作符，一种办法是用操作符 static_cast<>将对象的类型强制转换为右值。为此，C++11 在头文件<utility>中增加了一个函数 std::move()，用来完成这个工作。

代码 12-17 std::move( )的定义。

```
template<class T>
typename remove_reference<T>::type&&
std::move(T&& a) {
  typedef typename remove_reference<T>::type&& RvalRef;
  return static_cast<RvalRef>(a);
}
```

根据模板类型推导原则和折叠原则，很容易验证，无论是给 move 传递了一个 lvalue 还是 rvalue，它都返回一个 T&。也就是说，move()是这样一个函数：它接收一个参数，然后返回一个该参数对应的右值引用。简单地说，它是一个强制转移函数。

std::move( )的用途很多，最典型的就是应用在交换函数中。

代码 12-18 传统的 swap( )的定义。

```
template<class T>
void swap(T& a, T& b) {
    T tmp (a);
    a = b;
    b = tmp;
}
```

显然，这样一个小小的函数中包含了 3 个赋值操作，而每执行一次赋值语句，就有一次资源销毁以及一次复制，做了不少无用功。实现强制移动是消除这些无用功的有效办法。

代码 12-19 使用了 std::move( )的 swap( )的定义。

```
#include <utility>
template<class T>
void swap(T& a, T& b){
    T tmp(std::move(a));
    a = std::move(b);
    b = std::move(tmp);
}
```

这样就把 3 次资源消耗变为了 3 次指针交换，效率得到了大大提升。

12.3.2 完美转发

1. 完美转发的概念

完美转发也称精准转发（perfect forwarding）。它包含了两层意思：转发和完美。转发指一个函数将自己的参数传递给另一个函数。例如，有函数 $F(x_1, x_2, \cdots, x_n)$ 和 $G(x_1, x_2, \cdots x_n)$，G( )调用了 F( )，并把参数传递给 F( )，则说函数 G( )将参数 $x_1, x_2, \cdots, x_n$ "转发"给了函数 F( )。"完美"就是"原封不动"，它包含了如下两层意思。

（1）参数的表达式类型（左值 / 右值以及 const/non-const）不改变。

（2）参数的值不变。

这种情形多发生在泛型函数中。

2. 7种不同的转发方案

代码 12-20 转发方案 1：G( )使用非常量左值引用参数。

```
void F(int y){
    cout << y << endl;
}

template<class X>
void G(X& x){
    F(x);
}
```

讨论：若是一个非常量右值（如 5），虽然 F(5)可以调用，但 G(5)则不可，因为 G( )的参数为左值引用，不能绑定到常量右值。

代码 12-21 转发方案 2：G( )使用常量左值引用参数。

```
void F(int &y){
    cout << y << endl;
}

template<class X>
void G(const X& x) {
    F(x);
}
```

讨论：这时，G( )可以接收任意类型的值作为参数（包括非常量左值、常量左值、非常量右值和常量右值）。但 F( )不能接收一个非常量左值引用，因为无法将一个常量左值引用转发给一个非常量左值引用。

代码 12-22 转发方案 3：将 G( )重载为非常量左值引用 + 常量左值引用参数。

```
void F(int y){
    cout << y << endl;
}

template<class X>
void G(X& x){
    F(x);
}

template<class X>
void G(const X& x){
    F(x);
}
```

讨论：这是方案 1 和 2 的组合，采用了 G( )的重载组合，可以接收任意类型的值作为参数，并顺利地实现转发。但当参数量为 n 时，函数的重载量将呈指数级增长（2^n）。所以没有实用价值。

代码 12-23 转发方案 4：使用常量左值引用 + const_cast。

```
void F(int y){
    cout << y << endl;
}

template<class X>
void G(const X& x){
    F(const_cast<X&>(x));
}
```

讨论：该方案在方案 2 的基础上加上了强制类型转换，可以将常量左值引用转发给非常量左值引用。但会带来新的问题，若 F( )的参数是一个非常量左值引用，则在调用 G( )后，可以通过 F( )来修改传入的常量左值和常量右值，而这是非常危险的。

代码 12-24 转发方案 5：使用值参数。

```
void F(int y){
    std::cout << ++y << Std ::endl;
}

template<class X>
void G(X x){
    ++ x;
    F(x);
}
```

讨论：该方案也可以实现左值转发，也可以实现右值转发，但是与方案 4 一样不完美，不精确，当传入的是常量左值或常量右值时，在函数 G( )和( )中都可以对传入数据进行修改。

代码 12-25 转发方案 6：使用右值引用。

```
void F(int y){
    cout << y << endl;
}

template<class X>
void G(X&& x){
    F(x);
}
```

讨论：采用这种方案，G( )将无法接收左值，因为不能将一个左值传递给一个右值引用。此外，由于此时 x 本身是一个左值（x 有名字，所以 T&& x 本身是左值），这样，当 F( )的参数是一个非常量左值引用时，就可以来修改传入的非常量右值了。

代码 12-26 转发方案 7：使用右值引用 + 新的参数推导规则。

```
void F(int y){
    cout << y << endl;
}
```

```
template<class X>
void G(X&& x){
    F(static_cast<X &&>(x));
}
```

讨论：

（1）当传给 G( )一个左值（类型为 T）时，由于模板是一个引用类型，因此它被隐式转换为左值引用类型 T&（根据推导规则 1，模板参数 X 被推导为 T&）。所以，在 G( )内部调用 F(static_cast<X &&>(x))时，static_cast<X &&>(x)等同于 static_cast<T& &&>(x)，根据引用叠加规则，即为 static_cast<T&>(x)。这样，转发给 F( )的还是一个左值。

（2）当传给 G( )一个右值（类型为 T）时，由于模板是一个引用类型，因此它被隐式转换为右值引用类型 T&&。根据推导规则，模板参数 X 被推导为 T。所以，在 G( )内部调用 F(static_cast<X &&>(x))时，static_cast<X &&>(x)等同于 static_cast<T&&>(x)。这样，转发给 F 的还是一个右值（不具名右值引用是右值）。

结论：使用该方案后，左值和右值都能正确地进行转发，并且不会带来其他问题。这与引用折叠规则是一致的，实际上是引用折叠规则的重要引用。

3. std::forward( )

为了方便转发的实现，C++11 提供了一个函数模板 forward，用于参数的完美转发。std::forward<T>(u) 有两个参数：T 与 u。当 T 为左值引用类型时，u 将被转换为 T 类型的左值，否则 u 将被转换为 T 类型右值。如此定义 std::forward 是为了在使用右值引用参数的函数模板中解决参数的完美转发问题。

代码 12-27　转发方案 8：使用 forward。

```
void F(int x){
  cout << x << endl;
}

template<class X>
void G(X&& x){
  F(forward<X>(x));
}
```

12.4　函数返回

12.4.1　函数返回的基本规则

函数返回是函数与调用者之间的另一接口。C++函数的返回要遵守如下规则。

（1）C++函数最多只能返回一个值。

（2）C++函数必须在声明和定义的函数名前用数据类型指定函数返回的类型。没有返回值时，用 void 指定。

（3）函数有返回值时，首先把要返回的值复制到一个临时位置，然后再由调用表达式

接收这个值。例如代码

```
double d = sqrt(36.0);
```

执行时，会将函数 sqrt( )计算的 6.0 保存在一个临时位置，然后再赋值给变量 d。

（4）main ( )函数的调用者是操作系统。 int main ( )表明 main ( )函数返回一个整数值给操作系统。通常用 return 0 向操作系统表明程序是正常结束的。

12.4.2 返回指针类型的函数

从语法上来说，函数可以返回指针值。返回指针值的函数简称为指针函数（pointer function）。但是，由于变量作用域等问题，在使用指针值作为返回值时，一定要特别谨慎。

代码 12-28 一个返回指针的函数。

```
#include <iostream>
char* getz();                    //返回指针的函数声明

int main(){
  char *p;
  p = getz ();
  std::cout << p << std::endl;
  return 0;
}

char* getz(){                    //返回指针的函数定义
  char s[10];
  char* ps;
  ps = s;
  for(int i = 0; i < 10;i ++)
     s[i] = i + '0';
  return ps;                     //ps 是一个字符指针
}
```

程序执行结果如下。

```
c ‡
```

讨论：这个程序运行出现了意想不到的结果。什么原因呢？因为指针作函数参数，传送的是调用者建立的实体地址，可以实现函数在调用者所建立的实体上的操作。与此相仿，返回指针的函数，可以把函数中建立的实体的地址传送给调用者，使调用者可以使用这个地址中的值。然而，函数在返回时，所有的局部实体都将被撤销。因此，即使调用者接收了一个指针，但这个指针已经悬空，所以输出的结果是意想不到的。有效的解决方法是，将要返回地址的实体声明为静态的，即在函数 getz ( )中用下面的声明来定义数组。

```
static char s[10] = {0};    //这里声明为静态，否则其内存会被释放
```

这样，程序的执行结果就变为：

```
0123456789
```

通过这个例子可以说明,不能将指向局部实体的指针值作为函数返回。

12.4.3 类型的返回左值引用

函数返回引用分为返回左值引用和右值引用。返回左值引用是 C++98 就已经提供的一种机制,称之为返回引用。这一小节先介绍函数返回左值引用的特点,为叙述方便将之仍称之为返回引用。

1. 函数返回引用的特点

(1)当函数直接返回一个表达式的值时,需要把值保存到一个临时变量中,特别是当函数返回对象时,需要创建一个临时对象(当然需要调用复制构造函数)。而函数返回引用实际上是返回被绑定对象的别名不需要调用复制构造函数创建临时对象,使返回的效率大大提高。

(2)返回引用,函数调用表达式可以作为左值。

代码 12-29 函数调用表达式作为左值的实例。

```
#include <iostream>
int& getInt ( int& i) {                        //使用实参的引用作为参数
    return i;                                  //返回实参的引用
}

int main(){
    int i = 888;
        std::cout << ++ getInt (i)  << std::endl; //函数调用表达式作为左值
    return 0;
}
```

程序执行结果如下。

```
889
```

2. 函数返回引用的限制

(1)函数返回引用,要求返回的是一个左值,而不能是一个右值。

代码 12-30 函数返回引用,要求是一个左值。

```
#include <iostream>
using namespace std;

int& fun(int x){
    return x + 1;           //函数返回的不是左值
}

int main(){
  int a = 1, b = fun(a);
  cout << b << endl;
  return 0;
```

```
}
```

编译这个程序,将会出现如下错误。

```
cannot convert from 'int' to 'int &'
A reference that is not to 'const' cannot be bound to a non-lvalue
```

(2) 函数不能返回函数体中定义的局部变量的引用。

解决上述问题的一个思路是在函数中定义一个临时变量。

代码 12-31　企图返回函数体中定义的局部变量引用函数。

```
#include <iostream>
using namespace std;

int& fun(int x){
    int y = x + 1;
    return y;
}

int main(){
    int a = 1, b = fun(a);
    cout << b << endl;
    return 0;
}
```

编译时将出现如下无法链接的错误。

```
warning C4172: returning address of local variable or temporary
Linking...
```

讨论:

引用是变量的别名。但是函数中定义的局部变量随着函数的返回就被撤销了。"皮之不存,毛将焉附"。变量的实体不存在了,从函数传递来的别名也就无法使用了。尽管有的编译器可以在函数返回时自动生成一个临时对象,但并不能完全消除风险。所以,最好的办法是不用函数中定义变量的引用返回值。

3. 函数安全地返回引用

那么什么情况下返回引用是安全的呢?有如下两种情况。

(1) 使用函数外部定义的变量的引用,因为函数外部定义的引用不会因函数返回而撤销。当然这不是一种好的选择,因为这样破坏了函数的内聚性。

(2) 使用通过引用参数传递到函数中的对象。由于引用是基对象的别名,所以这个函数对于引用参数的操作实际上一直是作用在这个引用的基对象上。这个对象并非在函数中创建,函数只是可能对其进行了一些修改,函数返回时并不能销毁该对象,而仅仅是撤销了其引用。

代码 12-32　一个返回引用的例子。

```
#include <iostream>
#include <string>
using namespace std;

class Student {
public:
    string    studName;
    int       studAge;
    char      studSex;
    double    studScore;

    Student(string nm,int ag,char sx,double sc)
         :studName (nm),studAge (ag),studSex (sx),studScore (sc) {}
    Student&   getStudent (Student& s) {return s;}        //定义
};

void dispStud(const Student& s);

int main(){
    Student s1 ("ZhangZhanhua",18,'m',88.99);
    Student& s2 = s1.getStudent (s1);                     //调用
    dispStud (s2);
    return 0;
}

void dispStud (const Student & s) {
    cout << s.studName << ","<< s.studAge << ","
         << s.studSex << ","<< s.studScore << endl;
}
```

程序执行结果如下。

ZhangZhanhua,18,m,88.99

显然，函数返回对象，突破了函数只能返回一个值的限制，因为可以把几个数据组织成一个对象或结构体。

（3）函数返回类成员的引用时最好用 const 加以保护。因为当对象的属性是与某种业务规则（business rule）相关联的时候，其赋值常常与某些其它属性或者对象的状态有关，因此有必要将赋值操作封装在一个业务规则当中。如果其它对象可以获得该属性的非常量引用（或指针），那么对该属性的单纯赋值就会破坏业务规则的完整性。

12.4.4 const 限定函数返回值

用 const 保护函数返回值时，要将 const 写在函数声明的最前方。对于预定义类型的返回值来说，返回值已经是一个数值，自然无修改可言，这时使用 const 保护可能会造成读程序时的困惑；对于自定义类型而言，返回值中可能还会包括可以被赋值的变量成员，这时使用 const 保护还是有意义的。

但是,通常不建议用 const 修饰函数的返回值类型为某个对象或对某个对象引用的情况。

因为，返回的对象中含有可以被赋值的变量成员，而返回 const 引用的函数本身可以作为左值使用，它们被用 const 修饰后都失去了原来的这些性质。例如：

```
class A_class;              //内部有构造函数，声明如 A_class (int r = 0)
A_class func1 () {return A_class ();}
const A_class func2 () {return A_class ();}
```

如有上面的自定义类 A_class 以及函数 Function1 ()和 Function2 ()，进行如下操作时会产生错误，如代码中的注释所示。

```
func1 () = A_class (1);     //OK,可以作为左值调用
func2 () = A_class (1);     //错误,const 返回值禁止作为左值调用
```

注意：一定要弄清楚函数究竟是想返回一个对象的副本还是仅返回"别名"，否则程序会出错。所以，当函数的返回值为某个对象本身（非引用和指针）时，将其声明为 const 多用于二目操作符重载函数并产生新对象的情况。

代码 12-33 用于复数的赋值操作符重载函数。

```cpp
#include <iostream>
class Complex{
private:
  double     real,image;
public:
  Complex (double r = 0,double i = 0):real (r),image (i) {}
  Complex (const Complex& other);
  Complex    operator = (const Complex& c1);
  void       disp();
};

Complex::Complex (const Complex& other) {
  real = other.real;
  image = other.image;
  return;
}

Complex Complex::operator = (const Complex& other) {
  return Complex (other.real,other.image);
}

void Complex::disp(){
  std::cout << "复数为: " << real;
  if(image > 0)
    std::cout << " + " << image << "i";
  else if(image < 0)
    std::cout << image << "i";
  std::cout << "\n";
  return;
}
```

代码 12-34 代码 12-33 的测试主函数。这个测试完全可以通过，但是其中含有一个不合逻辑语法却没问题的表达式。

```
int main () {
  Complex c1 (1,2),c2 (3,4),c3;
  (c1 = c2) = c3;           //合法不合理的表达式
  return 0;
}
```

为了防止这种"合法不合理"的情形出现，可以将操作符重载函数的返回值进行 const 保护，如写成：

```
const Complex operator = (const Complex& c1);
```

这样，再测试就能给出错误信息：

```
no operator defined which takes a left-hand operand of type 'const class Complex' (or there is no acceptable conversion)
```

变"合法不合理"为"不合理又不合法"，让编译器可以检查出来，从而提高了程序的安全性。

12.5 Lambda 表达式

Lambda 表达式也称匿名函数。当在代码中存在多个只调用一次的小函数时，可以将它们写成 Lambda 表达式，形成没有名字的函数形式。

12.5.1 简单的 Lambda 表达式

Lambda 表达式既然是匿名函数的表示形式，它就应当有参数、函数体和返回类型的表示。另外，既然将它叫作 Lambda 表达式，就应该有其一个标志和表示的格式。下面是返回两个数之和的 Lambda 表达式。

```
[](int x, int y) –> int { int z = x + y; return z + x; }(3,5) ;
```

Lambda 表达式标志 | Lambda 表达式参数列表 | 返回类型 | 函数体 | 实际参数

说明：

（1）一个简单的 Lambda 表达式由如下 4 部分组成。
- "[ ]"是一个 Lambda 表达式的标志。
- "[ ]"后的圆括号内是参数列表。
- "–>"后面的类关键字是返回类型。
- 最后的一对花括号内是"函数体"——Lambda 表达式要进行的操作。

（2）当编译器可以自动推断出返回值类型（如返回值为 void 或者函数体中只有一处 return）时，返回类型部分可以省略。例如：

```
[](int x, int y) { return x + y; }(3,5) ;
[](int x, int y) { std :: cout << x + y; } (3,5);
```

（3）Lambda 表达式参数列表也称操作符重载函数参数，用于标识重载的"( )"操作符的参数。参数可以通过按值（如：(a,b)）和按引用（如：(&a,&b)）两种方式进行传递。没有参数时，这部分可以省略。如：

```
int x = 3;
int y = 5;
[](){ std :: cout << x + y; }() ;
//或"[]{ std :: cout << x + y; };"
```

（4）函数体部分可以为空，但不可缺省。
（5）可以在 Lambda 表达式中加入 throw（异常类型）声明抛出的异常，如：

```
[](int x, int y) throw() { return x / y; }
```

（6）Lambda 表达式可以全空，形成如下形式：

```
[](){}();
[]{}();
```

（7）Lambda 表达式所描述的匿名函数默认是 const 的。

12.5.2 在方括号中加入函数对象参数

Lambda 表达式最前面的一对方括号并非仅仅作为标志，还可以在其中假设函数对象参数。编译器在生成函数对象时会自动将函数对象参数传递给函数对象类的构造函数。函数对象参数只能使用那些到定义 Lambda 为止时 Lambda 所在作用范围内可见的局部变量（包括 Lambda 所在类的 this）。

函数对象参数有表 12.1 所示的几种形式。

表 12.1 Lambda 表达式的参数

函 数 对 象	说　　明
空	没有使用任何函数对象参数
=	函数体内可以使用 Lambda 所在作用范围内所有可见的局部变量,并采取值传递方式
&	函数体内可以使用 Lambda 所在作用范围内所有可见的局部变量,并采取引用传递方式
this	函数体内可以使用 Lambda 所在类中的成员变量
a	将 a 按值进行传递，并默认不可修改，除非添加 mutable 修饰符
&a	将 a 按引用进行传递
a, &b	将 a 按值进行传递，b 按引用进行传递
=, &a, &b	除 a 和 b 按引用进行传递外，其他参数都按值进行传递
&, a, b	除 a 和 b 按值进行传递外，其他参数都按引用进行传递

说明：可以添加 mutable 修饰符改变上述语义。
示例 1：

```
int n = 10;
[n](int k) mutable -> int { return k + n; };
```

说明：
- [n]：表示将该表达式作用域中的变量 n 传入这个表达式。这里传入的值是 10。
- mutable：表示函数对象中的变量可以改变。

示例 2：

```
float f0 = 1.0;
std::cout << [=](float f) { return f0 + std::abs(f); } (-3.5);
```

说明：输出值为 4.5。"[=]"意味着 Lambda 表达式以传值的形式捕获同范围内的变量。

示例 3：

```
float f0 = 1.0;
std::cout << [&](float f) { return f0 += std::abs(f); } (-3.5);
std::cout << '\n' << f0 << '\n';
```

说明：输出值是 4.5 和 4.5。"[&]"表明 Lambda 表达式以传引用的方式捕获外部变量。

示例 4：

```
float f0 = 1.0;
std::cout << [=](float f) mutable { return f0 += std::abs(f); } (-3.5);
std::cout << '\n' << f0 << '\n';
```

说明："[=]"意味着 Lambda 表达式以传值的形式捕获外部变量。但 C++11 标准规定，如果以传值的形式捕获外部变量，则 Lambda 体不允许修改外部变量。所以，对 f0 的任何修改都会引发编译错误。不过，由于在 Lambda 表达式前声明了 mutable 关键字，这就允许了 Lambda 表达式修改 f0 的值了。所以本应报错的情况将变得不再报错。最后输出值是 4.5 和 1.0。为什么 f0 还是 1.0？因为采用的是传值的方式，虽然在 Lambda 表达式中对 f0 有了修改，但由于是传值的，外部的 f0 依然不会被修改。

示例 5：混合机制的例子。

```
float f0 = 1.0f;
float f1 = 10.0f;
std::cout << [=, &f0](float a) { return f0 += f1 + std::abs(a); } (-3.5);
std::cout << '\n' << f0 << '\n';
```

说明：输出是 14.5 和 14.5。在这个例子中，**f0** 通过引用被捕获，而其他变量，比如 **f1** 则是通过值被捕获。

示例 6：对于"[=]"或"[&]"的形式，Lambda 表达式可以直接使用 this 指针。

```
[this]() { this->someFunc(); }();
```

注意：对于"[]"的形式，如果要使用 this 指针，必须显式传入。

示例 7：在 Lambda 表达式中使用 auto。

```
auto my_lambda_func = [&](int x) { /*...*/ };
auto my_onheap_lambda_func = new auto([=](int x) { /*...*/ });
```

说明：Lambda 函数是一个依赖于实现的函数对象类型。这个类型的名字只有编译器知道。因此，使用 auto 会使描述更为方便。

示例 8：稍复杂一点的例子。

```
std::vector<int> v;
v.push_back(1);
v.push_back(2);
v.push_back(3);

std::for_each(std::begin(v), std::end(v), [](int n) {std::cout << n << std::endl;});

auto is_odd = [](int n) {return n%2==1;};
auto pos = std::find_if(std::begin(v), std::end(v), is_odd);
if(pos != std::end(v))
    std::cout << *pos << std::endl;
```

习 题 12

概念辨析

1. 从备选答案中选择下列各题的答案。

（1）函数参数是_____。
　　A. 函数用于接收调用者传送值的变量　　B. 调用函数发送给函数的值
　　C. 函数与调用者之间进行交互的接口　　D. 函数用于操作的一些数据

（2）函数形式参数可以是_____。
　　A. 常量　　　　B. 变量　　　　C. 对象　　　　D. 头文件

（3）对于声明"void test (int a,int b = 5,char = '*');"，下面的函数调用中，不合法的是_____。
　　A. test (5)　　B. test (5,8)　　C. test (6,'#')．　　D. test (0,0,'*')

（4）当使用引用作为参数时，函数将_____。
　　A. 创建一个对象以存储参数的值　　B. 建立实参与形参之间的直接通道
　　C. 创建一个临时对象接收对象实参　　D. 直接访问调用函数中的对象

（5）具有默认值的参数_____。
　　A. 是在函数定义时给定具体值的　　B. 在函数调用时值不可再改变
　　C. 在函数调用时值可以再改变　　　D. 其值可以由编译器自动提供

（6）通过引用传递参数时，_____。
　　A. 函数将为每个实参创建一个临时变量保存该实参的值
　　B. 调用者将为每个实参创建一个临时变量保存参数的值
　　C. 函数需要定义一个局部变量接收参数的值
　　D. 函数将直接访问调用函数中的实参

(7) 调用函数时，_____。

　　A. 实参可以是表达式　　　　　　B. 实参与形参可以相互传递数据

　　C. 将为形参分配内存单元　　　　D. 实参与形参的类型必须一致

2. 判断。

（1）为一个变量定义了引用后，该变量的值就不可再改变了。　　　　　　　（　　）

（2）函数原型就是函数没有调用之前的形式。　　　　　　　　　　　　　　（　　）

（3）函数调用时，引用传递实际上仅仅传递了一个名字。　　　　　　　　　（　　）

（4）一个参数全为 int 类型的函数，不可能返回 double 类型的值。　　　　（　　）

代码分析

1. 找出下面各程序段中的错误并说明原因。

（1）

```cpp
#include <iostream>
float abs (float x)
 {return (x >= 0 ? x : -x);}
double abs (double x)
 {return (x >= 0 ? x : -x);}
int main(){
    std::cout << abs (-2.72) << "\n";
    std::cout << abs (-2) << "\n";
    return 0;
}
```

（2）

```cpp
#include <iostream>
int fun (int i) {return i;}
int fun (int i , int j = 5)
 {return i * j;}
int main(){
    std::cout << fun (2,3) << "\n";
    std::cout << fun (5) << "\n";
    return 0;
}
```

2. 下面的类声明了一个按照字母查找字典起始页的类。请指出定义中的错误，并说明原因。

```cpp
#include <iostream>
#include <cstdlib>
//类界面
class AlphIndex {
public:
    AlphIndex ();
    int operator [] (char index);
private:
    const char maxLetter = 'z';
```

```cpp
    int AlphIndexTable[maxLetter];
};
//类实现
AlphIndex::AlphIndex () {
    for (char index = 'a'; intex <= maxLetter; index = index + 1) {
        std::cout << "请输入" << index << "的页码: ";
        std::cin>> AlphIndexTable[index];
    }
    return ;
}

int AlphIndex::operator [] (char index) {
    if ((index < 'a') || (index > 'z')) {
        std::cout << "索引越界!\n";
        exit (1);
    }
    return AlphIndexTable[index];
}
```

开发实践

1. 设计一个函数，可以对任意多的数据计算平均值。
2. 设计一个函数，可以对任意多的数据求和。
3. 为计算多个数（最多6个数）的和设计一个解决方案。其中每个数可能是浮点数，也可能是整数。
4. 设计一个从多个数（最多6个数）中选择一个最大数的方案。其中每个数可能是浮点数，也可能是整数。

探索验证

1. 编写一段程序，用于测试自己所使用的C++编译器中参数表达式的执行顺序。
2. 能否设计出一段函数，向调用者返回多个值？
3. 析构函数与构造函数的执行是否要成对？

第 13 单元　C++ I/O 流

输入/输出操作是程序的重要功能。C++作为面向对象的程序设计语言，把许多机制都抽象成为了类。同样，为了能方便而统一地处理各种类型数据的输入/输出，C++把各种输入/输出抽象为了字节在程序与 I/O 设备之间的流动，并用类进行描述，统称为流类。在程序中要进行输入/输出，就要创建相应的对象。cout 和 cin 就是系统预定义的两个对象。

这一章将介绍 C++的流类机制。

13.1　流与 C++流类

13.1.1　流与缓冲区

1. 流的概念

C++把这些输入/输出抽象为在数据生产者与数据消费者之间流动的"一串 byte"——称之为流（stream）。这些 byte 可以构成字符数据或数值数据的二进制表示，也可以构成图形、图像、数字音频、数字视频或其他形式的信息。作为面向对象的程序设计语言，C++的输入/输出都是对流的封装，并且通过流对象承担有关输入/输出的职责。前面已经使用的 cin 和 cout 就是两个标准的流对象。

对象都是由类创建的。流对象是由流类创建的。例如，cout 是输出流类 ostream 的一个对象，cin 是输入流类 istream 的一个对象。输出流类 ostream 和输入流类 istream 都是由 C++语言预先定义的。

2. 缓冲区

缓冲区（buffer）是计算机内存空间的一部分，用于暂存输入或输出的数据，以使低速的输入/输出设备能与高速的 CPU 协调工作，使计算机系统能高效工作。例如，当用 cout 和插入操作符"<<"向显示器输出数据时，先将这些数据送到程序中的输出缓冲区保存，直到缓冲区满了或遇到 endl，就将缓冲区中的全部数据送到显示器显示出来，并刷新缓冲区（flushing the buffer）以供下一批输出数据使用。这样就协调了高速的 CPU 与低速的显示设备之间的工作关系。在输入时，从键盘输入的数据先放在键盘缓冲区中，当按回车键时，键盘缓冲区中的数据输入到程序中的输入缓冲区，形成 cin 流，然后用提取操作符">>"从输入缓冲区中提取数据送给程序中的有关变量。这就给了用户发现键错了字符还可以纠正的一个机会。缓冲是现代计算机输入/输出系统中的重要技术。采用缓冲技术，高速的 CPU 不需要一直陪同低速的输入/输出设备，可以利用低速的输入/输出设备与缓冲区通信的时间段完成一些别的工作，使 CPU 与输入/输出设备并行工作，提高了计算机的工作效率。

缓冲属于输入/输出的底层操作。为了支持各种输入/输出操作，C++要为每个数据流开辟一个缓冲区类，存放流中的数据，支持流的实现。具体做法是，定义一个缓冲区类 streambuf，并在每个流对象中封装一个指向 streambuf 的指针，形成 I/O 流与内存缓冲区相对应的关系。可以说，缓冲区中的数据就是流。程序员也可以通过调用 rdbuf( )成员函数获得 streambuf 指针，使用该指针可以跳过上层的格式化输入/输出操作，直接对底层缓冲区进行数据读写。

13.1.2　C++流类库

1. C++流类库的结构

C++的输入与输出涉及以下 3 个方面。
（1）对系统指定的标准设备的输入和输出，简称标准 I/O。（设备）
（2）以外存磁盘（或光盘）文件为对象进行输入和输出，简称文件 I/O。（文件）
（3）对内存中指定的空间进行输入和输出，简称串 I/O。（内存）

为了创建流对象，需要定义相应的流类。针对上述 3 个方面的输入/输出，C++定义了如下 5 种基本流类。
（1）输入流类 istream：提供各种输入方式和提取操作——程序从缓冲区取字符。
（2）输出流类 ostream：提供各种输出方式和插入操作——程序向缓冲区写字符。
（3）文件流基类 fstreambase：控制文件流的输入/输出。
（4）C 字符串流基类 strstreambase：控制 C 字符串流的输入/输出。
（5）C++字符串流基类 stringstreambase：控制 C++字符串流的输入/输出。

在这 5 种基本流类的基础上，形成了 C++的完整的流类体系，称为流类库。这个流类库中有两大平行的流类层次：一个用来支持用户进行输入/输出操作——iostream 类派生体系；另一个用来管理缓冲区，为物理设备提供接口——streambuf 类派生体系。图 13.1 所示为 C++ ios 流类库的基本结构。

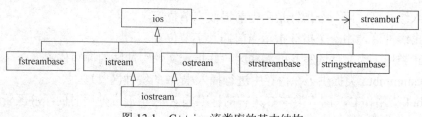

图 13.1　C++ ios 流类库的基本结构

2. ios 类派生体系

ios 类派生体系中的派生关系如表 13.1 所示。

ios 是抽象基类，是面向用户 I/O 操作流类库的根基类。它直接派生 5 个类：输入流类 istream、输出流类 ostream、文件流基类 fstreambase、C 字符串流基类 strstreambase 和 C++字符串流基类 stringstreambase。

istream 和 ostream，两个类名中第 1 个字母 i 和 o 分别代表输入（input）和输出（output）。

表 13.1 ios 流类库中的重要流类及其对应的头文件

	基　类	直接派生类		间接派生类	头文件
基　类	ios	istream	ostream	iostream	iostream
派生类	fstreambase	ifstream	ofstream	fstream	fstream
	strstreambase	istrstream	ostrstream	strstream	strstream
	stringstreambase	istringstream	ostringstream	stringstream	sstrstream

istream 类支持输入操作，ostream 类支持输出操作，iostream 类支持输入/输出操作。iostream 类由 istream 类和 ostream 类二重派生，是 ios 的间接派生类。

ifstream 支持对文件的输入操作，由类 fstreambase 和 istream 二重派生。ofstream 支持对文件的输出操作，由类 fstreambase 和 ostream 二重派生。类 fstream 支持对文件的输入/输出操作，由类 ifstream、ofstream 和 iostream 三重派生。表 13.1 中的其他派生类有类似的关系。

3. streambuf 类派生体系

面向设备流类库的根基类是 streambuf。为了支持不同的缓冲型流对象，streambuf 类也派生出了多个类。ios 类与 streambuf 类的联系是，ios 定义了一个指向 streambuf 类的指针。

图 13.2 为 streambuf 类的派生体系结构。

图 13.2 streambuf 类的派生层次

streambuf 类为其所有派生类对象设置了一个固定的内存缓冲区。该缓冲区被动态地划分为两部分。

- 输入缓冲区，用一个指针指示当前提取字节位置。
- 输出缓冲区，用一个指针指示当前插入字节位置。

filebuf 类用于为文件读写开辟缓冲区，并指示文件缓冲区的读写位置。

strstreambuf 类提供了在内存中进行插入/提取的缓冲区管理。

stdiobuf 类用作 C++ 的流类与 C 语言的标准输入/输出混合使用时的缓冲区管理。

4. 与 ios 类库有关的头文件

ios 类库中不同的类的声明被放在不同的头文件中。用户在自己的程序中用 #include 命令包含了有关的头文件，就相当于在本程序中声明了所需要用到的类。可以换一种说法，头文件是程序与类库的接口，iostream 类库的接口分别由不同的头文件来实现。常用的头文件有如下几个。

- iostream：包含了对（标准）输入/输出流进行操作所需的基本信息。
- fstream：用于用户管理的文件的 I/O 操作。

- stdiostream：用于混合使用 C 和 C++的 I/O 机制，例如想将 C 程序转变为 C++程序。
- iomanip：在使用格式化 I/O 时应包含此头文件。

13.1.3　ios 类声明

ios 类是 C++流类库的一个根基类，它封装了用户进行输入/输出时所需要的基本操作和属性。下面首先来看一看在 ios.h 中有关 ios 类声明的部分内容，为后面的进一步学习奠定基础。

代码 13-1　ios.h 中有关 ios 类声明的部分内容。

```
class _CRTIMP ios {
public:
    ...
    //公开的无名枚举成员，用于定义流的状态
    enum{
        skipws   = 0x0001,           //I, 跳过输入流中的空白
        left     = 0x0002,           //O, 输出数据在输出域中左对齐
        right    = 0x0004,           //O, 输出数据在输出域中右对齐
        internal = 0x0008,           //O, 在符号位或基指示符之后填充字符
        dec      = 0x0010,           //I/O, 转换基为十进制
        oct      = 0x0020,           //I/O, 转换基为八进制
        hex      = 0x0040,           //I/O, 转换基为十六进制
        showbase = 0x0080,           //O, 数值型输出，前面显示基指示符
        showpoint = 0x0100,          //O, 强迫显示浮点数的后缀 0 与小数点
        uppercase = 0x0200,          //O, 十六进制数字符中的 A-F 及 X 一律大写
        showpos  = 0x0400,           //O, 正数前添加"+"号
        scientific = 0x0800,         //O, 用科学计数法表示浮点数
        fixed    = 0x1000,           //O, 使用定点形式表示浮点数
        unitbuf  = 0x2000,           //O, 插入操作后立即刷新缓冲区
        stdio    = 0x4000,           //O, 插入操作后清空每个流,导致写入相连设备
    };
    ...
    //格式属性
    static const long basefield;      //dec | oct | hex
    static const long adjustfield;    //left | right | internal
    static const long floatfield;     //scientific | fixed
    ...
    //公开的成员函数，用来设置状态字
    inline long flags( ) const;
    inline long flags(long _l);
    inline long setf(long _f, long _m);
    inline long setf(long _l);
    inline long unsetf(long _l);
    inline int width( ) const;
    inline int width(int _i);
    inline char fill( ) const;
    inline char fill(char _c);
    inline int precision(int _i);
    inline int precision( )const;
```

```
protected:                              //保护的数据成员
    long    x_flags;                    //输入/输出状态字
    int     x_precision;                //输入/输出精度
    char    x_fill;                     //填充字符
    int     x_width;                    //输出数据的域宽
    ...
};
```

这并非 ios 定义的全部,还有一些定义内容将在后面作一些补充。

13.2 标准流对象与标准 I/O 流操作

13.2.1 C++标准流对象

在 C++中,进行输入/输出的第一步是生成一个流类对象。为了方便用户使用,C++在 iostream.h 中预定义了 4 个标准流对象:cin、cout、cerr 和 clog。

(1) cin 是 istream_withassign 类的对象,称为标准输入流,默认键盘为数据源,也可以重定向为其他设备。

(2) cout 是 ostream_withassign 类的对象,称为标准输出流,默认显示器为数据池,也可以重定向为其他设备。

(3) cerr 和 clog 都是 ostream_withassign 类的对象,称为标准错误输出流,固定关联到显示器。由此看来,它们与 cout 用法相似,不同之处在于:cout 用于正常情况下的输出,而 cerr 和 clog 用于错误信息输出。其中,cerr 没有缓冲,发给它的出错信息都会被立即显示出来;clog 有缓冲,出错信息保存在缓冲区,等到缓冲区刷新时输出。

当程序包含头文件 iostream 的程序被执行时,这 4 个标准流对象(预定义流对象)的构造函数都要被自动调用一次,使这 4 个预定义流对象可以直接使用。

说明:新版本的 iostream 中另外定义了对象 wcin 和 wcout,可用于处理 wchar_t 流。

13.2.2 标准输入/输出流操作

标准 I/O 流操作是对于标准 I/O 流对象的操作。表 13.2 为在 istream 类和 ostream 类中提供的标准输入/输出流操作。

表 13.2 istream 类和 ostream 提供的标准输入/输出操作

输入流操作		输出操作	
>>	提取字符、整型、浮点类型、字符串	<<	插入操作符,输出字符、整型、浮点类型、字符串
get( );	从流中提取单个或指定个数的字符	put ( );	输出单个字符
getline ( );	从流中提取字符串		
read ( );	从流中提取字符串或指定个数的字符	write ( );	输出指定个数字符

这些操作符和函数中,应用最广泛的是"<<"和">>",比较复杂的是 get( )和 getline( ),前面已经作了介绍。

13.3 流的格式化

流的格式化性能主要由 ios 类提供，并由其派生类继承。ios 提供的流格式化性能可以分为两类。

（1）由 ios 类的格式化成员函数设置。

（2）由 ios 类提供的格式化操作符设置。

13.3.1 ios 类的格式化成员函数和格式化标志

在 ios 类中定义了表 13.3 所示的一组成员函数，用于流的格式化设置。

表 13.3 ios 中用于格式化的成员函数

函 数 名	意 义	函 数 名	意 义
fill (ch);	用 ch 字符填充	setf (flags);	用指定的格式化标志进行格式化设置
precision (p);	设置精度（浮点数中小数位数）	setf (flags,field);	先清除字段，然后设置格式化标志
width (w);	设置当前字段宽度（以字符计）	unsetf (flags);	清除指定的格式化标志

说明：

（1）flags 必须使用 ios 类中用枚举定义的一组常量。这些常量称为类 ios 的格式化标志。

（2）流的格式化是针对具体流对象进行的。例如：

```
std::cout.setf (std::ios::right);
//…
std::cout.unsetf (std::ios::right);
```

这里，cout 所调用的函数 setf ()是 ostream_withassign 类的成员函数（尽管是从 ios 继承而来）。而参数 right 是在 ios 类中定义的，所以其前要加上"ios::"。

（3）成员函数 fill ()、precision ()和 width ()没有参数时，可以用来返回所填充的字符、所设置的精度和宽度，以满足一些特殊需要。

13.3.2 格式化操作符

格式化操作符（manipulator，也称操作算子）是 ios 提供的特殊函数，也是可以直接插入到流表达式中的格式化指令。前面用过的 endl、ws 都是 ios 提供的格式化操作符。表 13.4 所列为 ios 预定义的常用操作符。它们分为有参和无参两种类型。有参操作符定义在头文件 iomanip 中，flags 和 base 的值要选用相应的格式化标志；无参操作符定义在头文件 iostream 中。

代码 13-2 流的格式化实例。

```
#include <iostream>
#include <iomanip>
```

```cpp
int main(){
    int n = 0xac;
    std::cout << std::showbase                              //设置显示基数
              << std::oct << n << "\t"                      //八进制方式
              << std::hex << n << "\t"                      //十六进制方式
              << std::setiosflags (std::ios::basefield)     //基数域
              << n << std::endl;
    return 0;
}
```

程序执行结果如下。

```
0254    0xac    172
```

表 13.4 ios 常用操作符

头文件	类型	操作算子	功 能
iostream	无参操作符	boolalpha	O：以 true 或 false 显示 bool 变量值
		dec	I/O：格式为十进制数据
		endl	O：插入一个换行符并刷新此流
		ends	O：插入一个'\0'
		flush	O：强制刷新一个流
		hex	I/O：格式为十六进制数据
		internal	O：符号位左对齐，数字右对齐
		oct	I/O：格式为八进制数据
		scientific	O：以科学记数法显示浮点数
		ws	I：跳过开头的空白符
		noskipws	I：读入输入流中的空格
iomanip	有参操作符	resetiosflags (long flags)	I/O：关闭 flages 声明的格式化标志
		setbase (int base)	O：设置数据的基指示符 base 为 dec/oct/hex
		setfill (int ch)	I/O：设置填充符为 ch
		setiosflags (long flags)	I/O：设置 flages 声明的格式化标志
		setprecision (int p)	I/O：设置数据显示小数点后 p 位
		setw (int w)	I/O：设置域宽为 w

13.4 文 件 流

13.4.1 文件流的概念及其分类

1. 文件流的概念

文件与数组等都是用一个名字命名的数据集合。但数组是内存数据类型，并且存储的是同类型数据；文件则是存储在外部介质中的数据类型，并且存储的数据不限于同类型的。

此外，文件与数组的操作方式也不相同。

2. 文件流分类

1）文本文件与二进制文件

毫无疑问，文件在物理上都是按照 0、1 码序列——二进制存储的。但是，按照编码方式，C++文件可以分为文本文件和二进制文件两种。文本文件是基于字符编码的文件，常见的字符编码规则有 ASCII 编码、Unicode 编码等。二进制文件是基于值编码的文件。例如 5678，在文本文件中，被当作 4 个字符，用 ASCII 码编码存储为 4 个字节 00110101 00110110 00110111 00111000；而在二进制文件中被当作一个 short int 类型的整数时存储为两个字节 00010110 00101110，若被当作一个 int 类型整数则被存储为 4 个字节。显然，文本文件基本采用定长编码（也有非定长的编码，如 UTF-8），如，ASCII 码是 8b 编码，Unicode 是 16b 编码；而二进制文件采用变长编码。

注意：

（1）在 Windows 平台上，进行文本文件写操作时，对所遇到的 "\n" (0AH，换行符)，系统会将其换成 "\r\n" (0D0AH，回车换行)，然后再写入文件。当进行文本读操作时，对所遇到的 "\r\n"，系统要将其反变换为 "\n"，然后将其送到读缓冲区。二进制文件读写，以及在 UNIX 平台上进行的文本读写，则不需要这种变换。

（2）有些 C++实现没有提供对于二进制文件模式的支持。

2）缓冲文件和无缓冲文件

按照操作的过程中文件流是否经过缓冲区，分为缓冲文件流和无缓冲文件流。本书仅介绍缓冲文件流。

13.4.2 文件操作过程

文件操作通常包含以下 4 个过程。
- 确定文件的类型并创建文件流对象。
- 打开文件——建立文件与文件流对象的关联。
- 文件的读/写操作——从文件中读取有关数据或把有关数据写入到文件。
- 关闭文件——切断文件与文件流对象之间的关联。

1. 创建文件流对象

对应于 istream、ostream 和 iostream，文件流也有 3 个类：ifstream、ofstream 和 fstream。它们以内存和磁盘文件之间流的方向来区别。
- ifstream 类用于从文件流中提取数据。
- ofstream 类用于向文件流中插入数据。
- fstream 类则既可用于从文件流中提取数据，又可用于向文件流中插入数据。

这 3 个类都定义在头文件 fstream 中。在头文件 fstream 中，还定义有类 fstreambase 和类 streambuf。前者提供了文件处理所需的全部成员函数，后者提供了对文件缓冲区的管理能力。

要创建文件流,必须先包含头文件 fstream,然后声明所创建的文件流是上述哪个类的实例对象。如下面的语句:

```
#include <fstream>
//…
std::ifstream  myInputFile;          //创建输入文件流对象
std::ofstream  myOutputFile;         //创建输出文件流对象
std::fstream   myI_OutputFile;       //创建 I/O 文件流对象
```

2. 文件打开

流是 C++程序建立的一种输入/输出机制,而文件是一种数据载体。要让流作用于文件,必须建立流与文件之间的连接。建立这种连接的过程称为文件的打开。

为了建立流与文件的连接,需要在两个方面进行确定:在流一方,要指定是哪种流,是输出文件流、输入文件流,还是 I/O 文件流;在文件一方,要指定一些参数。这些参数有如下几种。

(1)文件名。磁盘设备与控制台设备不同的是,一个设备中可以存储多个文件。这些文件用文件名与路径标识。文件名必须符合所使用操作系统的规定。为了便于在磁盘上查找所需的文件,每个文件名都有一个对应的路径。

(2)文件指针。文件指针指示了文件操作的位置。如进行读操作时,读出的将是文件指针所指向的数据。要进行文件数据的追加时,应当将文件指针指向文件尾等。

(3)文件的存储模式,即是文本文件还是二进制文件。

在 C++中,将文件流的特征和打开文件时需要指定的文件参数,抽象为文件打开模式。文件的打开模式在类 ios 中用枚举定义。

代码 13-3 类 ios 中用枚举定义的 open_mode。

```
enum open_mode {
    in  = 0x01,         //I,只读,只从文件流中提取数据,隐含
    out = 0x02,         //O,只写,只向文件流中插入数据,隐含
    ate = 0x04,         //I/O,打开时文件指针定位到文件尾(at end)
    app = 0x08,         //O,追加添加模式(append),只能写到文件尾
    trunc = 0x10,       //O,清空已有内容
    nocreate = 0x20,    //若文件不存在,则打开失败(除非设置ios::ate或ios::app)
    noreplace = 0x40,   //若文件已存在,则打开操作失败
    binary = 0x80       //I/O,以二进制方式打开文件,默认时为文本方式
};
```

C++允许程序用以下任何一种方法打开文件。

(1)用 open( )函数打开文件。open( )函数的原型为:

```
void open (const 文件名字符串, int 文件打开模式, int 文件的保护方式);
```

其中,参数文件名包含文件路径,参数文件保护方式一般默认。

代码 13-4 将一个整数文件中的数据乘 10 以后写到另一个文件中。

```cpp
#include <fstream>
void main(){
    char filename[8];

    std::ifstream input;                    //创建输入流
    std::ofstream output;                   //创建输出流

    std::cout << "Enter the input filename:";
    std::cin >> filename;
    input.open (filename);                  //打开方式隐含为 in

    std::cout << "Enter the output filename:";
    std::cin >> filename;
    output.open (filename);                 //打开方式隐含为 out

    int number;
    while (input >> number)                 //读输入文件
        output << 10 * number;              //写输出文件
}
```

如果要打开一个可读/写的二进制文件，应将第二个参数设置为

```
ios::in | ios::out | ios::binary
```

（2）用构造函数打开文件，即创建与文件相关联的文件流。
在 ifstream 类、ofstream 类和 fstream 类中各有一个构造函数：

```
ifstream::ifstream (char *, int = ios::in, int = filebuf::openprot);
ofstream::ofstream (char *, int = ios::out, int = filebuf::openprot);
fstream::fstream (char *, int, int = filebuf::openprot);
```

3. 文件读/写

一个文件被打开后，就与对应的流关联起来了。这时，文件的读操作就是从流中提取一个元素，文件的写操作就是向流中插入一个元素。由于 ifstream、ofstream 和 fstream 分别派生自 istream、ostream 和 iostream，因此 istream、ostream 和 iostream 的大部分公开成员函数都能够作为 ifstream、ofstream 和 fstream 成员函数被使用。所以，只要建立了与文件相连接的流，向文本文件的读/写就会像控制台 I/O 一样方便。

代码 13-5　一个工资记账程序。

```cpp
//工资记账程序
#include <iostream>
#include <fstream>
int main(){
    std::ofstream out ("SALRBOOK");              //创建输出流并打开账文件
    if (!out){
        std::cerr << "Can't open  SALARYBOOK file.\n";
        return 1;
```

```
        }
        out << "Zhang " << 556.55                    //写文件
        out << "Wang " << 444.44
        out << "Li " << 333.33 <<endl;
        out.close ();
        return 0;
}
```

代码 13-6 查账程序。

```
//查工资账程序
#include <iostream.h>
#include <fstream.h>
int main(){
    std::ifstream in ("SALRBOOK");              //创建输入流并打开账文件
    if(!in){
            std::cerr<<"Can't open SALARYBOOK file.\n";
            return 1;
    }

    char name[20];
    float salary;
    std::cout.precision (2);
    in >> name >> salary;                       //读文件
    std::cout << name << "," << salary << "\n";  //输出
    in >> name >> salary;
    std::cout << name << "," << salary << "\n";
    in >> name >> salary;
    std::cout << name << "," <<salary << "\n";
    in.close ();
    return 0;
}
```

说明：

C++的 I/O 流是基于字符的，其默认的存储模式是文本方式。二进制文件与文本文件对数据的解释及存储形式不同。在仅支持文本文件的 C++中，要向二进制文件中写数据，应将每个字节的内容当作一个字符来写。对于单字符，可以用 put ( )写；对于转义字符或数值数据，则应把它们当作字节数组，用 write ( )来写。

读二进制文件是写二进制文件的逆过程。单字节读，可使用 get ( )函数实现；多字节读，应使用 read ( )函数实现。

4. 文件关闭

当与文件相连接的流对象生命期结束时，它们的析构函数将关闭与这些流对象相连接的文件。另外，也可以使用 close ( )函数显式地关闭文件。close( )函数的原型为：void fstreambase::close ( )。

13.5 流的错误状态及其处理

13.5.1 流的出错状态

为了在流操作过程中指示流是否发生了错误以及出现错误的类型，C++在 ios 类中定义了一个枚举类型 io_state，用其每个元素分别描述出错误状态字的一个出错状态位。

```
enum io_state{
    goodbit = 0x00,        //状态正常，没有发生I/O错误
    eofbit  = 0x01,        //到达流结束符位置
    failbit = 0x02,        //I/O操作失败（用户错误，过早的EOF等）
    badbit  = 0x04,        //非法操作
    hardfail = 0x80,       //不可修复的错误
};
```

一个流处在一个出错状态时，所有对该流的 I/O 请求都将被忽略，直到错误被纠正并把出错状态位清除为止。

13.5.2 测试与设置出错状态位的 ios 类成员函数

一旦发生错误，输入符与输出符都不能改变流的状态。因此，应在程序的适当点上测试流的状态，并在排除相应的错误后，清除出错状态位。表 13.5 所列为 ios 类中可用于测试或设置出错状态位的成员函数。

表 13.5　测试与设置出错位的主要成员函数

成 员 函 数	功　　能
int rdstate ();	返回当前出错状态字
int good ();	若出错状态字没有置位，则返回非 0
int fail ();	若 failbit 被置位，则返回非 0
int bad ();	若 badbit 被置位，则返回非 0
int eof ();	若 istream 的 eofbit 被置位，则返回非 0

可以用这些函数测试当前流的出错状态，如：

```
if (cin.good ())
    std::cin >> data;
```

习　题　13

🔍 概念辨析

从备选答案中选择下列各题的答案。
（1）以下不能作为输出流对象的是_____。

A. 文件　　　　B. 内存　　　　C. 键盘　　　　D. 显示器

（2）用于向外部文件进行写入输出的对象是_____。

A. cout　　　　B. ostream　　　　C. istream　　　　D. fstream

（3）C++流库中主要定义了3种流类，它们是_____。

A. iostream、istream和ostream　　　B. iostream、fstream和stirngstream

C. cout、cin和cerr　　　　　　　　D. cout、cin和clog

（4）C++系统启动时，会自动建立4个标准的流对象_____。

A. iostream、fstream、ostream和stirngstream

B. istream、ostream、ifstream和ofstream

C. <<、>>、cout和cin

D. cout、cin、cerr和clog

（5）对于"char c1,c2,c3;"，使用语句"cin >> c1 >> c2 >> c3;"输入，则_____。

A. 输入的字符之间必须加空格

B. 在键盘上只输入3个空格，程序将会继续等待

C. 只输入两个字符A和B，然后按Enter键，则在c1、c2和c3中分别保存的是A、B和空格

D. 只输入一个回车，则c1、c2和c3中保存的是3个随机值

（6）以下不能够读入空格字符的语句是_____。

A. char line;line = ciget ( );　　　　B. char line; cin．get (line);

C. char line;cin>>line;　　　　　　D. char line[2];cin．getline (line，2);

（7）下面的格式化命令解释中，错误的是_____。

A. ios::fill ( )读当前填充字符（默认值为空格）

B. ios::skipws 跳过输入中的空白字符

C. ios::showpos 标明浮点数的小数点和后面的零

D. ios::precision ( )读当前浮点数精度（默认值为6）

（8）当使用ifstream定义流对象并打开一个磁盘文件时，文件的隐含打开方式为_____。

A. ios::in　　　　B. ios::out　　　　C. ios::in|ios::out　　　　D. ios::binary

开发实践

1．建立两个文件，分别存储两个学习小组的学生信息（包括学号、姓名、年龄、三门功课的成绩）。要求每个文件都可以使用简单菜单进行检索、输入、格式化输出、排序、打开、关闭操作。

2．把两个有序文件合并为一个文件。

附录A C++保留字

在C++编程中，有一些单词是不能被程序员用来作为标识符的。这些单词称为C++保留字。C++保留字分为3类：关键字、替代标记（alternative token）和C++库保留名称。此外，还有一些有特殊含义的标识符也建议程序员不要使用。

A.1 C++关键字

关键字是表现程序设计语言功能的一些单词，如表A.1所示。它们作为程序设计语言词汇表的单词，不能由程序员用作其他用途，如变量名等。表A.1为C++关键字，其中粗体的也可以作为ANSI C99的关键字。

表A.1 C++关键字

alignas	alignof	asm	**auto**	bool
break	**case**	catch	**char**	char16_t
char32_t	class	**const**	const_cast	constexpt
continue	decitype	**default**	delete	**do**
double	dynamic_cast	**else**	**enum**	explicit
export	**extern**	false	**float**	**for**
friend	**goto**	**if**	inline	**int**
long	mutable	namespace	new	noexcept
short	signed	sizeof	static	struct
nullptr	operator	private	protected	public
register	reinterpret_cast	**return**	**short**	**signed**
sizeof	**static**	static_assert	static_cast	**struct**
switch	template	this	Thread_local	throw
true	try	**typedef**	typeid	typename
union	**unsigned**	using	virtual	void
volatile	wchar_t	**while**		

A.2 C++替代标记

替代标记是操作符符的代替表示。表A.2为C++替代标记。

表 A.2　C++替代标记

标　记	and	and_eq	bitand	bitor	compl	not	not_eq	or	or_eq	xor	xor_eq
操作符	&&	&=	&	|	~	!	!=	||	|=	^	^=

A.3　C++库保留名称

C++库保留名称有如下 3 种类型。

（1）库头文件中使用的宏名。如果程序包含了一个头文件，则不能使用该头文件中定义的宏名。例如，程序包含了头文件<climits>，则不能使用该头文件中定义的 CHAR_BIT 作为标识符。

（2）C++语言保留了如下两种格式的名称。

- 双下划线打头的名称。
- 下划线和大写字母打头的名称。

所以程序员不要使用这两种格式的标识符。

（3）C++语言保留了在库头文件中被声明为外部链接性的名称。这些名称也不可由程序员再定义。对于函数来说，这种保留包括了函数特征标（也称函数签名，包括函数名和参数列表）的保留。例如，对于

```
#include <cmath>
```

函数特征标 tan(double)就被保留了。因此，程序员不可再声明如下函数：

```
int tan(double);        // 不可
```

但可以声明如下函数：

```
char* tan(char*);       // 可以
```

因为函数特征标不同了。

A.4　C++特定字

特定字是一些没有被 C++保留，但是又很容易造成误解或混淆的单词。主要包含如下几类。

（1）C++预处理命令：define、include、under、ifdef、ifndef、endif、line、progma、error。

（2）人们已经习以为常地给予了固定解释的单词，例如 main 等。

（3）已经成为语言功能的一些单词，例如 final 等。

虽然在不引起冲突的情况下，用它们作为标识符，系统不会给出错误信息，但这样做起码会让别人感到程序员训练还不到家。

附录 B C++运算符的优先级别和结合方向

C++运算符的优先级别和结合方向如表 B.1 所示。

表 B.1 C++运算符的优先级别和结合方向

优先级	结合律	运算符	功能	用法
1	左	::	全局作用域	::name
	左	::	类作用域	class::name
	左	::	命名空间作用域	namespace::name
2	左	.	成员选择	object.member
	左	->	成员选择	pointer->member
	左	[]	下标	expr[expr]
	左	()	函数调用	name(expr_list)
	左	()	类型构造	type(expr_list)
	右	++	后置递增运算	lvalue++
	右	--	后置递减运算	lvalue--
	右	typeid	类型 ID	typeid(type)
	右	typeid	运行时类型 ID	typeid(expr)
	右	explicit cast	类型转换	cast_name<type>(expr)
3	右	++	前置递增运算	++lvalue
	右	--	前置递减运算	--lvalue
	右	~	位求反	~expr
	右	!	逻辑非	!expr
	右	-	一元负号	-expr
	右	+	一元正号	+expr
	右	*	解引用	*expr
	右	&	取地址	&lvalue
	右	()	类型转换	(type) expr
	右	sizeof	对象的大小	sizeof expr
	右	sizeof	类型的大小	sizeof(type)
	右	Sizeof...	参数包的大小	sizeof...(name)
	右	new	创建对象	new type
	右	new[]	创建数组	new type[size]
	右	delete	释放对象	delete expr
	右	delete[]	释放数组	delete[] expr
	右	noexcept	能否抛出异常	noexcept(expr)

续表

优先级	结合律	运算符	功能	用法
4	左	->*	指向成员选择的指针	ptr->*ptr_to_member
	左	.*	指向成员选择的指针	obj.*ptr_to_member
5	左	*	乘法	expr * expr
	左	/	除法	expr / expr
	左	%	取模（取余）	expr % expr
6	左	+	加法	expr + expr
	左	-	减法	expr - expr
7	左	<<	向左移位	expr << expr
	左	>>	向右移位	expr >> expr
8	左	<	小于	expr < expr
	左	<=	小于等于	expr <= expr
	左	>	大于	expr > expr
	左	>=	大于等于	expr >= expr
9	左	==	相等	expr == expr
	左	!=	不相等	expr != expr
10	左	&	位与	expr & expr
11	左	^	位异或	expr ^ expr
12	左	|	位或	expr | expr
13	左	&&	逻辑与	expr && expr
14	左	||	逻辑或	expr || expr
15	右	?:	条件	expr ? expr : expr
	右	=	赋值	lvalue = expr
16	右	*=, /=, %=	复合赋值	lvalue += expr 等
	右	+=, -=		
	右	<<=, >>=		
	右	&=, |=, ^=		
17	右	throw	抛出异常	throw expr
18	左	,	顺序求值	expr, expr

说明：同一等级框内的运算符具有同样的优先等级。

附录 C　C++标准库

C++提供了丰富的类库及库函数资源。在 C++开发中，要尽可能地利用标准库来完成。这样做，有利于降低成本、提供质量和效率，并获得好的编程风格。

C++库分为两个层次：C++标准库和 C++准标准库（Boost 库）。二者的不同之处在于，C++标准库是由 C++标准委员会批准的正式的资源库，包含标准宏、类和容器定义；而 Boost 库是由 Boost 社区组织开发、维护，其目的是为 C++程序员提供免费、同行审查的、可移植的程序库。Boost 库可以与 C++标准库完美共同工作，并且为其提供扩展功能。Boost 库使用 Boost License 来授权使用，根据该协议，商业的、非商业的使用都是允许并鼓励的。

Boost 社区建立的初衷之一就是为 C++的标准化工作提供可供参考的实现，Boost 社区的发起人 Dawes 本人就是 C++标准委员会的成员之一。在 Boost 库的开发中，Boost 社区也在这个方向上取得了丰硕的成果。在送审的 C++标准库 TR1 中，有 10 个 Boost 库成为标准库的候选方案。在更新的 TR2 中，有更多的 Boost 库被加入到其中。从某种意义上来讲，Boost 库成为具有实践意义的准标准库。

大部分 Boost 库功能的使用只需包括相应头文件即可，少数（如正则表达式库、文件系统库等）需要链接库。里面有许多具有工业强度的库，如 graph 库。

C.1　C++标准库头文件

C++标准库的内容定义在 50 个标准头文件中，并分为以下 10 类。

C.1.1　标准库中与语言支持功能相关的头文件

（1）<cstddef>：定义宏 NULL 和 offsetof，以及其他标准类型 size_t 和 ptrdiff_t。其中，NULL 是 C++空指针常量的补充定义，宏 offsetof 接收结构或者联合类型参数，只要它们没有成员指针类型的非静态成员即可。

（2）<limits>：提供与基本数据类型相关的定义。例如，对于每个数值数据类型，它定义了可以表示出来的最大值和最小值以及二进制数字的位数。

（3）<climits>：提供与基本整数数据类型相关的 C 样式定义。这些信息的 C++样式定义在<limits>中。

（4）<cfloat>：提供与基本浮点型数据类型相关的 C 样式定义。这些信息的 C++样式定义在<limits>中。

（5）<cstdlib>：提供支持程序启动和终止的宏和函数，还声明了许多其他杂项函数，例如搜索和排序函数、从字符串转换为数值等函数。例如，它定义了 abort(void)和 exit( )。abort()函数不为静态或自动对象调用析构函数，也不调用传给 atexit( )函数的函数。exit( )函数可以释放静态对象，清除并关闭所有打开的 C 流，把控制权返回给主机环境。

（6）<new>：支持动态内存分配。

（7）<typeinfo>：支持变量在运行期间的类型标识。

（8）<exception>：支持异常处理，这是处理程序中可能发生的错误的一种方式。

（9）<cstdarg>：支持接收数量可变的参数的函数。即在调用函数时，可以给函数传送数量不等的数据项。它定义了宏 va_arg、va_end、va_start 以及 va_list 类型。

（10）<csetjmp>：为 C 样式的非本地跳跃提供函数。这些函数在 C++中不常用。

（11）<csignal>：为中断处理提供 C 样式支持。

C.1.2 支持流输入/输出的头文件

（1）<iostream>：支持标准流 cin、cout、cerr 和 clog 的输入和输出，它还支持多字节字符标准流 wcin、wcout、wcerr 和 wclog。

（2）<iomanip>：提供操纵程序，允许改变流的状态，从而改变输出的格式。

（3）<ios>：定义 iostream 的基类。

（4）<istream>：为管理输入流缓存区的输入定义模板类。

（5）<ostream>：为管理输出流缓存区的输出定义模板类。

（6）<sstream>：支持字符串的流输入/输出。

（7）<fstream>：支持文件的流输入/输出。

（8）<iosfwd>：为输入/输出对象提供向前的声明。

（9）<streambuf>：支持流输入和输出的缓存。

（10）<cstdio>：为标准流提供 C 样式的输入和输出。

（11）<cwchar>：支持多字节字符的 C 样式输入/输出。

C.1.3 与诊断功能相关的头文件

（1）<stdexcept>：定义标准异常。异常是处理错误的方式。

（2）<cassert>：定义断言宏，用于检查运行期间的情形。

（3）<cerrno>：支持 C 样式的错误信息。

C.1.4 定义工具函数的头文件

（1）<utility>：定义重载的关系运算符，简化关系运算符的写入。还定义了 pair 类型，以存储一对值。

（2）<functional>：定义了许多函数对象类型和支持函数对象的功能。

（3）<memory>：给容器、管理内存的函数和 auto_ptr 模板类定义标准内存分配器。

（4）<ctime>：支持系统时钟函数。

C.1.5 支持字符串处理的头文件

（1）<string>：为字符串类型提供支持和定义，包括单字节字符串（由 char 组成）和多字节字符串（由 wchar_t 组成）。

（2）<cctype>：单字节字符类别。

（3）<cwctype>：多字节字符类别。

（4）<cstring>：为处理非空字节序列和内存块提供函数。

（5）<cwchar>：为处理、执行 I/O 和转换多字节字符序列提供函数。

（6）<cstdlib>：为把单字节字符串转换为数值、在多字节字符和多字节字符串之间转换提供函数。

C.1.6 定义容器类的模板的头文件

（1）<vector>：定义 vector 序列模板，这是一个大小可以重新设置的数组类型，比普通数组更安全、更灵活。

（2）<list>：定义 list 序列模板，这是一个序列的链表，常常在任意位置插入和删除元素。

（3）<deque>：定义 deque 序列模板，支持在开始和结尾的高效插入和删除操作。

（4）<queue>：为队列(先进先出)数据结构定义序列适配器 queue 和 priority_queue。

（5）<stack>：为堆栈(后进先出)数据结构定义序列适配器 stack。

（6）<map>：map 是一个关联容器类型，允许根据键值唯一地、且按照升序存储。multimap 类似于 map，但键不是唯一的。

（7）<set>：set 是一个关联容器类型，用于以升序方式存储唯一值。multiset 类似于 set，但是值不必是唯一的。

（8）<bitset>：为固定长度的位序列定义 bitset 模板，它可以看作固定长度的紧凑型 bool 数组。

C.1.7 支持迭代器的头文件

<iterator>：给迭代器提供定义和支持。

C.1.8 有关算法的头文件

（1）<algorithm>：提供一组基于算法的函数，包括置换、排序、合并和搜索。

（2）<cstdlib>：声明 C 标准库函数 bsearch()和 qsort()，进行搜索和排序。

（3）<ciso646>：允许在代码中使用 and 代替&&。

C.1.9 有关数值操作的头文件

（1）<complex>：支持复杂数值的定义和操作。

（2）<valarray>：支持数值矢量的操作。

（3）<numeric>：在数值序列上定义一组一般数学操作，例如 accumulate 和 inner_product。

（4）<cmath>：这是 C 数学库，其中还附加了重载函数，以支持 C++约定。

（5）<cstdlib>：提供的函数可以提取整数的绝对值，对整数进行取余数操作。

C.1.10 有关本地化的头文件

（1）<locale>：提供的本地化包括字符类别、排序序列以及货币和日期表示。

（2）<clocale>：对本地化提供 C 样式支持。

C.2 Boost 库内容

按照实现的功能，Boost 可大致归为 20 个分类。大部分 Boost 库功能的使用只需包括相应头文件即可，少数（如正则表达式库、文件系统库等）需要链接库。

Boost 库的下载地址：http://www.boost.org/users/download/。

下面是 Boost 库的安装和编译参考过程。

① 下载 Boost 库，如 boost_1_42_0.zip。解压到目录中，如 "D:\Program Files\Boost\boost_1_42_0"。

② 编译并生成 bjam 程序。进入控制台（运行→输入 cmd→确定），用 cd 命令进入 Boost 目录下的 "tools\jam\src" 目录，如 "D:\Program Files\Boost\boost_1_42_0\tools\jam\src"。使用 build 命令编译并生成 bjam 程序。

BCC5.5/BCB6/BCB2006/CB2009 用户输入：build borland。

VC 用户依据其版本输入：build vc7 或 vc8 或 vc9。

Mingw 用户输入：build mingw。

③ 用 bjam 程序编译 Boost 库。

首先，把生成的 bjam.exe（bin.ntx86 目录下）复制到 Boost 根目录下，如"D:\Program Files\Boost\boost_1_42_0"。

然后进入控制台，用 cd 命令进入 Boost 根目录下，使用 bjam 编译 Boost。例如：

```
bjam --toolset=msvc-8.0 --build-type=complete --prefix="d:\Program Files\Boost\boost_1_42_0" stage （编译）
bjam --toolset=msvc-9.0 --build-type=complete --prefix="d:\boost_1_42_0" install（安装）
```

有关参数请参阅相关手册。

④ 添加 Boost 库的环境变量。

进入"我的电脑"→"属性"→"高级"→"环境变量"→"新建系统变量"，输入命令，如：

```
BOOST_ROOT=D:\Program Files\Boost\boost_1_42_0
```

⑤ 配置 Visual Studio 2005 的环境。如 VS2005 的 Tools→Options→Projects and Solutions→VC++ Directories。

在 Library files 中加入"D:\Program Files\Boost\boost_1_42_0\stage\lib"。

在 Include files 中加入"D:\Program Files\Boost\boost_1_42_0\boost"。

C.2.1 字符串和文本处理库

（1）Conversion 库：对 C++类型转换的增强，提供更强的类型安全转换、更高效的类型安全保护、进行范围检查的数值转换和词法转换。

（2）Format 库：实现类似于 printf 的格式化对象，可以把参数格式化到一个字符串，而且是完全类型安全的。

（3）IOStream 库：扩展 C++标准库流处理，建立一个流处理框架。

（4）Lexical Cast 库：用于字符串、整数、浮点数的字面转换。

（5）Regex 库：正则表达式，已经被 TR1 所接收。

（6）Spirit 库：基于 EBNF 范式的 LL 解析器框架。

（7）String Algo 库：一组与字符串相关的算法。

（8）Tokenizer 库：把字符串拆成一组记号的方法。

（9）Wave 库：使用 spirit 库开发的一个完全符合 C/C++标准的预处理器。

（10）Xpressive 库：无需编译即可使用的正则表达式库。

C.2.2 容器库

（1）Array 库：对 C 语言风格的数组进行包装。

（2）Bimap 库：双向映射结构库。

（3）Circular Buffer 库：实现循环缓冲区的数据结构。

（4）Disjoint Sets 库：实现不相交集的库。

（5）Dynamic Bitset 库：支持运行时调整容器大小的位集合。

（6）GIL 库：通用图像库。

（7）Graph 库：处理图结构的库。

（8）ICL 库：区间容器库，处理区间集合和映射。

（9） Intrusive 库：侵入式容器和算法。
（10） Multi-Array 库：多维容器。
（11） Multi-Index 库：实现具有多个 STL 兼容索引的容器。
（12） Pointer Container 库：容纳指针的容器。
（13） Property Map 库：提供键/值映射的属性概念定义。
（14） Property Tree 库：保存了多个属性值的树形数据结构。
（15） Unordered 库：散列容器，相当于 hash_xxx。
（16） Variant 库：简单地说，就是持有 string、vector 等复杂类型的联合体。

C.2.3　迭代器库

（1） GIL 库：通用图像库。
（2） Graph 库：处理图结构的库。
（3） Iterators 库：为创建新的迭代器提供框架。
（4） Operators 库：允许用户在自己的类里仅定义少量的操作符，就可方便地自动生成其他操作符重载，而且保证正确的语义实现。
（5） Tokenizer 库：把字符串拆成一组记号的方法。

C.2.4　算法库

（1） Foreach 库：容器遍历算法。
（2） GIL 库：通用图像库。
（3） Graph 库：处理图结构的库。
（4） Min-Max 库：可在同一次操作中同时得到最大值和最小值。
（5） Range 库：一组关于范围的概念和实用程序。
（6） String Algo 库：可在不使用正则表达式的情况下，处理大多数字符串相关算法的操作。
（7） Utility 库：小工具的集合。

C.2.5　函数对象和高阶编程库

（1） Bind 库：绑定器的泛化，已被收入 TR1。
（2） Function 库：实现一个通用的回调机制，已被收入 TR1。
（3） Functional 库：适配器的增强版本。
（4） Functional/Factory 库：用于实现静态和动态的工厂模式。
（5） Functional/Forward 库：用于接收任何类型的参数。
（6） Functional/Hash 库：实现了 TR1 中的散列函数。
（7） Lambda 库：Lambda 表达式，即未命名函数。
（8） Member Function 库：是 STL 中 mem_fun 和 mem_fun_ref 的扩展。
（9） Ref 库：包装了对一个对象的引用，已被收入 TR1。
（10） Result Of 库：用于确定一个调用表达式的返回类型，已被收入 TR1。
（11） Signals 库：实现线程安全的观察者模式。
（12） Signals2 库：基于 Signal 的另一种实现。
（13） Utility 库：小工具的集合。
（14） Phoenix 库：实现在 C++中的函数式编程。

C.2.6 泛型编程库

（1）Call Traits 库：封装可能是最好的函数传参方式。
（2）Concept Check 库：用来检查是否符合某个概念。
（3）Enable If 库：允许模板函数或模板类在偏特化时，仅针对某些特定类型有效。
（4）Function Types 库：提供对函数、函数指针、函数引用和成员指针等类型进行分类分解和合成功能。
（5）GIL 库：通用图像库。
（6）In Place Factory, Typed In Place Factory 库：工厂模式的一种实现。
（7）Operators 库：允许用户在自己的类里仅定义少量的操作符，就可方便地自动生成其他操作符重载，而且保证正确的语义实现。
（8）Property Map 库：提供键值映射的属性概念定义。
（9）Static Assert 库：把断言的诊断时刻由运行期提前到编译期，让编译器检查可能发生的错误。
（10）Type Traits 库：在编译时确定类型是否具有某些特征。
（11）TTI 库：实现类型萃取的反射功能。

C.2.7 模板元编程

（1）Fusion 库：提供基于 tuple 的编译期容器和算法。
（2）MPL 库：模板元编程框架。
（3）Proto 库：构建专用领域嵌入式语言。
（4）Static Assert 库：把断言的诊断时刻由运行期提前到编译期，让编译器检查可能发生的错误。
（5）Type Traits 库：在编译时确定类型是否具有某些特征。

C.2.8 预处理元编程库

Preprocessors 库：提供预处理元编程工具。

C.2.9 并发编程库

（1）Asio 库：基于操作系统提供的异步机制，采用前摄设计模式实现了可移植的异步 I/O 操作。
（2）Interprocess 库：实现了可移植的进程间的通信功能，包括共享内存、内存映射文件、信号量、文件锁、消息队列等。
（3）MPI 库：用于高性能的分布式并行开发。
（4）Thread 库：为 C++增加线程处理能力，支持 Windows 和 POSIX 线程。
（5）Context 库：提供了在单个线程上的协同式多任务处理的支持。该库可以用于实现用户级的多任务处理的机制，比如协程 coroutines、用户级协作线程或者类似于 C#语言中 yield 关键字的实现。[1]
（6）Atomic 库：实现 C++11 样式的 atomic<>，提供原子数据类型的支持和对这些原子类型的原子操作的支持。
（7）Coroutine 库：实现对协程的支持。协程与线程的不同之处在于，协程是基于合作式多任务的，而多线程是基于抢先式多任务的。
（8）Lockfree 库：提供对无锁数据结构的支持。

C.2.10 数学和数字库

（1）Accumulators 库：用于增量计算的累加器的框架。

（2）Integer 库：提供一组有关整数处理的类。

（3）Interval 库：处理区间概念的数学问题。

（4）Math 库：数学领域的模板类和算法。

（5）Math Common Factor 库：用于支持最大公约数和最小公倍数。

（6）Math Octonion 库：用于支持八元数。

（7）Math Quaternion 库：用于支持四元数。

（8）Math/Special Functions 库：数学上一些常用的函数。

（9）Math/Statistical Distributions 库：用于单变量统计分布操作。

（10）Multi-Array 库：多维容器。

（11）Numeric Conversion 库：用于安全数字转换的一组函数。

（12）Operators 库：允许用户在自己的类里仅定义少量的操作符，就可方便地自动生成其他操作符重载，而且保证正确的语义实现。

（13）Random 库：专注于伪随机数的实现，有多种算法，可以产生高质量的伪随机数。

（14）Rational 库：实现了没有精度损失的有理数。

（15）uBLAS 库：用于线性代数领域的数学库。

（16）Geometry 库：用于解决几何问题的概念、原语和算法。

（17）Ratio 库：根据 C++ 0X 标准 N2661 号建议[2]，实现编译期的分数操作。

（18）Multiprecision 库：提供比 C++内置的整数、分数和浮点数精度更高的多精度数值运算功能。[3]

（19）Odeint 库：用于求解常微分方程的初值问题。[4]

C.2.11 排错和测试库

（1）Concept Check 库：用来检查是否符合某个概念。

（2）Static Assert 库：把断言的诊断时刻由运行期提前到编译期，让编译器检查可能发生的错误。

（3）Test 库：提供了一个用于单元测试的基于命令行界面的测试套件。

C.2.12 数据结构库

（1）Any 库：支持对任意类型的值进行类型安全的存取。

（2）Bimap 库：双向映射结构库。

（3）Compressed Pair 库：优化的对 pair 对象的存储。

（4）Fusion 库：提供基于 tuple 的编译期容器和算法。

（5）ICL 库：区间容器库，处理区间集合和映射。

（6）Multi-Index 库：为底层的容器提供多个索引。

（7）Pointer Container 库：容纳指针的容器。

（8）Property Tree 库：保存了多个属性值的树形数据结构。

（9）Tuple 库：元组，已被 TR1 接收。

（10）Uuid 库：用于表示和生成 UUID。

（11）Variant 库：有类别的泛型联合类。

（12）Heap 库：对 std::priority_queue 扩展，实现优先级队列。

（13）Type Erasure：实现运行时的多态。

C.2.13 图像处理库

GIL 库：通用图像库。

C.2.14　输入/输出库

（1）Assign 库：用简洁的语法实现对 STL 容器赋值或者初始化。
（2）Format 库：实现类似于 printf 的格式化对象，可以把参数格式化到一个字符串，而且是完全类型安全的。
（3）IO State Savers 库：用来保存流的当前状态，自动恢复流的状态等。
（4）IO Streams 库：扩展 C++标准库流处理，建立一个流处理框架。
（5）Program Options 库：提供强大的命令行参数处理功能。
（6）Serialization 库：实现 C++数据结构的持久化。

C.2.15　跨语言混合编程库

Python 库：用于实现 Python 和 C++对象的无缝接口和混合编程。

C.2.16　内存管理库

（1）Pool 库：基于简单分隔存储思想，实现了一个快速、紧凑的内存池库。
（2）Smart Ptr 库：智能指针。
（3）Utility 库：小工具的集合。

C.2.17　解析库

Spirit 库：基于 EBNF 范式的 LL 解析器框架。

C.2.18　编程接口库

（1）Function 库：实现一个通用的回调机制，已被收入 TR1。
（2）Parameter 库：提供使用参数名来指定函数参数的机制。

C.2.19　综合类库

（1）Compressed Pair 库：优化的对 pair 对象的存储。
（2）CRC 库：实现了循环冗余校验码功能。
（3）Date Time 库：一个非常全面灵活的日期时间库。
（4）Exception 库：针对标准库中异常类的缺陷进行强化，提供"<<"操作符重载，可以向异常传入任意数据。
（5）Filesystem 库：可移植的文件系统操作库，可以跨平台操作目录、文件，已被 TR2 接收。
（6）Flyweight 库：实现享元模式，享元对象不可修改，只能赋值。
（7）Lexical Cast 库：用于字符串、整数、浮点数的字面转换。
（8）Meta State Machine 库：用于表示 UML2 有限状态机的库。
（9）Numeric Conversion 库：用于安全数字转换的一组函数。
（10）Optional 库：使用容器的语义，包装了可能产生无效值的对象，实现了未初始化的概念。
（11）Polygon 库：处理平面多边形的一些算法。
（12）Program Options 库：提供强大的命令行参数处理功能。
（13）Scope Exit 库：使用 preprocessor 库的预处理技术，实现在退出作用域时资源自动释放功能。
（14）Statechart 库：提供有限自动状态机框架。

（15）Swap 库：为交换两个变量的值提供便捷方法。
（16）System 库：使用轻量级的对象封装操作系统底层的错误代码和错误信息，已被 TR2 接收。
（17）Timer 库：提供简易的度量时间和进度显示功能，可以用于性能测试等需要计时的任务。
（18）Tribool 库：三态布尔逻辑值，在 true 和 false 之外，引入 indeterminate 不确定状态。
（19）Typeof 库：模拟 C++0X 新增加的 typeof 和 auto 关键字，以减轻变量类型声明的工作，简化代码。
（20）Units 库：实现了物理学的量纲处理。
（21）Utility 库：小工具集合。
（22）Value Initialized 库：用于保证变量在声明时被正确初始化。
（23）Chrono 库：实现了 C++ 0X 标准中 N2661 号建议[2] 所支持的时间功能。
（24）Log 库：实现日志功能。
（25）Predef 库：提供一批统一兼容探测其他宏的预定义宏。[5]

C.2.20　编译器问题的变通方案库

（1）Compatibility 库：为不符合标准库要求的环境提供帮助。
（2）Config 库：将程序的编译配置分解为 3 个部分，即平台、编译器和标准库，帮助库开发者解决特定平台、特定编译器的兼容问题。

参考文献

[1] 张基温. 新概念C++程序设计大学教程[M]. 北京：清华大学出版社，2012.

[2] 张基温. 新概念C++教程[M]. 北京：中国电力出版社，2010.

[3] 张基温. C++程序设计基础[M]. 北京：高等教育出版社，1996.

[4] 张基温. C++程序设计基础例题与习题[M]. 北京：高等教育出版社，1997.

[5] 张基温，贾中宁，李伟. Visual C++程序开发基础[M]. 北京：高等教育出版社，2001.

[6] 张基温. C++程序开发教程[M]. 北京：清华大学出版社，2002.

[7] 张基温. C++程序设计基础[M]. 2版. 北京：高等教育出版社，2003.

[8] 张基温，张伟. C++程序开发例题与习题[M]. 北京：清华大学出版社，2003.

[9] （美）Bjarne Stroustrup. C++程序设计原理与实践[M]. 王刚，等译. 北京：机械工业出版社，2010.

[10] （美）Bjarne Stroustrup. C++程序设计语言[M]. 裘宗燕，译. 北京：机械工业出版社，2012.

[11] 刘伟. 设计模式[M]. 北京：清华大学出版社，2011.

[12] Stephen Prata. C++ Primer Plus[M]. 6版. 张海龙，袁国忠译. 北京：人民邮电出版社，2012.

[13] Scott Meyers. More Effectuve C++[M]. 侯捷译. 北京：中国电力出版社，2006.